Martin Wehrle

Ich arbeite immer noch in einem Irrenhaus

Martin Wehrle

Ich arbeite immer noch in einem Irrenhaus

Neue Geschichten aus dem Büroalltag

Econ

Econ ist ein Verlag der
Ullstein Buchverlage GmbH

ISBN 978-3-430-20133-9

© der deutschsprachigen Ausgabe
Ullstein Buchverlage GmbH, Berlin 2012
Alle Rechte vorbehalten
Gesetzt aus der Minion und der Fago
Satz: LVD GmbH, Berlin
Druck und Bindearbeiten: CPI – Clausen & Bosse, Leck
Illustrationen: Dirk Meissner
Printed in Germany

Inhalt

Einleitung:
Wo der Wahnsinn wütet

Können Sie sich vorstellen, dass ein deutscher Konzern sein Gebäude bei einer Bombendrohung *nicht* räumen lässt, weil er im Zweifel lieber seine Mitarbeiter in Rauch aufgehen sieht als ein paar Minuten Arbeitszeit? Dass eine Mitarbeiterin im selben Umschlag gleich zwei frohe Botschaften von der Firma erhält, ihre Weihnachtspost *und* ihre Kündigung? Oder dass ein Chef, eben weil er der Chef ist, seine Flensburger Punkte regelmäßig an seine Mitarbeiter delegiert?

Halten Sie es für möglich, dass ein Konzern seinen Mitarbeitern Kleidung ohne Hosentaschen verordnet, weil er sie als Diebe sieht? Dass ein Mitarbeiter entlassen wird, weil er eine Chinesin heiratet und nun natürlich als potentieller Spion der Großmacht China gilt? Oder dass ein Chef, statt wenigstens einen Killer anzuheuern, diese Rolle gleich selbst übernimmt und mit seinem Auto versucht, eine Betriebsrätin an einem unverdächtigen Ort zu überfahren – dem Firmenparkplatz?

Über 2000 Leser-Zuschriften rauschten nach dem ersten Teil von »Ich arbeite in einem Irrenhaus« in mein Mailfach. Die kuriosesten, lustigsten, aber auch skandalösesten Fälle habe ich für Sie in diesem Buch versammelt. Und ich darf Ihnen versprechen: Dieser Irrsinn sprengt alle Erwartungen.

Wie viele Menschen sich an ihrem Arbeitsplatz wie in einem Irrenhaus fühlen, beweist der Erfolg des ersten Bandes. Mehr als 20 Auflagen ratterten durch die Druckmaschinen. Noch ein knappes Jahr nach Erscheinen stand der Titel in der *Spiegel*-Bestsellerliste auf Rang 3. Jeder Mitarbeiter, der dieses Buch kaufte, hat mit den Füßen abgestimmt – gegen seine Firma! Doch die Irrenhaus-Direktoren haben das Stampfen nicht gehört, sie produzierten fleißig neuen Irrsinn. Hier ein paar Kostproben:

»Warum sitzen Sie denn noch so freudestrahlend an der Kasse?«, wird eine Schlecker-Mitarbeiterin am 20. Januar 2012 von einem Kunden gefragt. Als ganz Deutschland schon weiß, dass Schlecker in die Insolvenz gehen wird, als jede Radio- und Fernsehstation die Hiobsbotschaft sendet – da haben die Insassen des Irrenhauses noch keine Ahnung davon. Die Presseagenturen wurden vor ihnen informiert.[1] Motto: Sind ja nur die Mitarbeiter – die werden es noch früh genug erfahren!

Aber bestand wirklich Grund zur Sorge? War nicht bekannt, dass Anton Schlecker als eingetragener Kaufmann mit seinem Privatvermögen für die Firma haftete? Und war dieses Vermögen nicht noch in der Reichen-Liste 2011 des *Forbes*-Magazins auf 3,1 Milliarden US-Dollar geschätzt worden, womit Schlecker als einer der 400 reichsten Menschen dieses Planeten galt?[2]

Doch! Nur machte der Irrenhaus-Direktor Schlecker nun auf arme Kirchenmaus. Seinem Milliardenvermögen war angeblich dasselbe Schicksal widerfahren wie 11 000 Arbeitsplätzen in seiner Firma: über Nacht verschwunden.

Oder: Die Deutsche Telekom verhökerte langjährige Kundenservice-Experten per Outsourcing an die Firma Teldas. Die meisten dieser Mitarbeiter hatten um ihre Arbeitsplätze bei der Telekom gekämpft – doch angeblich brauchte man sie dort nicht mehr. Nun saßen sie auf Schleudersitzen.

2011 flatterte den Abgeschobenen eine Mail ins (neue) Haus, Motto: »Jobs for Friends«. Die Telekom jammerte, wie schwer es sei, qualifiziertes Personal zu finden. Und sie forderte die frisch Entsorgten auf, Freunde und Bekannte für Festanstellungen bei der Telekom zu empfehlen. Das ist so, als würde ein Hauseigentümer seine langjährigen Mieter grundlos vor die Tür setzen, um sie dann zu bitten, ihn bei der beschwerlichen Suche nach einem neuen Mieter tatkräftig zu unterstützen …

Einer der Angemailten schimpfte im Intranet: »Das ist ja wohl der Gipfel an Frechheit und Kaltblütigkeit. (…) Wir stehen im Juli nächsten Jahres auf der Straße, und die Telekom schert sich einen Dreck um ihre verkauften Mitarbeiter. Und jetzt wagen Sie es, davon zu sprechen, dass es schwer ist, qualifizierte Mitarbeiter zu finden!«

Zerknirscht antwortete Personalvorstand Martin Seiler, die Aktion »Jobs for Friends« habe »fälschlicherweise« auch die Outsourcing-Partner des Kundenservice der Deutschen Telekom einbezogen. Der Verteiler sei nun »angepasst« und der »Arbeitsfehler behoben« worden.

Als hätte der Irrsinn in diesem Verteiler bestanden – und nicht darin, dass man verdiente Mitarbeiter wie altes Eisen entsorgte, während man neue suchte.

Oder: Die Hypo Real Estate, eine nach Missmanagement verstaatlichte Immobilienbank, schlägt gegenüber ihren Mitarbeitern einen rigiden Sparkurs ein. Doch in der Bilanz nehmen es die Irrenhaus-Direktoren nicht so genau, eine Prüfung enthüllt: Läppische 55,5 Milliarden waren durch eine Doppelbuchung unter den Tisch gefallen – so wie ein Cent unbemerkt in einen Gullyschacht rollt.[3] Niemand hatte das Geld vermisst. Und das in einem Land, in dem Firmen ihre Mitarbeiter feuern, weil diese ihr Handy bei der Arbeit aufladen und so ein kratertiefes Loch von 0,00014 Euro in die Firmenkasse reißen.[4]

Solcher Irrsinn sorgt dafür, dass die typische Handbewegung des Mitarbeiters ein Sich-an-den-Kopf-Fassen ist, dass die Büros und Werkshallen zu Motivationsfriedhöfen verkommen, dass laut einer aktuellen Gallup-Studie fast jeder vierte Mitarbeiter in Deutschland innerlich gekündigt hat – die höchste Quote aller Zeiten.[5]

Wie schrieb Friedrich Nietzsche: »Der Irrsinn ist bei Einzelnen etwas Seltenes, aber bei Gruppen, Parteien, Völkern, Zeiten die Regel.« Bei Firmen auch! Dieses Buch lädt Sie ein, durch die Schlüssellöcher der Wahnsinns-Unternehmen zu schauen. Ingenieure, Betriebswirte und Kaufleute, Manager, Ladendetektive und Handwerker, Krankenschwestern, Chefsekretärinnen und Beamte, Informatiker, Redakteure und Kundenberater – alle möglichen Berufsstände haben ausgepackt.

Mancher Irrsinn wird Sie erstaunen – heimliche Sexorgien, mit denen Firmen ihre Mitarbeiter anspornen wollen. Anderer wird Sie zum Lachen bringen – die Beförderung eines verstorbenen Mitarbeiters per Nachruf. Und wieder anderer wird Sie nachdenklich stimmen – die faulen Tricks, mit denen Zeitarbeiter ausgebeutet und kritische Mitarbeiter gemobbt werden.

Ich danke allen Lesern des ersten Bandes, die mir ihre Erlebnisse geschildert und dieses zweite Buch ermöglicht haben. Und ich danke auch allen Firmen, die mutig genug waren, mich als Redner einzuladen. Ich bin mir sicher: Der erste Schritt, den Irrsinn zu bekämpfen, besteht darin, ihn beim Namen zu nennen. Damit eine Krankheit behandelt werden kann, muss sie erst mal diagnostiziert sein.

Den Firmen wünsche ich gute Besserung. Und Ihnen wünsche ich ein im wahrsten Sinne des Wortes irres Lesevergnügen.

Ihr
Martin Wehrle

P. S. Schildern Sie mir gerne, welchen Irrsinn Sie in Ihrer Firma erleben. Sie erreichen mich über meine Homepage www.karriereberater-akademie.de

1.
Unternehmen Irrsinn: Geht's noch, Firma?

Ihr Büro wurde - zu meinem Bedauern —
einem Zero - Based - Budgeting unterworfen...

Einige Firmen haben ein Dach – andere haben einen Dachschaden. Die häufigste Frage der Mitarbeiter lautet: »Geht's noch?« In diesem Kapitel erfahren Sie …

- warum viele Mitarbeiter-Zeitungen »Prawda« heißen müssten,
- welches Irrenhaus-Alphabet die Chefetage beim Irren leitet,
- wie das Mailen mit CC (Chaos-Club) in den Firmen für Skandale sorgt
- und warum ein Konzern seine Mitarbeiter aus Profitgier fast in die Luft gesprengt hätte.

Das Irrenhaus-Ratespiel

Welche Firma hat in den letzten Jahren welchen Irrsinn verbrochen? Dieses Irrenhaus-Ratespiel gibt Ihnen die Gelegenheit, Skandale den richtigen Firmen zuzuordnen. Am Ende des Tests folgt eine Auswahl der Verdächtigen. In diesem Buch werden Ihnen all diese Irrsinns-Erlebnisse begegnen. Bitte prüfen Sie Ihre Lösungen bei der Lektüre.

1. Welche Firma hat die bestellten Callgirls nach jedem Geschlechtsverkehr mit ihren Mitarbeitern wie Vieh abstempeln lassen?

2. Welcher Arbeitgeber hat seine Mitarbeiter per Reisebus in ein brasilianisches Bordell gekarrt?

_____

3. Welches Unternehmen hat seinem Betriebsratsvorsitzenden mit 350 000 Euro die Geliebte finanziert?

_____

4. Welche Firmen haben sich von einem gelernten Autolackierer beraten lassen, wie man anhand der Schädelform die richtigen Bewerber auswählt?

_____

5. Welche Unternehmen haben ihren Bewerbern vor der Einstellung wie Vampire Blut abgezapft?

_____

6. Welcher Arbeitgeber hat Zehntausende von Bewerbungsunterlagen mit Gehaltswünschen ins Internet gestellt?

_____

7. Welche Firma hat private Daten, unter anderem Kontenbewegungen, von 173 000 Mitarbeitern ausspioniert?

_____

8. Welches Unternehmen hat in zwei Jahren 49 000 Anfragen bei einer Kreditauskunft gestellt, um den Schuldenstand seiner Mitarbeiter zu erforschen?

_____

9. Welche Firma hat Protokoll über unerfüllte Kinderwünsche und Psychologenbesuche ihrer Mitarbeiter geführt?

_____

10. Welcher Arbeitgeber schleuste mehr als ein Drittel seiner Arbeitskräfte als preisgünstige Zeitarbeiter bei sich ein?

_____

11. Welche Firma entließ Mitarbeiter, angeblich mangels Geld – worauf ein Maulwurf die unglaublich fetten Gehälter von 17 Führungskräften aufdeckte?

_____

12. Welches Unternehmen hat seinem Vorstandsvorsitzenden 2011 ein Jahresgehalt von 16,6 Millionen gezahlt, was dem Einkommen von 553 Arbeitern entspricht?

_____

13. Welche Firma hat einen Mobbing-Leitfaden verfasst, der unter anderem aufzeigt, wie man »Motzbrüder« zermürbt?

_____

14. Welcher Arbeitgeber hat den Anwalt eines gemobbten Ex-Mitarbeiters so offensichtlich schikaniert, dass ein Gericht dazwischenging?

_____

15. Welches Unternehmen hat seine Mitarbeiter heimlich mit Mini-Kameras überwacht und sogar Toilettengänge protokolliert?

_____

Irrenhäuser zur Auswahl: Deutsche Bahn, Thyssen Krupp, TÜV, Spiegel TV, Hamburg-Mannheimer, Unesco, Caritas-Verein Altenoythe, Volkswagen, Daimler, Deutsche Post, Beiersdorf, Merck, Wüstenrot, Daimler, Lidl, Kraft Food, Volkswagen, Finanzamt, Lidl, Kik

Mehrfach genannte Firmen kommen auch mehrfach als Lösung vor.

Die Acht-Stunden-Diktatur

Wer behauptet, Deutschland sei eine Demokratie, müsste eigentlich hinzufügen: »Höchstens 16 Stunden am Tag.« Den Rest der Zeit verbringen Mitarbeiter in ihren Firmen. Recht bekommt dort nicht, wer die besten Argumente hat, sondern wer im Haus der Hierarchie ein Stockwerk höher wohnt. Unten ist immer, wo die Mitarbeiter sind.

Das Ansehen eines Irrenhaus-Insassen hängt davon ab, wie

glaubwürdig er das tägliche Mitarbeiter-Gebet spricht: »Alles Gute kommt von oben!« Wer sich den Luxus leistet, eine abweichende Meinung zu haben, ist in seiner Firma so erwünscht wie Wolf Biermann einst in der DDR.

Ein »Vorgesetzter« heißt so, weil er dem Mitarbeiter vor die Nase gesetzt wird. Schon mehrfach habe ich erlebt, dass Proteste der Belegschaft gegen einen neuen Chef von der Irrenhaus-Direktion eigenwillig gedeutet wurden: »Wenn die Schafe blöken, ist ein Leitwolf im Anmarsch!«, sagte der Vorstand eines Stahlbauers.

Doch wie Zeitungen in Diktaturen, die nichts als Lügen drucken, vorzugsweise »Prawda« (Wahrheit) heißen, so nennen sich Firmen, die mit der Peitsche führen, vorzugsweise »mitarbeiterorientiert und demokratisch«. Mit 360-Grad-Feedbacks, mit Kommunikations-Workshops, mit Pressemeldungen täuschen sie demokratische Bräuche vor, die in Wirklichkeit am Firmentor enden.

Raffinierte Irrenhaus-Direktoren bringen ihre Insassen dazu, selbst Lobpreisungen auf die Firma zu singen. Das Gesangsbuch dafür nennt sich Mitarbeiter-Zeitung. So habe ich verfolgt, wie die Geschäftsleitung eines süddeutschen Zulieferers in Bedrängnis geriet. Bei Sitzungen wurden die Chefs von ihren Mitarbeitern immer wieder für ihren Sparkurs und ihre krude Geschäftsstrategie kritisiert. Der Haussegen hing schief. Mittlerweile waren diese Missklänge auch an die Ohren der Geschäftspartner gedrungen.

Eine Gegenstimme musste her. Die Irrenhaus-Direktion regte eine Mitarbeiter-Zeitung an. Alle 350 Mitarbeiter wurden eingeladen, an der Gründungssitzung teilzunehmen. Die Mitarbeiter schüttelten ihre Köpfe: Sie, deren Meinung immer abgebügelt wurde, sollten jetzt eine eigene Zeitung bekommen? Das konnte doch nur einer der üblichen Tricks ihrer Geschäftsführung sein …

Außerdem war die Sitzung an einem Montag um 10.00 Uhr angesetzt worden – zu dieser Zeit war die unterbesetzte Belegschaft erfahrungsgemäß völlig ausgelastet. Tatsächlich kam nur eine Handvoll Mitarbeiter. Ein Spezialkommando aus Vorgesetzten, Chefsekretärinnen und Pressestellen-Mitarbeitern stand ihnen gegenüber.

Im Eilverfahren – »demokratisch«, wie es hieß – wurde ein Chefredakteur gewählt. Die Wahl fiel – welch Zufall! – auf den Pressesprecher der Firma. Ein zweiter Kandidat, Betriebsrat und Unternehmenskritiker, wurde in der Diskussion von den Vorgesetzten mehrfach angegangen und fiel bei der Wahl durch.

Die erste Redaktionssitzung glich einem Begräbnis der Pressefreiheit. Ein Mitarbeiter schlug vor: »Ich könnte mal beschreiben, wie viel Energie bei uns zwischen den Abteilungen verlorengeht. Da gibt es heftige Beispiele.«

»Eine gute Idee«, sagte der Pressesprecher-Chefredakteur, »aber solche Interna gehören in ein Meeting, nicht in diese Zeitung.«

»Aber die Zeitung ist doch dazu da, solche Dinge anzusprechen!«

»Eigentlich schon. Aber haben Sie mal überlegt, dass auch Kunden und Geschäftspartner unser Blatt in die Hand bekommen könnten? Und wollen Sie wirklich, dass die uns für eine Chaostruppe halten?«

»Aber wir machen doch eine Mitarbeiter-Zeitung – und kein PR-Blättchen!«

»Dennoch müssen wir uns über die Außenwirkung im Klaren sein. Diese Zeitung soll unser Unternehmen spiegeln.«

Auf diese Weise bügelte der Chefredakteur alle Ideen für kritische Artikel ab. Sogar vereinbarte Artikel der Mitarbeiter wurden von ihm mit spitzem Rotstift »redigiert«, was lediglich besser als »zensiert« klang. Ein Azubi hatte in einem Artikel über seinen Alltag geschrieben: »Einige Kollegen halten uns Azubis für Kopiersklaven. Das sind wir aber nicht, wir sollen etwas lernen.« In dem Artikel hieß es dann: »Etliche Kollegen haben erkannt: Wir sind keine Kopiersklaven, wir sollen etwas lernen.«

Ebenfalls in den Fleischwolf der Zensur geriet der Artikel eines Mitarbeiters aus der Produktion. Er hatte in einer lebendigen Reportage über seine Arbeit darauf hingewiesen, dass die Quote der Arbeitsunfälle durch die Einführung eines neuen Schichtsystems gestiegen sei. Ausgerechnet dieser Absatz wurde vom Chefredakteur gestrichen, »nur aus Platzmangel«, wie er später behauptete.

Und natürlich sorgte der Irrenhaus-Chefredakteur auch dafür, dass die Titelgeschichte im Sinne der Geschäftsleitung ausfiel: »Unsere Firma wird 75 – eine Erfolgsstory!« In diesem Beitrag bildete er alle Geschäftsführer seit Gründung der Firma ab – ein Horror-Kabinett, sogar ein Typ mit Hitler-Bärtchen aus den 1930er Jahren war dabei. Doch in dem Jubelartikel wurde kein einziger Mitarbeiter erwähnt. In der nächsten Redaktionssitzung forderte ihn ein Betriebsrat auf, nun zum Ausgleich das Gedicht »Fragen eines lesenden Arbeiters« von Brecht zu drucken, in dem es heißt:

> *»Wer baute das siebentorige Theben?*
> *In den Büchern stehen die Namen von Königen.*
> *Haben die Könige die Felsbrocken herbeigeschleppt?*
> *Und das mehrmals zerstörte Babylon,*
> *wer baute es so viele Male auf? In welchen Häusern*
> *des goldstrahlenden Lima wohnten die Bauleute?*
> *Wohin gingen an dem Abend, wo die chinesische Mauer fertig war,*
> *die Maurer? (…)«*

Der Chefredakteur lehnte das kritische Gedicht mit Verweis auf die angeblich teuren Druckrechte ab. Das Mitarbeiter-Blatt war nur ein Feigenblatt, das die Unzufriedenheit der Belegschaft verdecken sollte. Jedem Geschäftspartner oder Kunden, der nicht schnell in Deckung ging, wurde ein Exemplar in die Hand gedrückt. Die Mitarbeiter, eigentlich Zeugen der Anklage, wurden als Zeugen der Verteidigung missbraucht.

Nach der dritten Ausgabe waren alle halbwegs kritischen Köpfe aus der Redaktion abgesprungen. Der Pressesprecher hatte nun freie Bahn für seine Propaganda. Die Resonanz der Leser wurde immer am ersten Mittwoch im Quartal sichtbar, wenn das Blatt in der Firma verteilt wurde: Die Papierkörbe waren schon mittags überfüllt; die Putzfrauen jammerten immer.

Alle Blendemanöver der Firmen funktionieren nach außen, gegenüber Kunden, Zeitungsredakteuren, Aktionären. Aber der Scheinwerfer eines Autos kann nur andere Autos blenden, niemals die eigenen Insassen. Die Mitarbeiter sind Beifahrer – sie durchschauen den Schwindel.

§ 1 **Irrenhaus-Ordnung:** Der Inhalt einer Mitarbeiterzeitung hat mit der Meinung der Mitarbeiter so viel zu tun wie der Inhalt einer Hühnersuppe mit den Interessen der Hühner.

Irrenhaus-Sprechstunde 1

Wer erlebt aus nächster Nähe, welche Blüten der Irrsinn in den Firmen treibt? Wer ist live dabei, wenn Chefs aus der Haut und Unternehmen an die Wand fahren? Die Mitarbeiter! Dieses Buch gibt ihnen eine Stimme: Zweimal pro Kapitel, in der »Irrenhaus-Sprechstunde«, erzählen sie ihre ganz persönlichen Wahnsinns-Erlebnisse mit Firmen. Diese Geschichten bieten interessante Einblicke ins Innerste des Irrsinns, Stoff zum Lachen, Kopfschütteln und Aufregen. Zusammen ergeben diese Berichte ein scharfes Unsitten-Gemälde der deutschen Firmenlandschaft.

 **Betr.: Wie mich meine Firma fast in die Luft gesprengt hätte**

Eines Tages saß ich mit meinem Mann am Frühstückstisch. Ich war gerade dabei, mir ein Brot zu schmieren, da blickte er aus seiner Zeitung auf. »Sag mal, Schatz, warum hast du mir *davon* nichts erzählt?«

»Davon?«, fragte ich.

»Na von dem Theater, das gestern bei euch los gewesen sein muss.«

»Theater?«

Er sah streng über den Rand seiner Brille: »Jetzt erzähl mir aber nicht, dass ihr davon nichts mitbekommen habt! Du willst mich schonen, stimmt's?«

Ich war neugierig und schnappte mir die Zeitung. Was ich dort im Lokalteil las, ließ mir das Blut gefrieren: Am Vortag hatte es – wie hier in einer Meldung stand – »eine Bombendro-

hung« gegen die Niederlassung unseres großen Telekommuni-
kationskonzerns gegeben. Diese habe sich »als Scherz heraus-
gestellt«. Denn um 13.30 Uhr sei, entgegen der Ankündigung,
keine Bombe explodiert.

Um 13.30 hatte ich an meinem Schreibtisch gesessen. Wie
meine Kollegen auch. Kein einziges Stockwerk war geräumt, kein
einziger Abteilungsleiter informiert worden. Offenbar hatte man
sich darauf verlassen, dass die Bombendrohung ein Scherz war.

Was hätte der Konzern zu verlieren gehabt, wenn man das
Gebäude geräumt hätte? Ein paar tausend Arbeitsstunden! Und
was hat er riskiert, indem er nicht räumte? Ein paar tausend
Menschenleben!

Die Firma hatte Russisches Roulette mit meinem Leben ge-
spielt, offenbar aus Profitsucht. Auch wenn die Bombe nicht
hochging: Mein Glaube an die Menschlichkeit meiner Firma
wurde endgültig gesprengt.

Lisa Seidel[6], Kundenberaterin

 **Betr.: Wie ich zu einem kastrierten
Taschendieb wurde**

Bis vor einigen Jahren war es mir freigestellt, welche Kleidung
ich als Handwerker im Warenlager meines Konzerns trug.
Dann wuchs das Misstrauen: Beim Verlassen der Firma wurden
meine Kollegen und ich immer öfter durchsucht. Offenbar verschwanden Waren. Wir wussten auch, wohin: Leitende Mitarbeiter tauchten immer wieder bei uns auf, um sich »Muster« zu
holen. Vieles kam nie zurück. Aber die raffgierigen Diebe, das
mussten natürlich wir sein!

Und so wurde uns eine einheitliche Dienstkleidung verordnet. Als ich sie sah, verschlug es mir die Sprache: Der helle Stoff erinnerte an Sträflings-Kleidung und war so dünn, dass man, wenn eine Kollegin auf der Leiter stand, Dinge sah, die man vielleicht sehen wollte, aber keinesfalls sehen sollte – zum Beispiel die Farbe ihrer Unterwäsche. Die Kleidung wurde vom Licht durchschienen; das war mehr als peinlich.

Doch ein anderer Mangel erzürnte uns noch mehr: Wir hatten Jacken und Hosen *ohne* Taschen bekommen. Sind Sie schon mal auf eine Leiter geklettert, um mit Zollstock, Bohrmaschine, Schrauben und Wasserwaage zu arbeiten? Wie im Schlaf steckt man sich Werkzeuge und Zubehör in die Taschen, um die Hände frei zu haben und die Balance zu halten. Das ging mit der neuen Kleidung nicht mehr. Man geriet auf den Leitern ins Schwanken, ließ Dinge fallen und hatte auch am Boden nie das dabei, was man für seine Arbeit brauchte. Ein Kollege, der regelmäßig Tabletten nehmen muss, verschwand immer wieder in den Aufenthaltsraum.

Die Geschäftsleitung hatte uns diskreditiert. Wir waren Männer und Frauen ohne Taschen geworden. Ein Kollege spitzte es zu auf die Formel: »Wir sind kastrierte Taschendiebe!« Zudem war unsere Arbeit gefährlicher und komplizierter geworden.

Wenige Monate später kam durch einen Medienbericht heraus: Mehrere Top-Manager unseres Konzerns hatten im großen Stil Aktien verkauft, als sie witterten, dass sich eine Auslieferung verzögern würde.

Diese »Insider-Geschäfte« riefen den Staatsanwalt auf den Plan. Der Aktienkurs brach ein, die Firma verlor Riesensummen.

War das nicht der eigentliche Diebstahl? Diese Herren gingen mit vollen Taschen aus dem Haus. Wie gerne hätte ich ihnen meine Kleidung angeboten!

Jürgen Wolff, Handwerker

Betr.: Warum man als Kranker niemals einen Massagegutschein bekommt

»Wir wollen unseren Mitarbeitern den Rücken stärken«: Mit dieser Parole spielt sich unser Konzern zum Schutzpatron seiner Belegschaft auf. Tatsächlich werden Gutscheine für Massagen und Rückengymnastik vergeben. Aber nur an Mitarbeiter, die im Vorjahr keinen einzigen Fehltag hatten! Als Belohnung. Wer dagegen, wie ich, tagelang mit Rückenschmerzen flachlag, der wird vom Rückentraining ausgeschlossen.

Das ist so, als würde man Rettungsringe nicht den Ertrinkenden im offenen Meer, sondern den Passagieren eines sicheren Luxusdampfers zuwerfen. Natürlich werden die meisten Gutscheine niemals eingelöst: Warum sollte jemand, dessen Wirbelsäule vor Gesundheit strotzt, sich im Rückentraining quälen?

Eine fitte Kollegin, die um mein Rückenleiden weiß, wollte mir ihren Gutschein abtreten. Doch die Personalabteilung wehrte ab: Dass ausgerechnet eine Mitarbeiterin, die mehrere Wochen krank war, diese Belohnung für null Fehltage bekäme – das wäre ja nun wirklich das falsche Signal.

Wer krank ist, auch wenn er nichts dafür kann, wird dafür bestraft – gleich doppelt, denn seine Krankheit hat er ja auch noch am Hals beziehungsweise Rücken. Meine Gegenwehr:

Früher habe ich mich mit starken Rückenschmerzen nach zwei, drei Krankheitstagen sofort wieder in die Firma geschleppt. Heute nehme ich mir mehr Zeit und gehe zur Krankengymnastik. Ohne Gutschein – dafür mit Krankenschein.

Nina Böhm, Lohnbuchhalterin

 **Betr.: Als die Firma ein Auto entführte**

Eigentlich ist die Sache klar geregelt: Je höher einer in der Hackordnung steht, desto dichter darf er vor unserem Firmengebäude parken. Die Oberindianer haben ihre dicken Dienstwagen direkt vorm Gebäude stehen, auf reservierten Stellplätzen. Dagegen parkt das Fußvolk auf einem allgemeinen Parkplatz, 700 Meter vom Gebäude entfernt.

»VIP« nennen wir Mitarbeiter die Stellflächen direkt vorm Haus: **V**erbotener **I**dioten-**P**arkplatz. Denn obwohl die Hälfte der »VIP« jeden Tag leer steht, darf kein Mitarbeiter dort sein Auto abstellen. Nicht wenn es hagelt, nicht wenn Blitze zucken, nicht wenn er schwere Waren ins Firmengebäude transportieren muss.

Als unser Chef drei Wochen in Urlaub ging, lag ihm mein Kollege Jens in den Ohren. Er musste in dieser Zeit schwere Kisten mit Mustern aus der Fabrik abholen. Normalerweise hieß das: vorm Firmengebäude anhalten, Muster ausladen und hochtragen – dann das Auto 700 Meter zurück auf den allgemeinen Parkplatz fahren. Und dann wieder 700 Meter zum Gebäude marschieren. Dieser Vorgang konnte sich dreimal pro Tag wiederholen. Warum so viel Zeit zwischen Parkplatz und Gebäude verlieren?

Unser Chef sah das ein: Er trat ihm seinen Parkplatz vorm Gebäude für drei Wochen ab. Stolz platzierte Jens seinen Golf auf dem VIP. Am selben Nachmittag rief ihn eine Kollegin an: »Schau mal aus dem Fenster!« Jens sah gerade noch, wie sein Golf unsanft auf einem Abschleppwagen abgestellt wurde. »Halt!«, rief er und jagte die Treppen runter. Als er unten ankam, fuhr der Abschleppwagen gerade davon. Wir sahen oben vom Fenster, wie er mit den Fäusten fuchtelte.

Erbost steuerte Jens das Büro der Hausverwaltung an: »Seid ihr verrückt, mich abschleppen zu lassen! Mein Chef hat mir den Parkplatz für seinen Urlaub offiziell abgetreten!«

Der Hausmeister schüttelte den Kopf. »Diese Parkplätze sind personengebunden. Man kann sie nicht abtreten.«

Jens kochte. »Aber der Chef hat es mir sogar in einer Mail bestätigt.«

»Solche Einzelabsprachen spielen keine Rolle. Hier greifen die Dienstvorschriften.«

Jens erfuhr, dass der externe Sicherheitsdienst beauftragt war, täglich die Parkplätze zu prüfen. Falschparker duldete man für zwei Stunden. Danach wurde abgeschleppt, ohne vorher nach dem Besitzer zu fahnden (wie früher üblich). Diese Regelung galt seit dem letzten Sommer, als ein Top-Manager während seines Urlaubs in der Firma hatte vorbeischauen wollen und auf seinen besetzten Parkplatz gestoßen war.

Abends fuhr ich Jens zum Sammelparkplatz des Abschleppunternehmens. Mit 150 Euro musste er sein Auto auslösen. Die Firma erstattet ihm das Geld *nicht* zurück, trotz seiner Absprache mit dem Chef. Dieser Vorfall hat uns wieder einmal daran erinnert, wofür das »I« von VIP steht!

Dirk Roth, Produktmanager

Das ABC des Wahnsinns

Was muss eine Firma tun, um als Irrenhaus zu gelten? Welches sind die typischen Dummheiten, die Mitarbeiter in den Irrsinn treiben? Dieses Irrenhaus-Alphabet vermittelt Ihnen einen Überblick, von welchen Unternehmen, welchen Macken, welchen Chefs in diesem Buch die Rede sein wird.

Angeberei: Der höchste Lobgesang auf ein Irrenhaus kommt immer aus demselben Mund: vom Irrenhaus selbst. In Stellenausschreibungen nennt es sich »expandierend«, auch wenn nur noch die Schulden wachsen. »Spannende Aufgaben« verspricht es, auch wenn den Bewerber so viel Routine erwartet, dass jedes Schlafmittel daneben wie Red Bull wirkt. Und die versprochene »Innovationsfreude« kann sich nur auf eines beziehen: frei erfundene Entlassungsgründe.

Besserwisserei: Die erste Lerneinheit, die ein Irrenhaus-Neuling durchlaufen muss, ist eine Gehirnwäsche: Sein Kopf wird von Erfahrungen aus anderen Firmen gereinigt, ein Vollwaschgang, bei dem der Irrenhaus-Direktor schäumt. Auf andere Firmen will er nicht verwiesen werden; es darf nur eine geben! Die beiden Lieblingsantworten: »Das machen wir schon immer so« oder »Das funktioniert bei uns nicht«. Und wehe, der neue Insasse hakt nach: »Woher wissen Sie, dass es nicht funktioniert, ohne es je probiert zu haben?« Solche Fragen in der Probezeit wirken sich auf die Dauer des Arbeitsverhältnisses aus wie eine Kreissäge auf die Länge einer leichtsinnigen Hand.

Chefsache: Wie auf einigen Medikamenten der Warnhinweis steht, sie dürften nicht in die Hände von Kindern gelangen, so beschriften Irrenhäuser wichtige Aufgaben mit dem Warnhinweis »Chefsache«. Die größten Gehälter, die größten Einzelbüros und die größten Dummheiten bleiben den Chefs vorbehalten. In rührender Ahnungslosigkeit, wie Kinder mit einer Spielzeuglok hantieren, setzen sie Entscheidungen aufs Gleis (Chefsache eins). Und wenn dieser Zug dann aus der nächsten Kurve fliegt, brüllen sie ihre Mitarbeiter als Schuldige zusammen (Chefsache zwei). Das nächste halbe Jahr sind sie dann damit beschäftigt, ihre hausgemachte Idiotie als ausgemachte Strategie zu verkaufen (Chefsache drei).

Diplomatensprache: Sagt ein Irrenhaus, wenn es tausend Mitarbeiter rauswerfen will, dass es tausend Mitarbeiter rauswerfen will? Ach was, das heißt dann: »Rationalisierung unserer überalterten Mitarbeiterstruktur« (Börsenkurs steigt!). Sagt ein Irrenhaus, dass es keine Tariflöhne mehr bezahlen, sondern billige Zeitarbeits-Sklaven durch die Hintertür ins Unternehmen peitschen will? Ach was, das heißt dann: »Wir gründen eine hauseigene Personal Service GmbH.« Mitarbeiter werden nicht »entlassen«, sondern »freigesetzt«. Sogar die eigene Pleite kommt noch als »vorübergehendes Liquiditätsproblem« daher. Klartext wird niemals geredet; denn die Wahrheit täte weh!

Einheitsmeinung: Wie ein Trinker immer Durst hat, hat ein Chef immer recht. So besoffen seine Argumente auch klingen mögen! Je hochprozentiger die Dummheit seiner Aussagen, desto lieber schließt er sie mit dem Satz: »Dazu kann es keine zwei Meinungen geben!« Wer dennoch abweichende Meinungen vertritt, etwa zwei mal zwei ergebe in der Gewinnprognose vier (und nicht 40, wie vom Direktor behauptet), der macht sich in Tateinheit mehrerer Delikte schuldig: Majestätsbeleidigung, Befehlsverweigerung, Denkverbots-Überschreitung. Die Köpfe der Irrenhaus-Mitarbeiter sollen wie Rundfunkempfänger in einem totalitären Staat sein: Sie haben alle dasselbe zu empfangen. Wer eigene Gedanken ausstrahlt, schlimmstenfalls vernünftige, wird schnell als Feindsender stillgelegt – durch Entlassung.

Flaschenzug: Irrenhäuser verfügen über einen starken Selbsterhaltungstrieb. Wie der Vampir das Licht meidet, so meiden sie die Vernunft. Aber wie verhindert man, dass ein Vernünftiger in die Irrenhaus-Direktion aufsteigt? Mit dem Flaschenzug. Sobald ein Irrer befördert ist, zieht er andere Irre nach oben, bevorzugt noch größere Dummköpfe als sich selbst. Sie dienen ihm als Kontrastmittel und lassen seine relative Intelligenz aufscheinen wie die Nacht ein Streichholz.

Großraumbüro: Alles, was die Arbeit behindert, steht in Irrenhäusern hoch im Kurs. An erster Stelle: das Großraumbüro. Die Mitarbeiter werden wie eine Tierherde zusammengepfercht. Als Wachhunde dienen direktorentreue Insassen, die sofort anschlagen, wenn jemand rechtzeitig in den Feierabend aufbrechen, ein privates Telefonat führen oder schlecht über die Irrenhaus-Direktion reden will. Ein Großraumbüro ist ein Treibhaus für Ideen, etwa wie man dem Sitznachbarn, der immer ins Telefon brüllt, seine Stimmbänder verknoten könnte. Niemand lenkt hier mehr die Arbeit – alle lenken sich von der Arbeit ab.

Husten: Ein absichtsvolles Geräusch, das Mitarbeiter von sich geben, wenn sie am nächsten Tag eine Krankmeldung einreichen und sich einen schönen Tag machen wollen. Aus Direktoren-Sicht leiden Mitarbeiter ohnehin nur an einer Krankheit: dem Schwindelanfall, der einer (gelogenen) Krankmeldung vorangeht. Als Kranker anerkannt wird nur, wer mindestens an einer Beatmungsmaschine hängt oder eine amtliche Sterbeurkunde vorlegen kann. Das Wort »Burnout« wird in Irrenhäusern übersetzt mit: »Feuer ihn raus, er will nicht arbeiten!«

Interna: Als Willkommensgruß schieben Irrenhäuser dem Neuling einen Knebel in den Mund. Ähnlich wie bei der Mafia wird er zu absolutem Schweigen über sein Gehalt und das Geschäftsmodell verpflichtet. Eine »Wettbewerbsklausel« soll ihn bis zur nächsten Eiszeit (die angesichts des Betriebsklimas nicht allzu fern ist!) an die Firma fesseln. Und alles, was er bei der Arbeit sieht, darf er nicht gesehen haben.

Als Interna gelten vor allem: die wahren Geschäftszahlen (die immer zwei Etagen tiefer wohnen als die veröffentlichten), die Ausraster der Führungskräfte (weil sie für Amnesty International interessant wären) und die strategischen Überlegungen des Managements, die sich mit Abstand am leichtesten verschweigen lassen: Es gibt sie nicht!

Ja-Wort: Das Ja-Wort hat in Irrenhäusern eine doppelte Bedeutung. Zum einen will sogar die hässlichste Firma vom Bewerber wie eine hübsche Braut umworben sein. Er hat sich vor ihr im Vorstellungsgespräch auf die Knie zu werfen (»Warum sollen wir gerade Sie einstellen?«), ihr seine Liebe zu erklären (»Was reizt Sie an unserer Firma?«) und jeden Fußtritt, den man ihm per Stressfrage verpasst (»Welche schlechten Eigenschaften würde Ihnen Ihr letzter Chef nachsagen?«), mit einer unverdächtigen Antwort zu kontern.

Ebenso bedeutend ist das Ja-Wort im Alltag, denn es gilt als einzige richtige Antwort auf Fragen des Managements. »Ist der Projekttermin einzuhalten?« – »Ja!« »Sind Sie mit meiner Entscheidung einverstanden?« – »Ja!« Doch Achtung: Sollte der Irrenhaus-Direktor einmal fragen, »Haben Sie eine bessere Idee als ich?«, lautet die einzige lebenserhaltende Antwort: »Nein!«

Kommunikation: Wer reden nicht will, aber schweigen nicht kann, der »kommuniziert«. Am liebsten per E-Mail, damit genug

Raum für Missverständnisse bleibt und möglichst viele Unbeteiligte per CC mit ins Unglück gerissen werden können. Das Wort »Mail« kommt von »Müll«, und Irrenhaus-Mails sind oft Giftmüll.

Leiharbeiter: Stamm-Insassen reagieren oft unsportlich, zum Beispiel mit Kündigungsschutzklagen, wenn das Irrenhaus sie aus einer Laune heraus feuert. Dagegen ist der Leiharbeiter wie ein Hütchen beim Mensch-ärgere-dich-nicht-Spiel: fürs Rauswerfen bestimmt. Zwei Gelegenheiten bieten sich an, um ihn aus dem Spiel zu kegeln: wenn der Mohr seine Schuldigkeit getan hat. Oder wenn er – dieser faule Hund! – sie nicht getan hat (natürlich wurde er nie eingelernt …). Damit ihn dieses Schicksal nicht überrascht, versetzt man ihm schon vorher einmal pro Monat einen Schock – per Gehaltszettel!

Meeting: Was tut ein ratloser Irrenhaus-Insasse, um ein Problem zu lösen? Er trommelt elf weitere Insassen zu einem Meeting zusammen. Damit hat er die Ratlosigkeit verzwölffacht, aber das Problem nicht gelöst. Wer aus dem Meeting geht, hat zwar keine Sorge weniger als zuvor, aber ein Dutzend Feinde mehr. Schätzungsweise die Hälfte aller Mordpläne werden in Meetings geschmiedet. Die andere Hälfte in den fünf Minuten danach.

Nein: Die einzige Vokabel, die ein Irrenhaus-Direktor benötigt, um mit seinen Mitarbeitern zu reden. Sie ist die passende Antwort auf alle Wünsche des Mitarbeiters – ob er mehr Gehalt, eine Beförderung oder einen neuen Bleistift will. Der unerfahrene Direktor wartet ab, was der Mitarbeiter zu sagen hat, und schleudert ihm sein »Nein« dann entgegen. Der erfahrene Direktor dagegen agiert wie ein Westernheld beim Duell: Ehe der Mitarbeiter den Mund aufmachen und einen Wunsch äußern kann, zieht er schon seine Waffe und sagt vorauseilend: »Die Antwort lautet: NEIN!«

Oberboss: Jeder Irrenhaus-Direktor hat noch einen Direktor über sich, einen Oberboss. Der IQ (Irrsinns-Quotient) steigt mit der Höhe der Hierarchie, was aber nicht bedeutet, dass der Fisch vom Kopf her stinkt; die Oberbosse zeichnen sich vor allem durch Kopflosigkeit aus. Erfolgreiche Manager erkennt man daran, dass sie die Strategie des Unternehmens öfter als ihre Socken wechseln. Ihre Mitarbeiter treiben sie auf die Palme und den Aktienkurs auf Teufel komm raus in die Höhe. Leider kommt der Teufel meist viel zu schnell raus und der Kurs saust viel zu schnell runter!

Ihr Hobby ist das Fusionieren. Wenn sie gerade nicht fusionieren – was selten der Fall ist –, begrünen sie verbrannte Fusionserde.

Prozesse: Für alles, was übers Spitzen eines Bleistiftes hinausgeht, schreiben Konzern-Irrenhäuser standardisierte Prozesse vor. Wer einen Prozess durchläuft, kann sich eine Fahrt in der Geisterbahn sparen – so unheimlich ist das. Die Formulare sind länger als die Arbeitstage. Kein Mensch blickt durch. Aber wehe, der Insasse setzt ein Kreuz an der falschen Stelle! Dann steht bald ein Kreuz hinter seinem Namen: Er ist für das Prozesssystem gestorben. Der Meeting-Raum? Verweigert. Die Dienstreise? Abgelehnt. Die Drucker-Patrone? Keine Chance. Bleibt nur: Bleistifte spitzen!

Quartalszahlen: Das Denken eines Irrenhaus-Direktors reicht immer nur bis zu den nächsten Quartalszahlen. Wie ein Affe im Baum von Ast zu Ast, so hangelt er sich von Quartal zu Quartal. Alle Einnahmen werden mit Gewalt nach vorne gezogen, alle Ausgaben nach hinten verschoben. Bis die Äste seiner Lügen, an die er sich klammert, immer brüchiger werden. Genau eine Sekunde, bevor er abstürzen würde, darf er das Unternehmen mit einem goldenen Handschlag verlassen (weil Abstürze schlecht für die Börse sind). Mindestens fünf Buchhalter werden als Bauernopfer entlassen!

Restrukturierung: Wenn eine Dummheit, die begangen wurde, durch eine noch größere Dummheit ersetzt wird, spricht man von einer Restrukturierung. Alles, was den Mitarbeitern bislang als Weisheit gepredigt wurde, gilt jetzt als falsch. Die alten Manager reden neuen Blödsinn, dessen Halbwertszeit gegen null tendiert. Restrukturierungen führen so lange zu weiteren Restrukturierungen, bis Reanimierungen für die Firma nötig werden. Diese überlässt man zur Sicherheit dem Insolvenzverwalter.

Sparen: Mit Märkten, mit Kunden, mit Zukunftschancen verschwendet ein Irrenhaus keine Sekunde. Hauptberuflich betreibt es ein anderes Geschäft: das Sparen. Der Reiseetat schrumpft auf eine Größe, die nicht mal für ein S-Bahn-Ticket reicht (Kundenbesuche ade!). Schreibtischlampen werden als verschwenderischer Luxus enttarnt und in der Asservatenkammer eingelagert. Und Mitarbeiter-Planstellen sterben in einer solchen Geschwindigkeit aus, dass sie von Artenschützern auf die rote Liste gesetzt werden. Erst wenn der letzte Krümel Gehirn weggespart wurde, darf ein Sparvorgang als vollendet gelten.

Tunnelblick: Ein Irrenhaus-Direktor sieht, was er sehen will. Am liebsten: Fehler seiner Mitarbeiter. Wer jahrelang fehlerfreie Arbeit liefert, hört nie ein Lob. Aber sobald der Anschein entsteht, er könne einen Fehler begangen haben, stürzt sich der Irrenhaus-Direktor wie ein hungriger Tiger auf ihn. Ein Fehler liegt immer dann vor, wenn ein Mitarbeiter das Falsche getan hat. Die Frage, wer in aller (Manager-)Welt ihn zu diesem Blödsinn angestiftet hat, wird vorsichtshalber nicht geklärt!

Unternehmensberater: Was der Papst für die Kirche ist, ist der Unternehmensberater für einen Irrenhaus-Direktor: die Unfehlbarkeit in Person. Alles, was Mitarbeiter nach 20 Jahren noch nicht wissen, weiß der Junge im Konfirmandenanzug, der sich »Berater« nennt, schon nach einem Tag. Wenn der Konfirmand vorschlüge, die Kunden zum Mond zu schießen, wäre Cape Canaveral schon am nächsten Tag gebucht. Glücklicherweise lassen sie die Mitarbeiter meist billiger fliegen, nämlich: rausfliegen.

Vertrauen: Gegenüber den Insassen nicht vorhanden. Jeder Mitarbeiter wird so lange als potenzieller Dieb, Blaumacher, Spesenbetrüger, Cheflästerer und Betriebsspion gesehen, bis das Gegenteil erwiesen ist. Das Gegenteil ist frühestens dann erwiesen, wenn der Mitarbeiter gefeuert ist. Gerne lässt man Mitarbeiter von Detektiven beschatten, die ihnen »Delikte« nachweisen, die für eine Kündigung reichen. Zum Beispiel könnte nach der Toilettennutzung auffallen, dass weniger Klopapier auf der Rolle ist als zuvor. In diesem Fall ist von einem Diebstahl auszugehen!

Werte: Natürlich gibt es Werte, die in den Irrenhäusern als heilig gelten, da wären: der Wert der Immobilien, der Wert des Fuhrparks und der Wert des Anlagevermögens. Alle Werte stehen in der Bilanz auf der Haben-Seite, Mitarbeiter stehen unter »Soll«. Und die ideellen Werte, der höhere Sinn? Darauf reimt sich: höherer Gewinn!

Zahlengläubigkeit: Was Mitarbeiter sagen, hat nichts zu heißen. Aus ihrer Zwergenperspektive sehen sie alles falsch. Je lauter die Mitarbeiter jammern, desto richtiger war eine Entscheidung. Ebenso glaubt der Irrenhaus-Direktor: Wenn die Kunden laufen, dann laufen sie nicht vor dem neuen Produkt weg (wie von den Mitarbeitern behauptet), sondern rennen der Firma die Tür ein.

Das meint er so lange, bis ihm die Zahlen in der Bilanz das Gegenteil beweisen, also frühestens kurz vor der Pleite.

Rote Zahlen sind für ihn wie rote Ampeln: Jetzt drückt er auf die Etatbremse. Diese Bremse ist dort, wo die Mitarbeiter sind. Besser gesagt: waren!

> **§ 2 Irrenhaus-Ordnung:** Bei allem, was die Firma tut, steht die Belegschaft stets im Mittelpunkt. Vor allem bei: Intrigen, Abmahnungen, Entlassungswellen.

Eine Bombe im Bundestag

Wer den Deutschen Bundestag ausschalten will, hat zwei Möglichkeiten: Er zettelt eine Revolution an. Oder er schreibt eine E-Mail. Die Mail ist eine virtuelle Bombe, ein modernes Kampfmittel gegen Arbeitskapazität. Ihre Sprengkraft ist so groß, dass eine Atombombe daneben wie ein Chinaböller erscheint.

In Schlachten wird geschossen, in Firmen wird gemailt. Diese Schüsse peitschen rund um die Uhr. Die Kultur des Vier-Augen-Gespräches torpedieren sie, das logische Denken drängen sie zurück, und lapidare Vorgänge blasen sie zu Welt-Ereignissen auf, wenn eine Mail als Querschläger mehr Empfänger erreicht als nötig. Die typische Irrenhaus-Mail erfüllt zwei Eigenschaften: Sie verfehlt ihr Ziel. Und sie ist überflüssig.

Die nichtige Mail gleicht dem Besen von Goethes Zauberlehrling: Sie vermehrt sich auf wundersame Weise. Der Empfänger einer belanglosen Mail will alle Welt wissen lassen, dass er eine belanglose Mail erhalten hat, weshalb er seinerseits eine belanglose Mail schreibt; die Abkürzung CC steht dabei für Chaos-Club. Die eine Hälfte ihrer Arbeitszeit verbringen die Irrenhaus-Insassen damit, ihre Maileingänge zu sichten. Und die andere Hälfte geht fürs Antworten drauf. Fürs Denken zwischendurch bleibt keine Zeit.

Was der Bundestag damit zu tun hat? Er repräsentiert nicht nur das Volk – sondern auch die Firmen-Irrenhäuser! Dieser Aufgabe kommt unser Parlament in vorbildlicher Weise nach, wie sich im Januar 2012 zeigte.[7] Die Irrsinns-Kostprobe begann mit einer Mail, geschrieben von einer Mitarbeiterin der Grünen-Abgeordneten Sylvia Kotting-Uhl: »Liebe Britta, wenn Ihr Euch eindeckt, bringt Ihr mir eins mit?« Gemeint war kein Schnäppchen aus dem Supermarkt, sondern ein frisch eingetroffenes Bundestagshandbuch. Die Mail endete mit dem (politisch) korrekten Gruß: »Danke und herzliche Grüße: Babette«.

Babette hätte jedoch eigentlich ein ganz anderes Handbuch benötigt: das kleine Einmaleins des Mailens. Denn beim Verschicken drückte sie nicht auf »Antworten«, sondern auf »Allen antworten«. Der Unterschied liegt bei einem Wort – und bei 3999 Empfängern; rund 4000 Menschen gehören zum Gesamtverteiler des Bundestages.

Und so wurde eine »Lesung« der ganz besonderen Art eingeläutet: Der komplette politische Betrieb in Berlin, die 620 Abgeordneten, ihre persönlichen Mitarbeiter, die Kanzlerin, die Minister, der Bundestagspräsident – ihnen allen wurde diese diplomatische Depesche zur gleichen Zeit ins Postfach gepresst.

Kleine Rechnung: Wenn jeder Empfänger mit der Mail eine Minute beschäftigt war, hat dieser Irrläufer rund 67 Arbeitsstunden verschlungen. Derweil hat sich der irre Politikbetrieb nicht mit dem Klimawandel, der Bankenkrise oder Bildungsfragen beschäftigt; 67 Stunden wurden damit verbracht, eine Müll-Mail per DNA-Probe (»Denk-Nach-Abgeordneter!«) als Müll-Mail zu identifizieren.

Aber der Bundestag wäre keine gute Irrenhaus-Vertretung,

wenn er diesen Stundensatz nicht aus freien Stücken vervielfacht hätte. Statt diesen elektronischen Blindgänger einfach im virtuellen Papierkorb zu entschärfen, ließen die Politiker ihre Arbeit links liegen und schossen Antworten auf demselben Niveau zurück: Belanglosigkeiten. Und damit alle etwas von diesem Ablenkungsmanöver hatten, blieb das ganze hohe Haus im Verteiler.

Zum Beispiel unternahm ein Mitarbeiter des SPD-Abgeordneten Sönke Rix den kühnen Versuch, die Politikprofis in einer bislang unbekannten Kunst zu unterrichten: nämlich wie man eine Mail unfallfrei versendet. Meinungen provozierten Gegenmeinungen. Mit der Schnelligkeit eines Schusswechsels rauschten die Mails von Postfach zu Postfach, stets in viertausendfacher Ausfertigung.

Der Server des Bundestages, ein alter Haudegen, war einigen Mailverkehr gewohnt: über Auslandseinsätze der Bundeswehr, über drohende Staatspleiten, über explodierte Atomkraftwerke. Alle diese Krisen hatte er verkraftet. Doch Babette, die Frau mit dem Irrenhaus-Verteiler, zwang ihn in die Knie. Der virtuelle Stoßverkehr hatte zur Folge, dass die Mails nur noch wie aus einem verstopften Rohr tröpfelten, merklich verspätet. Wäre zu dieser Zeit ein Vulkan in der Eifel ausgebrochen, die Nachricht hätte den Bundestag später erreicht als die Rauchwolke den Himmel über Berlin.

Aber der Irrsinn ging noch weiter! Nachdem die Schaltzentrale der Republik lahmgelegt war, wollte der Bundestag sein Abenteuer mit dem Volk teilen: Die Abgeordneten twitterten wie ein ganzes Vogelhaus, und so eilte Babettes Missgeschick ins Land hinaus. Die Nation war in hellem Aufruhr, das ZDF brachte einen Exklusivbericht, und bei Facebook entstand (vorübergehend) die Seite: »Babette war's«.

Wahrscheinlich wäre der Server des Parlaments vollends ins Jenseits geschickt worden, hätte sich die Informatik-Abteilung nicht zu einem Ordnungsruf entschlossen: »Aus gegebenem Anlass wird daran erinnert, dass E-Mail-Verteiler ausschließlich für dienstliche Zwecke zu verwenden sind.«

Bis zu diesem Zeitpunkt waren nach Aussage eines Bundestagssprechers rund 120 Mails bei jedem Abgeordneten eingegangen – womit sich die verschwendete Arbeitszeit auf 480 000 Minuten, auf 8000 Arbeitsstunden, auf 1000 Arbeitstage addiert.

Genauso geht es in den Firmen-Irrenhäusern zu: Jeden Tag werden virtuelle Bomben gezündet, die einen tiefen Krater reißen, wo vorher noch ein Rest von Arbeitsfähigkeit war (siehe nächstes Kapitel).

Falls Sie das Schicksal von Babette in Ihrer Firma weitersagen wollen: bitte nicht per Mail!

§ 3   **Irrenhaus-Ordnung:** Der Irrsinn selbst hat zum Parlament keinen Zutritt: Er schickt seine besten Abgeordneten!

Von Mails und anderen Dummheiten

Das wichtigste Führungsinstrument derer, die nicht führen können, ist die E-Mail; sie dient dem lückenlosen Alibi. Wenn der Insasse später behauptet, er habe noch nichts von einer Entscheidung gehört, sagt sein Direktor triumphierend: »Dann schauen Sie mal in Ihr Mailfach! Am 23. September ist Ihnen das 76-seitige Strategiepapier um 14.23 Uhr zugegangen.«

Vielleicht war der Mitarbeiter klug genug, die Mail zu löschen, als er sah, dass sie von einem unseriösen Absender kam, sprich seinem Management. In Irrenhäusern darf ein Ausrufezeichen als Löschsignal gewertet werden, weil es auf erhöhte Belanglosigkeit hinweist.

Meine Erfahrung ist: Je öfter sich die Menschen in einem Unternehmen mailen, desto weniger verstehen sie sich. Und je größer die Mailverteiler sind, desto kleiner ist die Vernunft einer Firma. Jede Woche höre ich Katastrophenberichte. Sie beginnen mit einer Mail und enden mit einem Knall. Hier ein paar Beispiele:

Eine Klientin von mir, leitende Angestellte, wollte ihre Jahresziele mit ihrem Vorgesetzten besprechen. Doch dieser, oft auf anderen Kontinenten unterwegs, hatte den Gesprächstermin mehrfach verschoben. Schließlich schlug er vor, die Ziele »zeitnah per Mail zu vereinbaren«. Die Mitarbeiterin stimmte notgedrungen zu.

Dann flatterte ihr ein Zielkatalog ins Haus, der ihr seltsam bekannt vorkam. Sie schaute in ihre Unterlagen und stellte fest: Ihr Chef hatte einfach die Ziele des Vorjahres kopiert. Was für eine Unverschämtheit! Sie bat ihn, neue Aspekte aufzunehmen. Doch er antwortet mit einer Mini-Mail: »Zielrichtung noch dieselbe. Kein Kurswechsel sinnvoll.«

Die Mitarbeiterin war stinksauer – tagelang hatte sie über sinnvolle Ziele nachgedacht und diese mit ihrem Chef diskutieren wollen. Nun bekam sie Second-Hand-Ziele verordnet. Da half es auch nicht, dass die Mini-Mail ihres Chefs mit einem Smiley endete.

Doch der Flurschaden, den mailende Führungskräfte anrichten, kann noch viel größer sein. Das bewies ein Elektrokonzern: Mehrere Führungskräfte hatten sich per Mail ausgetauscht. Es ging darum, wer in einen Qualitätszirkel beordert werden sollte. Jeder Chef beurteilte, für wie geeignet er seine jeweiligen Mitarbeiter hielt.

Dabei wurde in Schwarzweiß gezeichnet. So schrieb ein Chef über seinen Mitarbeiter, der für das Projekt angefragt worden war: »Leider nur ein Mitläufer. Keine Initiative. Für Innovationen ungeeignet.« Und eine andere Führungskraft bescheinigte einer Mitarbeiterin: »Viel zu leicht beeinflussbar. Hat keine eigene Meinung. Taugt für Umsetzung, nicht für Diskussionsprozesse.« Und ein älterer Mitarbeiter bekam die nicht gerade schmeichelhafte Bewertung: »Sein Wissen ist von vorgestern. Er hält immer nur am Alten fest. Wäre ein Bremsklotz.«

Je länger die Chefs sich über ihr Personal austauschten, desto mehr geriet ihr Mailwechsel zu einer Lästerorgie. Dann passierte das Missgeschick: Einem Abteilungsleiter rutschte ein Mitarbeiter in den Verteiler. Und so gelangte die verbale Hinrichtung in die Hände der Delinquenten.

Es gab einen Riesenärger! Und die Abteilungsleiter übten sich im Rausreden. Einer sagte zu seinem Mitarbeiter: »Das war doch nur ein taktischer Schachzug! Ich wollte Sie nicht an die Projektgruppe abtreten.« Und der ältere Mitarbeiter, der als Bremsklotz verunglimpft worden war, hörte staunend: »Das war nur ein Vorwand! Ich bin der Meinung, dass Sie sich in Ihrem Alter nicht mehr mit solchen Projekten herumärgern müssen.«

Die Insassen glaubten kein Wort. Die Wahrheit lag ihnen vor. Schriftlich!

Einen virtuellen Super-Gau hatte kürzlich auch ein Konzern in Norddeutschland zu beklagen. Ein langjähriger Mitarbeiter, stets Vorbild an Fleiß, war im Zuge eines Sparprogramms auf die Abschussliste geraten. Doch sein junger Chef drohte ihm: »Entweder Sie gehen mit Abfindung. Oder ohne!«

Der Mitarbeiter gab nach. Doch an seinem letzten Arbeitstag holte er zu einem Racheschlag aus: Er schrieb eine Wutmail. Wie der Schriftsteller Peter Handke, der einst sein Publikum beschimpfte, zog der frustrierte Ingenieur über sein Irrenhaus her. Er beschrieb, wie in seiner Abteilung die Qualitätsmaßstäbe immer mehr gesenkt, die besten Mitarbeiter entlassen und die fähigen Zulieferer aus dem Geschäft gedrängt worden waren. Und er bezeichnete sein Unternehmen, für das er über 20 Jahre gearbeitet hatte, als eine »völlig durchgeknallte Profitmaschine, die sich selbst zerfleischen wird«.

Dieser deftige Abschiedsgruß, drei A4-Seiten lang, ging an den Gesamtverteiler des Unternehmens: an 12 000 Mitarbeiter. Schon nach wenigen Minuten liefen die Telefone heiß, Mitarbeiter stießen sich auf den Gängen an, und in der Raucherecke brummte es; die Mail erlangte Kultstatus, wurde an Pinnwände geheftet, in Teamrunden diskutiert und heimlich an Kunden weitergeleitet. In dem Konzern brodelte es wie in Ägypten vor der Revolution. Aber wie sollten die Irrenhaus-Direktoren auf eine Anschuldigung reagieren, die 12 000 Mitarbeitern zugegangen war? Man griff zur selben Waffe: dem Großverteiler. Und so ließ die Irrenhaus-Direktion eine Richtigstellung versenden, die den Mitarbeiter als einen rachsüchtigen Übertreiber darstellte.

Diese Mail goss Öl ins Feuer. Als hätte man einer jubelnden Fußball-Fankurve klarmachen wollen, dass der dreifache Torschütze, den sie gerade feierte, zwei linke Füße hatte – es kam zu Verbal-Krawallen.

Monate dauerte es, bis die Flammen des Zorns abnahmen. Noch heute können Mitarbeiter des Konzerns die Mail des Kollegen passagenlang zitieren. Und einer meiner Klienten schwört, dass er dem Konzern bei seiner Verrentung in vier Jahren exakt dasselbe Geschenk machen wird. Ich bin gespannt darauf!

§ 4 **Irrenhaus-Ordnung:** Es gibt zwei Wege, einen Krieg auszulösen: Man schickt Panzer mit Bomben – oder Mails mit CC.

Irrenhaus-Sprechstunde 2

 **Betr.: So wurde mein Kollege vom Detektiv zum Betrüger gemacht**

Ich arbeitete als Detektiv für eine Kaufhauskette. In den letzten Jahren ist der Druck auf uns gewachsen: Wer nicht eine bestimmte Quote von Ladendieben präsentiert, muss um seinen Job fürchten. Dabei kann man die Qualität eines Detektivs nicht an der Zahl seiner Zugriffe festmachen. Wer (wie ich) im Laden präsent ist, arbeitet auch dann vorzüglich, wenn er die Quote der Diebstähle senkt – wie das Wachpersonal eines Geldtransports nicht möglichst viele Räuber festnehmen, sondern sie abschrecken soll.

Gerade professionelle Ladendiebe registrieren einen Detektiv schnell und wägen ab: Wird er mich erwischen? Oder kann ich ihn übertölpeln? Wenn sie sich gegen den Diebstahl entscheiden, ist das immer ein Qualitätsbeweis für meine Arbeit.

Der massive Druck der Geschäftsleitung zwingt uns zu unseriösem Vorgehen: Schon der vage Verdacht, jemand habe etwas eingesteckt, reicht aus, dass wir ihn nach der Kasse abfischen. Früher waren wir bei vier Zugriffen dreimal erfolgreich; heute ist die Quote an schlechten Tagen umgekehrt. Das ist peinlich und vergrault Kunden.

Vor einem Jahr passierte Folgendes: Ein neuer Detektiv war der gefeierte Liebling unserer Geschäftsführung. Er machte einen Ladendieb nach dem anderen dingfest. Uns anderen Detektiven wurde er als Vorbild hingestellt.

Auffallend war nur, welche Diebe der Neue ertappte: viele ältere Herrschaften, zum Beispiel mit versteckter Ware in den

Rollatoren. Und junge Mütter, die im Kinderwagen mehr als ihr Kind durch die Kasse schoben. Dagegen erwischte er fast nie die typischen Kandidaten: Serientäter mit einer langen Liste von Hausverboten, die von der Polizei auf Anhieb mit ihrem richtigen Namen angesprochen wurden.

Und so taten wir, was gar nicht unsere Aufgabe war: Wir überwachten den Neuen. Dabei kam heraus: Er selbst jubelte den Kunden das angebliche Diebesgut unter – und förderte es nach der Kasse wieder ans Licht.

Unser Chef tobte. Doch auf die Idee, dass er den Betrug durch seinen Druck provoziert hat, ist er nicht gekommen.

Ivo Jovanovi, Kaufhaus-Detektiv

 Betr.: Wie ich meinen Arbeitsplatz alle Wochen wieder verliere

Wie man einen Arbeitsplatz verlieren kann, ohne entlassen zu werden? Das geht so: Ich arbeite für ein großes Softwarehaus. Seit einigen Jahren gibt es in unseren Büros keine festen Arbeitsplätze mehr; jeden Morgen wird rotiert. Man ist ein Arbeits-Nomade und schiebt seinen Schreibtisch-*Trolley* so lange durch den Großraum, bis man auf einen freien Schreibtisch stößt.

Begründet wird dieses Tischlein-wechsel-dich-Spiel nicht etwa mit Sparsamkeit (offenbar geizt man mit Bürofläche), sondern mit einer esoterischen Floskel: »Räumliche Beweglichkeit führt zu geistiger Beweglichkeit!« Dabei kostet mich jeder Platzwechsel Energie. Neue Umgebung, neue Nachbarn, neuer Lichteinfall – bis die Arbeit fließt, können Stunden vergehen.

Der Gipfel des Irrsinns: Wir haben mehr Mitarbeiter als eingerichtete Arbeitsplätze. Die meisten Tage der Woche geht das gut, weil unsere Software-Berater auf Achse sind. Aber wehe, es kommen ein paar gleichzeitig auf die Idee, einen Bürotag einzulegen! Dann schlendere ich – wie gerade gestern – morgens um 7.30 Uhr in unseren Großraum, finde aber nur besetzte Schreibtische vor. Mein Arbeitsplatz: verschwunden!

Die Schlaunasen aus dem Management haben uns für solche Fälle ein »Recht auf Arbeit im Homeoffice« eingeräumt. Theoretisch müsste ich dann die 60 Kilometer, die ich gerade zur Arbeit gefahren bin, wieder in die umgekehrte Richtung zurücklegen. Aber was, wenn ich am selben Nachmittag eine Konferenz habe?

Dann wandere ich von Arbeitsplatz zu Arbeitsplatz, um mir im Gespräch mit den Kollegen die Zeit zu vertreiben. Statt zu arbeiten, reden wir. Unser beliebtestes Thema: die Idiotie der rotierenden Arbeitsplätze, verordnet von den obersten Chefs.

Vielleicht wäre es an der Zeit, dass auch mal der Arbeitsplatz eines solchen Managers rotiert – in Richtung Ausgang!

Bernd Graf, Software-Entwickler

 Betr.: Warum der Tod eines Stiefvaters nur halb so schlimm ist

In unserer Firma ist alles bis ins Detail geregelt, von der Geburt bis zum Tod. Jede Führungskraft hat eine »Dienstanweisung über die Freistellung des Mitarbeiters (der Mitarbeiterin) bei Arbeitsverhinderung« vorliegen. Eine »Arbeitsverhinderung« besteht zum Beispiel darin, dass jemand heiratet, ein Kind zur Welt bringt, den Wohnort wechselt oder seine Eltern Silberhochzeit feiern. Aber auch der Tod eines nahen Verwandten führt dazu, dass ihm die Firma freie Sondertage gewährt.

Die Zahl dieser Tage hängt von makaberen Kriterien ab: Um ein verstorbenes Kind, das noch zu Hause lebte, darf man drei Tage trauern. War das Kind aber schon ausgezogen, gewährt die Firma nur zwei Tage. Das Alter spielt dabei keine Rolle. Ein Schüler im Internat gilt als »nicht mehr zu Hause lebend«. Vermitteln Sie das mal einer Mutter, deren zehnjähriger Sohn gerade unter ein Auto gelaufen ist! Genau das ist meine Aufgabe als Personalerin.

Und ich muss schlichten, wenn es zu Auslegungsschwierigkeiten kommt. Einmal wollte eine Mitarbeiterin eine Freistellung für ihre Heirat, doch ihr Vorgesetzter forderte sie auf, regulären Urlaub zu nehmen. Die Frau wies darauf hin, dass ihr zwei freie Tage laut Dienstanweisung zustanden. Der Chef aber konterte: »Wenn ich mich richtig erinnere, ist das bereits Ihre zweite Heirat in fünf Jahren. Sie haben die freien Tage bereits verbraucht!«

Ich musste den Fachvorgesetzten darüber aufklären, dass die freien Tage auch dann vorgesehen waren, wenn jemand nach einer Scheidung erneut heiratete.

Bei anderer Gelegenheit bekam ein IT-Leiter Panik, weil sein wichtigster Mann ausgerechnet in der kritischen Phase eines Projektes zur Beerdigung seines Stiefvaters in die Schweiz reisen wollte. Beim Tod der Eltern oder Schwiegereltern standen dem Mitarbeiter zwei Tage zu. Aber der IT-Chef gab sich spitzfindig: »Nicht dein Vater ist gestorben, sondern dein Stiefvater! Von diesem Fall ist in der Verordnung nicht die Rede.«

Der junge Mitarbeiter rang mit den Tränen. »Mein Stiefvater ist mir genauso viel wert wie meine leiblichen Eltern! Das ist doch kein Trauerfall zweiter Klasse.«

»Und wenn nächste Woche dein leiblicher Vater stirbt?«, fragte sein Chef. »Dann bekommst du noch mal zwei freie Tage? Das wäre doch ungerecht gegenüber den Kollegen, die nur einmal freimachen dürfen!«

Seine Argumentation klang so, als wäre es der schönste Zeitvertreib, in schwarzer Kleidung an einem offenen Familiengrab zu stehen. Ich sollte nun klären: Gilt ein Stiefvater laut Verordnung als Vater? Oder besteht bei seinem Tod kein Freistellungsanspruch? Tatsächlich wies die Verordnung eine Lücke auf; Stiefeltern waren nicht erwähnt und fielen, streng genommen, nicht darunter. Der Personalvorstand musste entscheiden und übermittelte mir folgende Linie: »Ab jetzt stellen wir Mitarbeitern, die Stiefeltern haben, frei, beim Tod welcher Eltern sie diese freien Tage nehmen. Doppelte Inanspruchnahme ist aus Gründen der Gleichbehandlung nicht möglich.«

Der einzige Todesfall, über den ich mich wirklich freuen könnte: wenn endlich die Bürokratie in unserem Konzern stürbe!

Kathrin Hofmann, Personalerin

 Betr.: Wie unsere Putzfrau zum Sicherheitsrisiko wurde

Ich tippte gerade an einem wichtigen Text, als ich aus dem Augenwinkel unsere Putzfrau heranrauschen sah. Mit überhöhter Geschwindigkeit, als ritte sie auf einem Hexenbesen, feudelte sie den Boden an der Rückseite unserer Schreibtische. Früher hatte sie in Ruhe putzen dürfen, bis unser Büro sauber war. Doch unsere Behördenleitung hatte das Zeitbudget der Reinigungsfirma kürzlich um die Hälfte zusammengestrichen. Für die Putzfrauen hieß das: doppelt so schnell arbeiten.

Ich wandte meinen Blick von ihr ab und tippte weiter an meinem Entwurf eines Bescheides. Seit dem frühen Morgen quälte ich mich damit herum (jetzt war Nachmittag). Die Putzfrau rauschte gerade an mir vorbei, als mein Computer zu spinnen begann: Das Bild erlosch. Schwarzes Quadrat. Mein Text – verschwunden. Ebenso die Putzfrau. Auf ihrem Wischmop war sie schon einen Schreibtisch weiter geritten.

Mich packte Panik. Ein Notfall! Ich musste meinen Rechner wiederbeleben. Erster Versuch: neues Hochfahren. Doch der Patient machte keinen Mucks. Hilflos rief ich den Notarzt vom IT-Service hinzu. Der Spezialist ließ sich die Situation schildern, in der das Bild verschwunden war. Dann grinste er: »Diese Geschichte habe ich in den letzten Wochen immer wieder gehört!«

»Dass ein Bildschirm erlischt?«

»Dass ihn eine Putzfrau zum Erlöschen bringt!«

Er lief um meinen Schreibtisch herum, bückte sich und hielt ein Kabel in die Höhe: »Sehen Sie, hier ist sie offenbar rangekommen!« Eine Sekunde später gab der Patient wieder ein Lebenszeichen von sich: Er brummte. Ich fuhr ihn hoch. Wiederbelebung gelungen!

Leider hatte ich den größten Teil meines Textes nicht gespeichert; mehrere Stunden Arbeit waren umsonst gewesen.

Seither erleben wir die Feudelaktionen unserer Putzfrau wie Luftangriffe. Sobald sie auf dem Radar auftaucht, lösen wir den Putzalarm aus, warnen uns per Zuruf. Meine Dokumente fliehen dann in den Putzschutz-Bunker. Per Speicherbefehl.

Markus Klein, Amtsrat

2.
Die Geizkragen GmbH:
Blöd sparen

Wenn Firmen in den Spargang schalten, bleibt ihr Gehirn so lange auf der Strecke, bis der Insolvenzverwalter das Steuer übernimmt. In diesem Kapitel lesen Sie ...

- warum Mitarbeiter den Nachruf ihrer Firma mehr als den eigenen Tod fürchten,
- weshalb ein Buchhalter sein Auto mit 596 Litern betanken müsste, um Geld zu sparen,
- warum das typische Großraumbüro nicht nur den Strometat, sondern vor allem die Gehirnleistung senkt
- und wodurch der Entwurfs-Drucker einer Firma pausenlos Geheimnisse ausplauderte.

Nachrufe – das Allerletzte

Früh am Morgen, mit finsterer Miene, trommelte der Projektmanager des Faser-Produzenten sein ganzes Team zusammen. Er räusperte sich und sagte: »Ich habe eine schlechte Nachricht. Herr Schmidt hatte gestern einen Unfall. Er lebt nicht mehr.«

Es wurde so still im Raum, dass der Verkehr von der Hauptstraße, den vorher keiner gehört hatte, mitten durch die leeren Köpfe zu rauschen schien. Schockiert saßen die Mitarbeiter da. Jürgen Schmidt war ein beliebter Kollege gewesen, 13 Jahre in der Firma. Einer, der immer viel zu tun hatte, aber dennoch seine Kollegen unterstützt und mit Scherzen aufgemuntert hat.

Der Chef fuhr mit fester Stimme fort: »Das ist natürlich ein schwerer Verlust für uns, auch mit Blick auf das laufende Projekt. Wir müssen besprechen, wer seine Aufgaben übernimmt. Und wir müssen einen adäquaten Ersatz für ihn suchen.«

Ganze drei Sätze hatte es gedauert, bis der tragische Todesfall zum Ausfall einer Arbeitskraft geschrumpft war. Noch am selben Tag schickte der Chef seine Assistentin an den Schreibtisch von Jürgen Schmidt, ließ dessen persönliche Gegenstände in einen Karton stopfen und als Päckchen an die Hinterbliebenen verschicken, garniert mit einem Standard-Trauerbrief.

Zwei Tage später in der Lokalzeitung: Die Todesanzeige für den »langjährigen Projektingenieur Jürgen Schmidt« erscheint. Direkt daneben steht eine Stellenausschreibung, mit der die Firma einen »erfahrenen Projektingenieur« sucht, »zum nächstmöglichen Zeitpunkt«. Die Stellenausschreibung ist anderthalb Mal so groß wie die Todesanzeige; an Trauer spart es sich leichter.

Geiz vor Großzügigkeit, Pragmatismus vor Pietät: Die letzte Ehre, die Firmen ihren Mitarbeitern erweisen, hat nicht immer mit Ehre zu tun. Der Tod eines Mitarbeiters wird als Sachproblem gesehen, als Loch in der Personaldecke, das es schnell und vor allem kostengünstig zu stopfen gilt.

Wer nach kuriosen Todesanzeigen für Mitarbeiter sucht, wird in den Büchern von Christian Sprang und Matthias Nöllke fündig.[8] Clevere Firmen machen vor, wie man Todesanzeigen nutzt, um nicht nur einen alten Mitarbeiter auf den Weg ins Grab, sondern auch neues Geld auf den Weg in die Kasse zu bringen.

Zum Beispiel trauert das Café Belstner um Frieda R., die dort 40 Jahre als Bedienung gearbeitet hat: »O Herr, gib ihr ewige Ruhe!« Doch die Ruhe währt nicht lang, denn das Café klinkt in die Todesanzeige eine schrille Werbebotschaft ein: »Ab jetzt ist das Café Belstner wieder jeden Sonntag von 12.30 bis 18.00 Uhr geöffnet, weil es Frau R.s letzter Wunsch war.« Als hätte die Mitarbeiterin auf dem Sterbebett keine größeren Sorgen gehabt, als die künftigen Öffnungszeiten ihres Irrenhauses vorzugeben.

Wer die Werbeanzeige, die er schalten *will,* in eine Todesanzeige schmuggelt, die er überraschend schalten *muss* – der kann sich ohne zusätzliche Kosten aus der Affäre ziehen. Der Tod als Spargehilfe, die Irrenhäuser schrecken vor nichts zurück.

Dieser Geiz geht so weit, dass die Irrenhäuser sogar mit dem Tod ihrer eigenen Direktoren noch Geschäfte machen. Zum Beispiel verkündet ein Berliner Autohaus »in stiller Trauer« den Tod seines Gründers.[9] Doch in den Trauerchor des Anzeigentextes mischt sich eine trällernde Werbestimme: »Einem der letzten Wünsche unseres Firmengründers entsprechend, sind unsere Kunden und Freunde zum traditionellen Herbstfest am Samstag, 30. Oktober 2010, ins Autohaus (…) eingeladen.«

Freilich handelt es sich bei dem Fest um keine Totenmesse, sondern einen knallharten Verkaufstag. Und natürlich weiß ein Autohaus, dass man auf die Tränendrüse ähnlich wie auf ein Gaspedal drücken kann: »In Anbetracht der durch den Tod verursachten schwierigen Geschäftssituation findet zur Sicherung unserer kurzfristigen Liquidität (…) ein Fahrzeug-Sonderverkauf mit drastischen Preisnachlässen statt.«

So wird der Tod zur Werbebotschaft, zum Aufhänger für einen Sonderverkauf. Der Gründer ist gestorben; die Gier lebt weiter.

Doch nicht nur an Geld sparen die Irrenhäuser in ihren Nachrufen, sondern erst recht an gutem Geschmack. Da bekommt ein verstorbener Mitarbeiter attestiert: »Er wird in *unseren* Werken weiterleben.« Um welche Werke es sich handelt, ob um Nagellack, Gallseife oder Klo-Reiniger, bleibt offen. Ob der Tod da nicht doch die bessere Wahl wäre?

In einer anderen Anzeige erfahren die staunenden Zeitungsleser, der Rechtsanwalt Guntram F. sei »in der 10. KW unerwartet im Urlaub verstorben«. Warum weist der Arbeitgeber so ausdrücklich darauf hin, dass der Mitarbeiter im Urlaub starb, noch dazu mit Beweisführung (»10. KW«)? Wurde er in seiner Firma so sehr geschunden, dass man sich vom Verdacht eines Todes durch Überarbeitung reinwaschen will?

Und »Herr W.« wird von seinem Irrenhaus mit gebührendem Titel verabschiedet: als »Abteilungsleiter Schrankwände«. Als wäre kein Mensch gestorben, nur der Inhaber einer Funktion. Und den kann man sich natürlich, gleich einer Schrankwand, aus neuem Personalrohstoff nachzimmern.

Dagegen ist dem Mitarbeiter »Ernst M.« ein Kunststück gelungen: Er wurde noch nach seinem Tod befördert, zum »Verwaltungsratspräsidenten«, dessen Tod die Firma mit »großer Bestürzung« mitteilt. Offenbar war die Bestürzung des noch lebenden Verwaltungsratspräsidenten ähnlich groß, weshalb kurz darauf eine fettgedruckte »Richtigstellung« erschien. Die Firma lässt kleinlaut verkünden: »Aus Mitarbeiter wurde Verwaltungsratspräsident, was wir sehr bedauern.«

Den letzten Unfall kann ich erklären. Immer wieder frage ich mich, wenn ich Firmen-Todesanzeigen in der Zeitung lese: Ist der »tüchtige und liebenswerte« Mitarbeiter Heinz Schäfer, der für »stete Loyalität, menschliche Qualitäten und unermüdlichen Einsatz« gelobt wird und dessen »Tod eine nicht zu schließende Lücke reißt« – ist dieser arme Mensch nicht schon letzte Woche verstorben?

Dann wühle ich im Altpapier und finde heraus: Letzte Woche wurde exakt derselbe Anzeigentext gedruckt – »tüchtig und liebenswert«, »nicht zu schließende Lücke« usw. Nur galt die letzte Lobpreisung einem anderen Mitarbeiter. Etliche Firmen halten es mit den Todes- wie mit den Stellenanzeigen: Man tauscht nur Namen und Position aus, der restliche Text bleibt. Nicht umsonst schrieb Robert Lembke: »Die Wahrheit über einen Menschen liegt auf halbem Wege zwischen seinem Ruf und seinem Nachruf.«

Lassen Sie uns die Sache positiv sehen! Erstens: Viele Mitarbeiter, die ihr Arbeitsleben lang nur kritisiert wurden, kommen durch ihren Tod in den Genuss des ersten, sogar schriftlichen Lobes durch die Firma – kostbarer Proviant für die letzte Reise. Und zweitens: Wer sein Irrenhaus als Ort der Willkür, als Brutstätte der Ungerechtigkeit erlebt hat, kann angesichts der Anzeigentexte in der tröstlichen Gewissheit sterben: Im Tod sind alle gleich!

§ 5 Irrenhaus-Ordnung: Der Tod eines Mitarbeiters treibt seinem Chef aufrichtige Tränen in die Augen: Er muss eine Todesanzeige bezahlen!

Der Dümmste macht das Licht aus

Die Betriebswirtin Laila Reiser (28) schaltete auf Autopilot, als sie um 19.15 Uhr ihren Computer runterfuhr. Endlich Feierabend! Jetzt schnell die Treppe runter, den Empfang links liegen lassen, die Fronttür aufstoßen – und schon stünde sie auf dem Parkplatz. Gedankenversunken näherte sie sich der Tür. Rums! Sie taumelte ein Stück zurück und blickte benommen auf. Wie ein argloser Vogel war sie von der Scheibe abgeprallt. Ungläubig rüttelte sie an der Tür. Verschlossen!

Zwar war bekannt, dass der Hausmeister des mittelständischen Spezialfahrzeug-Herstellers gegen 19.00 Uhr Feierabend machte. Aber ehe er die Zentraltür dichtmachte, versicherte er sich, dass niemand mehr im Haus war. Warum diesmal nicht?

Laila Reiser eilte zurück ins Innere des Gebäudes. Mit klackenden Schritten eilte sie durch die leeren Flure: War nicht doch noch ein anderer Mitarbeiter im Haus, vielleicht eine Führungskraft mit Zentralschlüssel? Doch sie fand nur Leere.

Also rief sie ihren Chef auf dem Handy an. Mailbox! Sie sagte: »Ich bin hier in der Firma. Man hat mich eingeschlossen. Können Sie mich rausholen?« Vielleicht hörte er diese Nachricht in den nächsten Minuten ab. Vielleicht auch erst am nächsten Morgen.

Was sollte sie tun? Die Polizei anrufen und sagen: »Meine eigene Firma hat mich eingesperrt – bitte befreien Sie mich!« Das hätte in der Zeitung eine schöne, wenn auch für sie gefährliche Schlagzeile abgegeben; was das Image des Unternehmens anging, verstand der Inhaber keinen Spaß.

Sie lief wieder runter ins Erdgeschoss. Draußen im Lampenschein – es war Winter und dunkel – gingen ein paar Passanten vorbei. Sie klopfte an die Scheibe und gestikulierte. Die Passanten winkten und gingen weiter.

Erneut rief sie ihren Chef an. Immer noch die Mailbox. Ach, hätte sie bloß die Nummer des Hausmeisters gehabt! In Gedanken überlegte sie schon: Wo kann ich hier übernachten? Ob das Sofa, das im Konferenzraum stand, wohl als Bett taugte?

Da klingelte ihr Handy. Die Nummer ihres Chefs auf dem Display. Er schimpfte: »Mein Gott, wie haben Sie denn das geschafft!« Als wäre es ihr Plan gewesen, sich einschließen zu lassen! Eine halbe Stunde später war sie befreit.

Am nächsten Tag stellte sie den Hausmeister zur Rede. Der sagte: »Ich schließe nur dann ab, wenn nirgendwo mehr Licht brennt. Sonst gehe ich durchs ganze Haus.«

Sofort erinnerte sich Laila Reiser an den Freitag der Vorwoche: Gegen 18.00 Uhr hatte der Firmeninhaber ihr Großraumbüro betreten, ein vielfacher Millionär. Als er sah, dass sie alleine in dem Großraumbüro saß, blickte er kurz zur Decke auf und sagte: »Brauchen Sie wirklich das große Licht, wenn hier niemand außer Ihnen ist? Sie arbeiten ja ohnehin am Computer. Und der hat doch eine Beleuchtung.«

Sein typischer Geiz! Offenbar hatte er den Hausmeister über seinen neuesten Spareinfall nicht informiert …

Dieses Erlebnis hat symbolischen Charakter: Wenn die Irrenhaus-Direktoren mit dem Sparen anfangen, geht in ihrem Hirn das Licht aus. Dutzende Geschichten über fortgeschrittenen Sparwahn haben mir die Leser des ersten Irrenhaus-Buches berichtet.

Zum Beispiel hat ein großer Maschinenbauer für seine Mitarbeiter eine »Kopierkarte« eingeführt. Sie funktioniert nach dem Prinzip der Kreditkarte am Geldautomaten: Erst wenn man sie in das Gerät einführt, spuckt es Papier aus.

Jeder Mitarbeiter besitzt eine eigene Kopierkarte, so dass die Konzernfürsten genau nachvollziehen können, wer pro Tag wie viele Kopien macht. Jeder soll gründlich überlegen, ob er seinen guten Namen mit einer Kopie belasten will! Zwar gehen letztlich alle Kopien auf die Rechnung des Konzerns. Aber offenbar lieben es die Zahlenfuzzis, jeden Cent einer Kostenstelle und jede Kopie einem Täter zuordnen zu können.

Seit es die Kopierkarte gibt, hat der Fußgänger-Verkehr auf den Fluren massiv zugenommen: Die meisten Mitarbeiter müssen jetzt zweimal zum Kopierer laufen, weil sie im ersten Anlauf die Karte nicht dabeihaben. Einfach mal eben eine Kopie machen, etwa am Rande einer Sitzung, geht nicht mehr. Nicht ohne Karte!

Immer wieder passiert es, dass Mitarbeiter ihre Karte im Kopierer vergessen. Dann können die Kollegen wieder den ganzen Tag wie früher kopieren, ohne ständig eine Karte ein- und auszuführen (was sie weidlich nutzen!). Und wenn der vergessliche Unglückswurm am Abend sein Missgeschick bemerkt, haben sich 795 Kopien auf seiner Karte gesammelt. Nun steht er vor der Frage: Wer war's?

Ein Abteilungsleiter hatte einen Ingenieur angewiesen, die Nutzer seiner Karte ausfindig zu machen – er wollte diese vielen Kopien nicht auf der eigenen Kostenstelle wissen. Die Recherche des gutbezahlten Ingenieurs, der alle Kollegen auf dem Flur einzeln ins Verhör nahm (»Gibt es Zeugen, die bestätigen können, dass du nicht im Kopierraum warst?«), hat schätzungsweise das 30-Fache der kompletten Kopien gekostet.

Hinzu kommt: Das Kartensystem ist wenig ausgereift; die Kopierer streiken alle sieben bis zehn Tage. Bis der Servicedienst kommt, kann schon mal ein halber Tag vergehen. Was tun in der Zwischenzeit? Früher ging man einfach auf einen anderen Flur zum Kopieren. Geht nicht mehr – die Karten sind kopierergebunden.

Wer in der Nachbarabteilung kopieren will, muss wie ein Haustürvertreter die Büros der Kollegen abklappen, bis ihm jemand seine Geschichte abkauft und die eigene Karte ausleiht. Und dann geht wieder das Rechnen los! In mehreren Hausmitteilungen wurden die Mitarbeiter schon angemahnt, dass der Kartenverleih ohne Umlegung auf die richtige Kostenstelle streng untersagt sei.

Früher hatten die Mitarbeiter das Kopieren schnell erledigt. Heute erledigt das Kopieren schnell die Mitarbeiter!

Ein anderes Beispiel: Ein mittelständisches Unternehmen schloss mit einer kleinen Tankstellen-Kette einen Exklusiv-Vertrag. Dort – nur dort! – bekamen die Dienstwagen der Firma einen Tankrabatt von zwei Cent pro Liter. Dort – und nur dort! – durften die Mitarbeiter noch tanken. Aber die Tankstellen dieser Kette waren so selten wie vierblättrige Kleeblätter. Die Mitarbeiter mussten erhebliche Umwege fahren, um ihre Zapfsäulen zu erreichen.

Der stellvertretende Buchhaltungsleiter dieser Firma, der vergeblich gegen die Maßnahme protestiert hatte, schreibt mir: »Im Durchschnitt fahre ich einen Umweg von zweimal 17 Kilometern, um diese Tankstelle zu erreichen. Dabei lägen die Zapfsäulen der großen Anbieter direkt auf dem Weg.«

Und weil er Buchhalter ist, hat er nachgerechnet: »Davon ausgehend, dass jeder Kilometer die Firma 35 Cent kostet, entstehen

Zusatzkosten von 11,90 Euro.« Unterm Strich kommt er zu dem Ergebnis: »Ich müsste pro Füllung exakt 596 Liter tanken, damit die Firma insgesamt 0,02 Euro spart. In meinen Tank passen aber nur 50 Liter.«

Der Sparwahn kann sogar in den Ruin führen. Das hat mir der Oberarzt einer kleinen Privatklinik beschrieben. Er genoss einen vorzüglichen Ruf als Kongressredner. Jahrelang hat er dem chronisch unterbelegten Klinikum neue Privatpatienten organisiert, indem er Vorträge vor anderen Ärzten hielt, die sich seiner später erinnerten und Privatpatienten überwiesen.

Doch dann untersagte ihm der Klinikleiter die Vorträge: »Die Spesen werden uns einfach zu teuer.« Es ging um maximal 100 bis 200 Euro pro Auftritt. Ein knappes Jahr später war die Klinik pleite. Am Ende hatten genau jene Patienten gefehlt, die er immer wieder durch seine Referate gewonnen hatte. Die Irrenhaus-Direktion hatte mit der einen Hand eine winzige Summe festgehalten – und mit der anderen Hand das Grab der Firma geschaufelt.

> **§ 6 Irrenhaus-Ordnung:** Sparen ohne Hirn ist wie Laufen ohne Beine: Die Firma fällt dabei auf die Nase.

Betr.: Warum unser Drucker das Orakel von Delphi ist

Eine bescheuerte Sparidee wurde uns letztes Jahr aufgedrückt: Alle Abteilungen bekamen einen »Entwurfs-Drucker«. Diese Billiggeräte wurden neben den regulären Druckern platziert, und wir waren aufgefordert, sie mit bereits einseitig bedrucktem Papier zu füllen, das sonst im Papierkorb gelandet wäre – fürs Ausdrucken von Entwürfen.

Das beidseitige Bedrucken von Papier sollte Geld sparen. Außerdem waren die »Entwurfs-Drucker« auf einen Spardruck eingestellt, der offenbar von einem Optiker gesponsert war, da man die dünne Schrift nur mit Brille entziffern konnte. Die Aktion wurde uns als »Dienst an der Umwelt« verkauft.

Was niemand bedacht hatte, waren die Nebenwirkungen. Zwar wurden die Entwurfs-Drucker regelmäßig mit einseitig bedrucktem Papier gefüllt – vor allem von den eifrigen Chefsekretärinnen. Aber offenbar wurde das Papier wahllos gegriffen. Bald sprang ein Kollege zu mir ins Büro und sagte: »Schau mal!« Auf der Rückseite eines Briefentwurfs, den er gerade ausgedruckt hatte, war ihm die Abmahnung eines Kollegen ins Auge gesprungen. Niemand hatte davon gewusst. Das Dokument enthielt einen Tippfehler, deshalb hatte die Sekretärin es wohl als »Schmierpapier« entsorgt. Nun wanderte der vertrauliche Vorgang von Tür zu Tür.

Ein anderes Mal – nun auf der Rückseite einer Excel-Tabelle – tauchte eine Spesenabrechnung der Geschäftsleitung auf, aus der hervorging, dass drei Herren an einem einzigen

Abend über 400 Euro verpulvert hatten. Und das, obwohl sie uns ständig zum Sparen aufforderten!

Irgendwann ertappten wir uns dabei, dass wir den Entwurfs-Drucker gar nicht mehr zum Drucken verwendeten, sondern seine Papierstapel nach interessanten Dokumenten durchwühlten. Schon Mitte Dezember kannten wir die Weihnachtsansprache unseres Chefs. Und die Tatsache, dass wieder mal ein Einstellungsstopp im Anmarsch war, ließ sich dem Drucker Wochen vor der offiziellen Verkündigung entnehmen.

Was jedoch misslang, war das Sparen: Offenbar setzte sich die Tinte der bereits einseitig bedruckten Blätter mit der Zeit im Drucker ab. Die Geräte streikten am laufenden Band und mussten schnell ersetzt werden.

Lars Kaiser, Betriebswirt

 **Betr.: Wie sich unsere Pausen in Rauch auflösten**

Seit knapp 20 Jahren arbeite ich als Bürofachkraft für eine mittelständische Firma in der Abfallwirtschaft. Traditionell haben wir drei Pausen am Tag: eine Mittagspause, dazu zwei kurze Pausen um 10.00 und um 15.00 Uhr. In den letzten Jahren hat der Arbeitsdruck aber so zugenommen, dass wir die kurzen Pausen oft ungenutzt verstreichen lassen mussten. Nur ein paar starke Raucher rissen sich noch für ein paar Minuten von der Arbeit los und standen auf dem Hof zusammen.

Bei diesem Anblick kam die Geschäftsleitung offenbar ins Grübeln: Was nahmen sich diese Raucher eigentlich heraus? Als hätte das Unrecht darin bestanden, dass sie die Pause in

Anspruch nahmen, und nicht darin, dass der Rest der Belegschaft die Pausen durch den hohen Arbeitsdruck versäumte.

Die Konsequenz war eine Mail mit dem Betreff »Gleichbehandlung«: Der Geschäftsführung sei aufgefallen, dass lediglich die Raucher die »kleinen Pausen« in Anspruch nähmen. Aus Gründen der Gleichbehandlung sei daher beschlossen worden, diese Pausen »probeweise« abzuschaffen.

Seither sind die starken Raucher so stinkig, dass man sie kaum ertragen kann. Junkies auf Entzug. Und auch ich als Nichtraucherin bin sauer, wenn ich nachmittags mal kurz aus den Arbeitsfluten auftauchen und durchatmen will, aber nicht mal mehr auf den Hof darf. Unter fadenscheiniger Begründung ist uns allen die Pause gestohlen worden.

Die Rache der Raucher: Seit die kleinen Pausen abgeschafft sind, hatten wir immer wieder falsche Feueralarme im Haus. Denn einige Raucher frönen ihrem Laster offenbar heimlich in den Toiletten und toten Flurwinkeln. Das entgeht der Geschäftsführung. Nicht aber den Rauchmeldern!

Sabine Schäfer, Bürofachkraft

 **Betr.: Warum ich meiner Firma bald eine goldene Uhr schenke**

Woran erkennt man auf einen Blick, ob ein Mitarbeiter schon über 20 Jahre in unserer großen Reederei arbeitet? An seiner Armbanduhr! Alle, die vor 2002 ihr zehnjähriges Jubiläum hatten, wurden mit einer hochwertigen Schweizer Uhr belohnt. Unser alter Chef, Gründer der Firma, hielt jedes Mal eine Rede und bedankte sich für die Treue der Mitarbeiter.

2002 übernahm sein Sohn das Ruder. Die Jubiläumsuhr wurde sofort gestrichen. Stattdessen »schenkte« er den Jubilaren einen Urlaubstag. Das kostete die Firma keinen Cent, denn aufgrund der dünnen Personaldecke musste jeder die liegengebliebene Arbeit an den nächsten Tagen nachholen. Urlaubs-Placebo statt Uhr – Jubilare zweiter Klasse.

Doch auch dieses Geschenk schien dem neuen Chef so übertrieben, dass er es 2005 halbierte: Wer nun sein Zehnjähriges feierte, bekam nur noch einen halben Arbeitstag geschenkt. Vormittags durfte er die ganze Mannschaft einladen, nachmittags bekam er frei – »um das Geschirr abzuwaschen«, wie böse Zungen behaupteten.

Seit 2008 ist der Tiefpunkt erreicht: Jetzt gibt es nur noch ein Abendessen mit dem Chef, für alle Jubilare eines Jahres zusammen. Dieselbe Firma, die einst Hunderte von Euros für eine Schweizer Uhr ausgab, legt fürs Essen noch 18,50 Euro hin. Als Nachtisch gibt's eine unverdauliche Rede des Chefs, immer mit demselben Tenor: Seine Firma halte ihren Mitarbeitern die Treue, auch in wirtschaftlich schweren Zeiten – was man an diesen vielen Jubiläen wieder eindrucksvoll sehe!

Mit anderen Worten: Nicht die Firma muss sich für die Treue ihrer Mitarbeiter bedanken – sondern die Mitarbeiter müssen sich bei der Firma bedanken, dass man sie noch nicht auf die Straße gesetzt hat. Der reinste Gnadenakt!

Ich bin nun im achten Dienstjahr und überlege, ob ich der Firma zum Zehnjährigen aus Dankbarkeit für ihre Treue eine goldene Uhr schenken soll. Oder wenigstens einen meiner Urlaubstage verfallen lassen. Die Ironie eines solchen Geschenkes – sicher fiele sie meinem Chef nicht auf.

Helmut Jung, Werftinspektor

Die Rache der Heizung

Sie kamen aus dem Nichts, die Handwerker in ihren Blaumännern, wuselten durch die Einzelbüros eines Metallbauers, vermaßen die Wände und klopften darauf herum. Die Mitarbeiter fragten sich: Was führte ihre Irrenhaus-Direktion nun schon wieder im Schilde? Aus der Gerüchteküche brodelte empor: Das Firmengebäude soll auf den neuesten Stand gebracht werden.

Höchste Zeit! Die Firma hauste am Rande Ost-Berlins in einem Altbau, gegen den jede Hundehütte ein Palast war. Die Fenster waren so schlecht isoliert, dass der Wind angelehnte Türen klappern und im Winter Mitarbeiter schlottern ließ. Etliche kleideten sich bei Kälte so, als hätten sie gerade eine Polarexpedition vor sich. Ohne Norwegerpullover, kombiniert mit Schal, lief im Büro gar nichts. Höchstens die Nase! Und wenn sie Gäste hatten, lautete die Frage: Durfte man sie zum Ablegen des Mantels auffordern? Oder erfüllte das schon den Tatbestand der versuchten Körperverletzung?

Natürlich gab es auch eine Heizung. Ihr geräuschvoller Todeskampf dauerte nun schon zwei Jahrzehnte. Zu Beginn jedes Winters knackte sie wie ein Spukhaus, erkaltete und wurde ein, zwei Tage lang von hämmernden Monteuren reanimiert. Derweil bekamen die Mitarbeiter vom Hausmeister Heizlüfter, was zu einer dröhnenden Geräuschkulisse und zum tagelangen Ausfall der Stauballergiker führte. Doch die Heizung konnte auch anders: Denn dann wieder litt sie an einem unerklärlichen Fieber und verbreitete subtropische Hitze. Wer schwitzend den Regler nach unten drehte, konnte der Heizung nur ein höhnisches Knacken entlocken.

Trotzdem sehnten die Mitarbeiter den Sommer herbei, weil er sie dem Diktat der Heizung entriss. Und sie fürchteten ihn, weil er sie einem neuen Diktat auslieferte: dem der Sonne. Die Isolierung des Gebäudes bot jeder Hitzeperiode freien Eintritt. Und war die Hitze einmal drin, gefiel es ihr in den uralten Räumen so gut, dass sie sich dort auch über Nacht einnistete. Mehrfach war das Thermometer im Sommer auf über 35 Grad geklettert. Wer an solchen Tagen eine Krawatte trug, hätte sich genauso gut eine Schlinge um den Hals legen können; es war nicht auszuhalten. Einige Mitarbeiter hatten am späten Nachmittag mehr Kleidungsstücke an ihren Stuhllehnen hängen als am Körper.

Das Gebäude war noch vor dem Zweiten Weltkrieg vom Großvater des heutigen Firmeninhabers gebaut worden, und die Mitarbeiter des Metallbauers nahmen es den Alliierten persönlich übel, dass sie ausgerechnet dieses klobige Haus, damals ein Rüstungsbetrieb, bei ihren Bombenangriffen mehrfach verfehlt hatten.

Die Irrenhaus-Direktoren sahen das anders. Sie residierten im vierten Stock, und eine Klimaanlage fächelte ihnen Luft zu. Nach außen wurde der Schein gewahrt: Das Gebäude war von einem parkähnlichen Grundstück umgeben. Die Empfangshalle war kurz nach der Wende renoviert und mit schicken Bildern geschmückt worden. Der Fahrstuhl ließ den wichtigen Besucher geradewegs in den vierten Stock schweben, wo er über weichen Teppichboden flanieren und sich angenehmer Temperaturen erfreuen konnte.

Die Beschwerden der Mitarbeiter waren immer wieder abgewiesen worden. Offenbar waren die Direktoren der Meinung, dass es sich mit ihren Insassen wie mit Eseln verhielt: Erst wenn sie schwitzen, arbeiten sie so richtig!

Doch jetzt, endlich, waren Handwerker im Haus. Jetzt, endlich, sollte das Gebäude auf einen modernen Stand gebracht werden. Dachten die Mitarbeiter. Aber was genau wurde eigentlich modernisiert? Ein Mitarbeiter sprach einen Handwerker an: »Was tun Sie hier genau?«

»Wir sichten die Lage. Wir geben ein Angebot ab.«

»Wofür?«

»Fürs Rausreißen der Wände. Hier sollen doch Großraumbüros entstehen.«

Was auf den »neuesten Stand« gebracht werden sollte, war offenbar nicht das marode Gebäude, sondern die Sitzordnung. Ein paar Wochen später, als es ohnehin jeder wusste, setzte der Geschäftsführer zu einer Rede an. Er begann mit »moderner Kommunikation ohne Grenzen« und endete mit der Ankündigung des Großraums. Rudi Carrell sagte einmal: »Nachrichtensprecher fangen stets mit ›Guten Abend‹ an und brauchen dann 15 Minuten, um zu erklären, dass es kein guter Abend ist.« Redende Chefs auch!

§ 7 **Irrenhaus-Ordnung:** Heizungen, Klimaanlagen und Gebäude-Isolierungen sind nur dann irrenhaustauglich, wenn sie sich aufs Wohlbefinden der Mitarbeiter so positiv auswirken wie der CO_2-Ausstoß auf die Ozonschicht.

Die Großraum-Idiotie

Was die Legebatterie in der Hühnerhaltung ist, ist in der Mitarbeiterhaltung das Großraumbüro: eine enge Fläche, auf der man eine möglichst große Zahl von Einzelexemplaren kostengünstig zusammenpfercht. Jedes Aufkeimen von Individualität wird im Keim erstickt. Der Mitarbeiter ist Teilchen einer Masse.

Ein Großraumbüro ist der idealste Ort der Welt, um Menschen von der Arbeit abzuhalten: Stimmen plappern, Flüche hallen, Stühle quietschen. Ein Handy dudelt gegen das Klirren der Kaffeebecher an. Mit dem ewigen »Schnipp-schnapp« ihres Nagelknipsers trennt eine Kollegin die Nerven ihrer Sitznachbarn durch. Und alle hören mit, wie der Einkäufer mit gequetschter Stimme zum dritten Mal ohne Erfolg versucht, seinen Zahnarzttermin doch noch in diese Woche zu legen.

Im Großraum rasen die Gedanken durch den Kopf wie ein außer Kontrolle geratenes Jahrmarktkarussell. Brillante Einfälle sind ebenso unwahrscheinlich wie ungestörte Telefonate. Dauernd muss man dem Kunden erklären: »Nein, ich stehe nicht im Zoo vorm Elefantengehege! Was im Hintergrund trompetet? Ein Kollege, der sich die Nase putzt! Affengeschnatter? Nein, das sind drei Kollegen, die es für intelligent halten, alle gleichzeitig zu reden.«

Großraumbüros wirken sich auf die Produktivität der Mitarbeiter aus wie ein Ameisenbär auf einen Ameisenhaufen. Der Preis dafür, dass keiner mehr aus der Reihe tanzt, besteht darin, dass keiner mehr etwas auf die Reihe bekommt. Die Nobelpreisträger wissen schon, warum sie ihre Geniestreiche an einsamen Orten vollbringen: in Kellerlaboren und stillen Schreibkammern.

Aber natürlich hat das Großraumbüro auch eine Lobby: die Grippeviren. Wenn einer erkältet ist, sollen alle etwas davon haben! Freudig springen die Viren von Tisch zu Tisch. Oft wird ihre Arbeit durch verordnetes Händeschütteln erleichtert. Oder durch eine Putzkolonne, deren Etat derart massakriert wurde, dass sie sich mit Türklinken nicht mehr aufhält. Immerhin eine Kurve steigt in solchen Firmen noch: die Fieberkurve.

Großraumbüros sollen zweierlei erhöhen: den Profit der Unternehmen und die Kontrollierbarkeit der Mitarbeiter. Jedes Einzelbüro erfordert eine Einzelheizung, eine Einzelbeleuchtung, ein Einzelnamensschild. Dagegen lassen sich Dutzende Mitarbeiter in ein Großraumbüro quetschen, jeder auf die Fläche eines Bierdeckels. Weniger Heizkörper, weniger Deckenleuchten, weniger Kosten! Und zudem: weniger Individualität. Niemand kocht mehr sein eigenes Süpplein, alle essen aus demselben Topf.

Auf den ersten Blick profitieren die Irrenhäuser. Für Privates bleibt den Mitarbeitern kein Raum mehr. Jeder Kuss, den einer ins Telefon hauchte, würde von zwei Dutzend Ohren aufgesaugt. Jede Seite, die einer im Internet aufriefe, machte dem Hintermann Stielaugen. Und wer bei seiner Rückkehr aus der Mittagspause erlebt, dass sich vor seinem Schreibtisch eine Horde drängt, um das kleine Foto seiner neuen Liebsten zu besichtigen und zu kommentieren, wird künftig nur noch unverdächtige Devotionalien aufstellen. Etwa ein Bild des Irrenhaus-Direktors.

Doch im selben Maß, wie Motivation und Arbeitsfähigkeit in den Sinkflug gehen, nehmen die Arbeitszeiten zu. Wer es wagt, pünktlich um 17.00 Uhr die Firma zu verlassen, muss sich anhören: »Na, heute wieder mal einen halben Tag Urlaub?« Kollegen werden zu Blockwarten. Und ausgerechnet die heißen Burnout-Kandidaten, die im Großraumbüro campieren, geben den Arbeitsrhythmus der ganzen Truppe vor. Keiner will früh gehen, keiner spät kommen. Niemand lebt mehr seinen eigenen Rhythmus; alle unterwerfen sich dem Diktat der Gemeinschaft.

Aber warum profitieren die Firmen dann am Ende doch nicht? Meist geht es wie bei dem Metallbauer in Ost-Berlin: Das Großraumbüro verlängerte die Arbeitszeiten – aber es schmälerte die Leistung. Sicher nahm die Kommunikation zu, aber die meisten Gespräche liefen so ab:

»Runter!«, fordert Dieter.

Anna antwortet: »Rauf!«

»Runter, sage ich!«

»Und rauf, sage ich!«

»Ruuunter!«

»Raaauf!«

Natürlich ging es um die Temperatur der Heizung. Nahezu dieselbe Diskussion entbrannte über die Position der Jalousie. Die einen wollten Sonne im Raum, die anderen Schatten. Und tagelang wurde gestritten, ob Gabis Parfüm noch eine hochdosierte

Geschmacksverirrung oder schon ein Gasangriff aufs ganze Büro war. Und wenn sie nicht gestorben sind, dann diskutieren sie noch heute – statt effektiv zu arbeiten!

Der Umweltpsychologe Gary Evans von der amerikanischen Cornell-Universität fand in einer Studie heraus: Der Körper schüttet im Großraumbüro doppelt so viele Stresshormone aus wie im Einzelbüro.[10] Rund um die Uhr sind die Mitarbeiter zum Kampf oder zur Flucht bereit. Sie fühlen sich eingeengt, ihnen fehlt das eigene Revier. Das Krankheitsrisiko steigt.

Über artgerechte Hühnerhaltung wird viel gesprochen. Wann kommt endlich das Thema »artgerechte Mitarbeiterhaltung« auf die Agenda?

§ 8   **Irrenhaus-Ordnung:** Ein Großraumbüro sorgt dafür, dass Mitarbeiter nicht auf dumme Gedanken kommen. Zum Beispiel: effizient zu arbeiten!

Betr.: Wie unser Arbeitsplatz zum Müllplatz wurde

Die Papierkörbe quollen über, Dreckspuren zeichneten den Fußboden, Papierschnipsel säumten den Flur: Dieses Bild erwartete jeden, der unsere Büroräume betrat. Früher war die Putzkolonne jeden Tag gekommen, jetzt schaute sie nur noch am Freitag vorbei. Wieder mal eine Etatkürzung!

Aber war unseren Managern klar, was ihre Entscheidung bedeutete? Wollte sie uns und den Kunden einen Büro-Müllplatz zumuten?

Meine penible Kollegin Jana knipste ein paar Beweisfotos, hängte sie einer freundlichen Mail an und schickte sie dem Geschäftsführer. Wenn er diese Zustände sähe, die Fußabdrücke auf dem Boden, die überquellenden Papierkörbe, das Konfetti rund um den Aktenvernichter – dann würde er seine Kürzung sicher zurücknehmen.

Noch am selben Nachmittag stand der Geschäftsführer bei uns im Büro. Sein Kopf war so rot, als hätte er einen Nebenjob als Ampel angenommen. »Das darf doch nicht wahr sein!«, schimpfte er. »Hier sieht es ja aus wie in einer Bahnhofshalle!«

»Das finden wir auch«, sagte Jana.

Die Ampel schaltete auf Tiefrot: »Und wer hat für dieses Schlachtfeld gesorgt?«, brüllte er.

Am liebsten hätten wir geantwortet: »Ihre Etatkürzung!« Aber er lieferte die Antwort selbst: »Sie haben dafür gesorgt! Bei Ihnen zu Hause halten Sie doch auch Ordnung. Warum hier nicht?«

»Aber wenn es draußen nass ist, wird der Boden nun mal schmutzig«, sagte Jana. »Und Papierkörbe sind irgendwann voll.«

»Man kann die Füße auch abtreten, bevor man reinkommt. Und außerdem: Es gibt ein Wundermittel gegen volle Papierkörbe – man kann sie leeren!«

Er stürmte in das Büro unseres Abteilungsleiters, um ein Krisengespräch zu führen. Seither wird bei uns wieder täglich geputzt. Von uns, den Mitarbeitern! Wie Schüler zum Tafeldienst eingeteilt werden, sind bei uns pro Woche zwei Mitarbeiter als »Ordnungsdienst« gelistet. Ihre Aufgabe besteht darin, Papierkörbe zu leeren, Schnipsel einzusammeln und den gröbsten Schmutz von den Böden zu entfernen. Außer freitags. Dann kommt der Reinigungsdienst.

Hochbezahlte Spezialisten, die mindestens das Fünffache einer Reinigungskraft verdienen, verschwenden ihre Zeit mit solchen »Ordnungsdiensten«. Derweil bleibt viel Arbeit liegen. Die Papierschnipsel heben wir auf. Doch das Geld fliegt aus dem Fenster.

Alexandra Pfeiffer, Vertriebsassistentin

 Betr.: Weshalb unsere Meeting-Räume verschwunden sind

Wenn ich einen Meeting-Raum brauche, zittere ich jedes Mal: Ist noch was frei? Ständig gibt es mehr Mitarbeiter, die reservieren wollen, als Räume, die zu reservieren sind. Meist behauptet das System, alle Räume seien ausgebucht. »Ausgebucht« heißt aber nicht: tatsächlich belegt. Mindestens die Hälfte der Räume wird »auf Verdacht« reserviert (man weiß ja, wie knapp die Räume sind!), aber dann nicht in Anspruch genommen.

Viele Stunden habe ich schon damit verbracht, durch Gebäudetrakte zu schleichen und an den Türen der Meeting-Räume zu lauschen: Ist jemand drinnen? Oder nicht? Einmal, als ich kein Geräusch gehört und die Tür geöffnet hatte, scheuchte ich eine Personaler-Runde auf: Im Rahmen eines Trainings hatten sie gerade meditiert.

Ein anderes Mal hatte ich gerade mein Ohr an eine Tür gelegt, als sie aufflog und mir der Chef meines Chefs gegenübertrat. »Was machen Sie hier?«, fauchte er, als hätte er einen Spion ertappt.

»Nach einem leeren Raum suchen.«

»Aber dieser Raum ist doch im System reserviert!«

Eigentlich hätte er wissen müssen, dass diese Reservierungen nichts zu heißen haben. Schon mehrfach hatten wir uns beim Management beschwert.

Warum es an Meeting-Räumen fehlte? In den letzten Jahren waren immer mehr Zeitarbeiter eingestellt, aber keine neuen Büros gebaut worden. Man hatte einen Meeting-Raum nach dem anderen zum Großraumbüro umfunktioniert. Mit dem einen Problem, das man so gelöst hatte, war ein anderes geschaffen worden.

Aber das musste den Managern nicht unbedingt auffallen. Für ihre eigenen Sitzungen nahmen sie meist zwei exklusive Räume im siebten Stock in Anspruch. Diese Räume waren nicht im Reservierungssystem gelistet. Und hier wurde auch kein Großraumbüro geplant.

Martin Schumacher, Key-Account-Manager

 **Betr.: Wie man es schafft, Verkäufer vom Verkaufen abzuhalten**

Ich bin im Vertrieb eines erfolgreichen Mittelständlers tätig. Die Firma sitzt in Süddeutschland, mein Vertriebsgebiet liegt 800 Kilometer entfernt in Ostdeutschland. Bis zum letzten Jahr war ich fünf Tage pro Woche bei Kunden, stellte unser Sortiment vor und pflegte Beziehungen. Nach Erstbesuchen bekam der Kunde ein schriftliches Angebot. Dazu telefonierte ich mit einem Kollegen aus der Zentralverwaltung, der das Angebot schrieb. Meist brachte ich es selbst beim Kunden vorbei, besprach es und fuhr oft mit einem Auftrag vom Hof.

Doch vor einem Jahr kam es zu einer »Verschlankung der Zentralverwaltung«. Mehrere Mitarbeiter, darunter mein Angebotsschreiber, waren entlassen worden. Wir Außendienstler waren nun aufgefordert, mindestens einmal pro Woche in die Zentrale zu kommen (früher hatte ein Besuch pro Quartal gereicht). Dort sollten wir selbst erledigen, was bislang für uns erledigt worden war: Verkaufsstatistiken pflegen und Angebote schreiben.

In der Praxis bedeutete das für mich und alle Kollegen, deren Vertriebsgebiet fern vom Firmensitz lag: Ein kompletter Verkaufstag ging uns verloren, weil wir ja in der Zentrale waren. Und zwei weitere Tage verbrachten wir mit den Hin- und Rückfahrten.

Statt an fünf Tagen bei den Kunden zu sein und gute Geschäfte zu machen, blieben mir fürs Verkaufen nur noch zwei Tage – meine Verkaufschancen waren um mehr als 50 Prozent beschnitten worden!

Dennoch war die Geschäftsführung völlig verblüfft, als die

Verkäufe um eine zweistellige Prozentzahl einknickten. Sofort wurde eine Gegenmaßnahme ergriffen. Man drängte uns eine »Vertriebsschulung« auf. Wir, die immer Spitzenergebnisse erzielt hatten, wurden zum Nachsitzen verdonnert. Von einem Typen, der offensichtlich noch nie etwas anderes als seine Seminare verkauft hatte, mussten wir uns über »die Geheimnisse des gelungenen Kundengespräches« aufklären lassen. Danach glich unsere Motivation einer Rakete – der Challenger nach ihrer Explosion!

Wer den Nachhilfeunterricht eigentlich gebraucht hätte, war klar: die Geschäftsleitung. Ein interessantes Thema wäre gewesen: »Warum Verkäufer nur verkaufen können, wenn sie in ihrem Verkaufsgebiet sind!«

Axel Braun, Außendienst-Mitarbeiter

3.
Sex sells:
Anzüglichkeiten im Anzug

Unsere Homepage braucht etwas mehr Humor...
Kottelmann, wir dachten da an Sie in
Boxershorts...

Mitarbeiter wollen immer nur das eine: Gehaltserhöhungen. Und Firmen bieten viel lieber das andere: Sex. Auch Kunden, die mit ihren Aufträgen zögern, wird Lust mit Liebesdiensten gemacht. Dieses Kapitel verrät Ihnen …

- wie der biedere Herr Kaiser von seiner Firma in eine krachende Sex-Sause gelotst wurde,
- warum Unternehmen, die Frauen prostituieren, mit Mitarbeitern exakt dasselbe tun,
- wie eine Firma die Anti-Baby-Pille nutzt, um Aufträge an Mitarbeiterinnen zu verhüten
- und wie ein kritischer Mitarbeiter als »Grabscher« verleumdet und gefeuert wurde.

Herr Kaiser im Bordell

Zwei Sätze in »Profil«, der Mitarbeiter-Zeitung der Hamburg-Mannheimer, ließen den Laien rätseln und den Kenner schmutzig grinsen: »Sachen gibt's, die gibt's gar nicht. Oder aber, sie sind so sagenhaft und unbeschreiblich, dass es sie beinahe gar nicht geben dürfte.« Mit solchen Andeutungen wurde über eine Reise nach Budapest aus dem Jahr 2007 berichtet.

Aber von welchen Abenteuern, die es nicht hätte geben dürfen, war eigentlich die Rede? Vier Jahre lang hüteten die Reiseteilnehmer dieses Geheimnis. Die hundert erfolgreichsten Vertreter der Versicherung waren damals zu einer Incentive-Reise eingeladen worden, als Belohnung für vergangene Leistungen und Anreiz für künftige.

Die Hamburg-Mannheimer, Teil der Ergo-Gruppe, schlüpfte in die Spendierhosen: Allein ein Partyabend sollte 83 000 Euro kosten.[11] Die antike Gellert-Therme, das älteste Bad in Budapest, wurde für den Publikumsverkehr gesperrt. Das Irrenhaus wollte für höchste Diskretion sorgen, auch die Mitarbeiter bekamen das zu spüren. Alle Teilnehmer mussten am Eingang ihre Kameras und ihre Handys abgeben. Was hier geplant war, war zu brisant für Fotos und Filmchen; es sollte keine Spuren hinterlassen.[12]

Dass es in dem Schwimmbad feucht-fröhlich zugehen würde, wohl auch unterhalb der Gürtellinie, hatte sich am Nachmittag schon angedeutet: Die Vertreter schipperten mit einem Dampfer über die Donau, als neben ihnen eine Barkasse anlegte. Es war wie in einem billigen Pornofilm: Das Boot war voll mit barbusigen Frauen.[13] Wie die Meerjungfrauen winkten sie ihnen zu. Doch dann tauchten sie nicht ab im Fluss, sondern verschwanden in Richtung Gellert-Therme.

Das Versicherungs-Irrenhaus wollte es an nichts fehlen lassen: Aus Deutschland hatte man zwei Live-Bands und eine zweistellige Zahl von Köchen angekarrt. Zweistellig war auch die Zahl der Damen, die schon am Eingang auf die Vertreter warteten (die Versicherung räumte später zwanzig leichte Damen ein, Mitarbeiter sprachen von vierzig). An ihrer Kleidung fiel vor allem auf, dass sie kaum vorhanden war – Meerjungfrauen eben.

Die Vertreter sahen sich ungläubig an: War es möglich, dass ihr biederer Konzern eine krachende Sexorgie geplant hatte? Dass sie heute keine Abschlüsse, sondern Abschüsse tätigen sollten? Ausgerechnet die Hamburg-Mannheimer, die als Inbegriff der Seriosität galt, so wie der freundliche Herr Kaiser, der viele Jahre durch die TV-Spots der Firma radelte?

Die Indizienlage war eindeutig: Zwischen den Heilquellen war eine Bühne aufgebaut. Dort ging es live zur Sache: Zwei professionelle Damen, die im Rhythmus stöhnten, befriedigten sich und einen lüsternen Pascha gegenseitig.

Doch die eigentlichen Höhepunkte des Abends sollten an anderer Stelle stattfinden: in rund einem Dutzend Himmelbetten, die als Sex-Nester in der Therme verteilt waren. Diskretion gehört zum Geschäft einer Versicherung, die Betten waren mit Tüchern verhängt. Und auch bei der Verteilung der Damen kam der Versicherung ihre Kernkompetenz zugute: Wie man Autos in Schadensklassen einteilt, teilte die Hamburg-Mannheimer ihre gekauften Frauen in Güteklassen ein, je nach Farbe eines Bändchens am Arm.[14]

In der Güteklasse C, zum Anmachen statt zum Anfassen, liefen die jungen Hostessen mit roten Armbändchen; sie sorgten für Stielaugen. Eine Etage tiefer zielten die Callgirls. Die meisten, Güteklasse B, waren mit gelben Armbändern markiert; jeder Vertreter hatte Zugriff. Doch die attraktivsten Frauen, Sexgöttinnen der Güteklasse A, waren mit einem weißen Bändchen gekennzeichnet. Mit ihnen das Himmelbett zu erkunden, war nur den fünf erfolgreichsten Vertretern gestattet. Und natürlich allen Vorgesetzten. Der Stoßverkehr kam schnell ins Fließen, es wurde, sozusagen dienstlich, gegrabscht, gestöhnt, geschrien. Vor den Himmelbetten bildeten sich Staus. Die Verkehrskenner schlugen mit ihren Damen eine Ausweichroute ein, vorzugsweise in Richtung der Toiletten.

Überall galt ein strenges Protokoll: Nach jedem Zusammen-Stoß zwischen einem Vertreter und einer Prostituierten bekam die Dame einen Stempel auf den Unterarm gedrückt. Zu Abrechnungszwecken. Wer mit einem Callgirl verschwand, konnte auf einen Blick sehen, wie viele Kollegen schon vor ihm das Vergnügen gehabt hatten.

Und was geschah mit Vertretern, die bei diesem Spektakel nicht mitmachten, etwa weil sie ihren Frauen treu sein wollten? Weil sie Sex für ihre Privatsache hielten? Oder weil diese schmutzige Orgie sie nicht aufgeilte, sondern nur anekelte? Sie gerieten unter massiven Gruppendruck und liefen Gefahr, als Kostverächter, als Schlappschwänze oder Spielverderber im Abseits zu stehen.

Das Stöhnen dieser Sexparty wäre nie an die Ohren der Öffentlichkeit gedrungen, hätte nicht einer der Teilnehmer, wohl im Streit um Provisionen, gegenüber dem »Handelsblatt« die nackten Fakten auf den Tisch gelegt. Der Skandal flog auf, es rauschte im Blätterwald, und »Herr Kaiser« hatte ein Imageproblem am Hals. Schließlich war die Orgie vom Geld der Kunden bezahlt worden.

Dass es Sachen gibt, die es gar nicht geben dürfte, dieser Satz aus der Mitarbeiterzeitung war richtig. Dass die Orgie »unbeschreiblich« war, stimmte ebenfalls – aber nur mit einem Zusatz: unbeschreiblich geschmacklos!

§ 9 **Irrenhaus-Ordnung:** Wer zweimal mit derselben pennt, der ist kein Typ fürs Management! (Achtung – das lässt sich anhand von Stempeln nachprüfen!)

Sechs Thesen zum Firmen-Sex

Aus der Sexorgie der Ergo – Hamburg-Mannheimer lassen sich interessante Rückschlüsse darüber ziehen, welche Unsitten in Irrenhäusern herrschen. Doch Firmen zielen nicht nur unter die Gürtellinie, wenn sie ihre Mitarbeiter ins Bordell lotsen, sondern auch im Alltag, beim Führen und Motivieren. Hier sechs Thesen, was sich aus der Sex-Sause der Ergo schließen lässt:

1. Mehr Sex, als die Polizei erlaubt
Irrenhäuser reagieren auf Vorwürfe immer nach demselben Muster: Sie geben nur das zu, was ohnehin schon bekannt ist. Den Rest

vertuschen sie. Daher wollte die Ergo ihre Sex-Eskapade als einmalige Angelegenheit verstanden wissen: nach 2007 habe es keine solchen Reisen mehr gegeben. Und in der Zeit davor? Kein Wort dazu! Doch wenn es darum geht, Mitarbeiter arbeitsgeil zu machen, Betriebsräte zu schmieren oder fette Aufträge zu angeln, ist Sex ein bevorzugter Köder. Er soll das Zünglein an der Entscheidungswaage (oder an anderen Orten) sein, um Menschen willig zu machen und lukrative Aufträge zu ergattern. Aber während sie den rauchenden Colt noch in der Hand halten, streiten die Irrenhäuser ab, geschossen zu haben.

Hatte nicht der Volkswagen-Konzern seine Betriebsräte gezähmt, indem er ihnen auf Reisen und in einer eigens dafür angemieteten Wohnung die Prostituierten wie Autos vom Fließband zuführte?[15] War nicht dem VW-Betriebsratsvorsitzenden Klaus Volkert seine brasilianische Geliebte von der Firma mit insgesamt 350 000 Euro wie ein teures Sexspielzeug finanziert worden?[16] Und hatte sich nicht Personalvorstand Peter Hartz selbst Edelhuren auf Konzernkosten von seinem langjährigen Mitarbeiter Klaus-Joachim Gebauer herankarren lassen (Gebauer: »Ich kannte ja seinen Geschmack.«)? Ausgerechnet Peter Hartz, nach dem der monatliche Hungersatz für Langzeitarbeitslose benannt ist!

Doch Konzernchef Ferdinand Piëch, der sonst das Gras bei VW wachsen hörte, wollte später nicht gewusst haben, welche Dienste über das berüchtigte Konto »1860 Vorstand Diverses« abgewickelt worden waren.

Ein weiteres Beispiel für eine Orgie lieferte letztes Jahr die Bausparkasse Wüstenrot. Die Firma hatte die 50 erfolgreichsten Verkäufer zu einer Reise nach Brasilien eingeladen. Dieses Vergnügen schlug mit 200 000 Euro zu Buche. Der Bus befand sich nachts auf der Heimfahrt von einer Veranstaltung, als er das Etablissement »Barbarella« ansteuerte. Ein Teilnehmer berichtet: »Die Bustüren gingen auf, und etwa die halbe Gruppe stieg aus, inklusive Bereichsleiter und Direktoren. Ich habe nur gedacht: Das kann ja wohl nicht sein, dass uns Wüstenrot hier zum Puff kutschiert.«[17] In dem Nachtclub ging es hoch her, auch für die Direktoren: Einer wurde von der Polizei nachts am Strand mit einer Prostituierten ertappt.

Nachdem die Sache aufgeflogen war, behauptete die Wüstenrot, das Sexvergnügen sei ein privater Ausflug der Reiseteilnehmer gewesen, eine Reise während der Reise. Als Beweisstück für die eigene Redlichkeit zauberte das Irrenhaus eine Richtlinie aus der Schublade, nach der Mitarbeiter »Situationen vermeiden (sollen), bei denen persönliche Interessen und Aktivitäten außerhalb der geschäftlichen Tätigkeit negative Rückschlüsse auf Wüstenrot (…) bieten.«

Warum dieselbe Firma ihre Mitarbeiter dann ins Bordell karrte und weshalb die Chefs mit offener Hose vorangingen, geht aus der Richtlinie nicht hervor.

2. Incentives sind ein Betrugsbeschleuniger

Bei den Sexreisen handelt es sich um Incentives, um besondere Belohnungen, mit denen Firmen erfolgreiche Mitarbeiter auszeichnen wollen. Dieses Motivationsprinzip ist mehr als fragwürdig, auch bei anderen Belohnungen. Denn wenn von 10 000 Mitarbeitern 50 mit einem Incentive belohnt werden, gehen 199 von 200 leer aus, fühlen sich zurückgesetzt und bestraft. Eine verdammt schlechte Quote!

Und wie messen die Irrenhäuser den Erfolg ihrer Mitarbeiter? Immer am Umsatz! Aber was sagt die Zahl der Verträge, die ein Versicherungsvertreter abschließt, über die Qualität seiner Arbeit aus? Nichts. Oder, schlimmer: nichts Gutes. Umsatzstark sind oft diejenigen, die einer 95-jährigen Omi einen Bausparvertrag andrehen.

Wenn Mitarbeiter bestraft werden, die ihre Kunden seriös beraten, und andere belohnt, weil sie auf Teufel komm raus verkaufen – dann übersehen die Irrenhäuser, wovon sie leben: von *lang-*

fristig zufriedenen Kunden. Mit schlechten Verträgen verhält es sich wie mit Sex-Eskapaden: Eines Tages fliegen sie auf!

3. Mitarbeiter gelten als faule Esel

Ich habe schon etliche Motivationsseminare erlebt, bei denen folgende Zeichnung zum Einsatz kam: Der Mitarbeiter wird dargestellt als Esel, auf dessen Rücken ein Reiter mit einer Stange sitzt – die Führungskraft. Vorne an der Stange baumelt eine frische Möhre, direkt vorm Maul des Esels. Und der Mitarbeiter-Esel, weil er die Möhre will, trabt rasch vorwärts. Aber die Möhre läuft mit, er kann sie nie erreichen.

Die Botschaft an die Chefs lautet erstens, dass ihre Mitarbeiter dumme Esel sind, und zweitens, dass sie mit ihrer Arbeit nur dann von der Stelle kommen, wenn sie ihnen mit Motivations-Tricks Beine machen. Die Irrenhäuser sehen ihre Mitarbeiter als Leistungsverweigerer, denen man Anreize bieten muss, zum Beispiel Sex-Reisen.

Das ist so, als sagte ein Fußballtrainer: »Ich schreibe für meine Stürmer eine Prämie von 1000 Euro pro Tor aus – dann treffen sie öfter.« Die Unterstellung lautet: Ohne zusätzliche Möhre, sprich 1000 Euro, lahmen die Stürmer beim Toreschießen. Welcher Stürmer wäre da nicht beleidigt?

Mitarbeiter sind keine faulen Esel! Wie ein Stürmer immer den Ehrgeiz hat, so viele Tore wie möglich zu schießen, so wollen die meisten Mitarbeiter ihre Arbeit immer so gut wie möglich machen – nicht weil sie es ihrer Firma schuldig sind, sondern ihrem Selbstanspruch als mündige Menschen.

Allerdings kann es ein Irrenhaus schaffen, die intrinsische Motivation seiner Mitarbeiter zu zerstören – etwa indem ein Versicherungsvertreter seine Kunden über den Tisch ziehen muss. Die Hamburg-Mannheimer machte kurz nach der Sexreise weitere Schlagzeilen: Über 200 000 Kunden waren Riester-Renten verkauft worden, die am Ende 2300 Euro mehr kosteten, als in den Angeboten versprochen worden war.[18]

Wenn Mitarbeiter auf solche Praktiken keine Lust haben, dann helfen keine Incentives mit Sex-Zugabe – dann hilft es nur, solche Praktiken abzuschaffen.

4. Das Frauenbild gehört ins Mittelalter

Wie kommt es eigentlich, dass bei der Ergo-Reise nach Budapest offenbar keine Vertreterin dabei war? Und warum saßen in dem Wüstenrot-Bus, der vor dem Nachtclub in Brasilien hielt, unter 44 Männern nur sechs Frauen? Leisten Frauen weniger als Männer? Oder sind sie einfach nicht erwünscht, weil die Männer der Schöpfung alles Reizvolle in den eigenen Reihen verteilen, die attraktivsten Pöstchen ebenso wie die attraktivsten Callgirls?

In etlichen Irrenhäusern kommen Frauen in der (oberen) Chefetage nicht vor. Sie dürfen Dokumente abtippen, Kopien anfertigen und, sofern sie mindestens studiert haben, als fleißige Bienchen für ihren Abteilungsleiter durch die Firma summen. Heimlich werden sie vom Direktor als Dienerinnen gesehen, die seine Wünsche zu erfüllen, seinen Kaffee zu kochen und das Denken ihm zu überlassen haben.

Aber was passiert, wenn Frauen in Führungspositionen streben? Wenn sie ihrem Vorgesetzten mit guten Argumenten widersprechen? Wenn sie die Richtung vorgeben wollen? Dann gelten sie schnell als »Zicke«, als »krankhaft ehrgeizig«, und hinter vorgehaltener Hand heißt es: »Die hat wohl ihre Tage!«

Solche Irrenhäuser ignorieren, dass Frauen ihr Studium mittlerweile besser als Männer abschließen – und dass große Firmen mit einem hohen Anteil von Frauen im Management eine Eigenkapitalrendite aufweisen, die den Durchschnitt der typischen Männerwirtschaft weit übertrifft: in den USA um 53 Prozent, in Europa um 48 Prozent.[19]

Derselbe Sexismus, der sich bei Incentive-Reisen austobt, spielt unterschwellig bei Personalentscheidungen mit. Eine Frau kann sich nie sicher sein, ob sie wirklich an ihrer Leistung gemessen wird – oder doch an ihrem Brustumfang. Schon auffällig, dass viele Top-Manager in ihrem Vorzimmer Assistentinnen präsentieren, die als Top-Models durchgingen. Und überall hört man noch Macho-Sprüche wie diesen, den ein Chef von sich gab, nachdem er die Sekretärinnen einer ausländischen Niederlassung begutachtet hatte: »Andere Länder, andere Titten!«[20]

5. Hierarchie gilt bis in den Puff

Wer der Meinung ist, im Puff seien alle Männer gleich, kennt das Hierarchiedenken der deutschen Unternehmen schlecht. Bei der Budapest-Reise der Hamburg-Mannheimer waren die attraktivsten Frauen – jene mit dem weißen Armband – zwei Gruppen vorbehalten: den fünf Verkäufern mit den besten Absatzzahlen. Und den Vorgesetzten, eben weil sie die Vorgesetzten waren.

Dasselbe gilt im Alltag: Die Chefs sehen sich *nicht* auf einer Augenhöhe mit ihren Mitarbeitern, sie blicken auf sie herab. Sie fahren das größere Auto, kassieren das höhere Gehalt, sitzen im größeren Büro und machen sich über die schöneren Frauen her – als wären sie qua Amt die besseren, schlaueren, wertvolleren Menschen.

Dieses Denken führt zum Prinzip von Befehl und Gehorsam. So konnte Hannibal sein Heer führen. Eine moderne Firma aber lebt vom Wissen ihrer Mitarbeiter, vom Diskurs zwischen Mitarbeitern und Managern. Wenn ein Chef sich selbst die wichtigen Entscheidungen und Aufgaben als »Chefsache« (mit weißem Bändchen) reserviert, während er die Nebensächlichkeiten (mit rotem Bändchen) seinen Mitarbeitern überlässt, dann verkümmern die Potentiale seiner Belegschaft. Dann bekommt er keine Rückmeldungen mehr. Dann fliehen die guten Mitarbeiter, die schlechten bleiben – und der Markt überrollt das Irrenhaus bald.

6. Der Mensch gilt als Ware

Wenn die Ergo die Prostituierten mit Armbändern in Schönheits-klassen einteilt, wenn sie die Callgirls nach jedem Kontakt mit einem Mann wie Vieh abstempelt, dann lässt das auf ein verhee-rendes Menschenbild schließen. Haben sich die Vertreter eigent-lich gefragt, warum die Firma sie selbst anders als die Prostituier-ten sehen und behandeln sollte? Sind nicht auch die Mitarbeiter in Klassen eingeteilt, schon dadurch, dass nur wenige von ihnen an dieser Incentive-Reise teilnehmen durften? Und entspricht nicht jeder Abschluss, den ein Vertreter tätigt, dem Stempel auf dem Arm der Prostituierten – eben einer Abrechnungsgrundlage?

Für solche Irrenhäuser ist der Mitarbeiter kein Individuum, das Respekt und Würde verdient, sondern ein austauschbares Mittel zum Zweck: Arbeits-Callboy, Kunden-Anschaffer, Umsatz-Ma-schine. Wer zu wenige Stempel auf dem Arm hat, mit dem will die Firma nichts mehr am Hut haben.

Immer wieder beobachte ich: Was ein Unternehmen nach au-ßen an Schindluder treibt, treibt es auch nach innen. Wenn ein Irrenhaus seine Kunden betrügt, zieht es auch gerne seine Mitar-beiter über den Tisch. Wenn es seine Zulieferer bis auf unsittliche Preise drückt, drückt es auch gerne die Gehälter der Mitarbeiter. Und wenn es Prostituierte zum Betriebsausflug bestellt, hat es auch keine Skrupel, seine Mitarbeiter auf den Arbeitsstrich zu schicken oder seine Kunden wie Freier auszunehmen.

> **§ 10 Irrenhaus-Ordnung:** Böse Zungen behaupten, Irrenhäu-ser behandelten ihre Mitarbeiter wie Prostituierte. Das lässt sich durch Fakten widerlegen: Prostituierte bekommen ihr Geld im Voraus – Mitarbeiter erst am Monatsende.

 **Betr.: Die nackte Wahrheit über die Reisen meines Chefs**

Es war ein blöder Zufall, der unseren Prokuristen auffliegen ließ. Am laufenden Band unternahm er Geschäftsreisen. Meine Aufgabe als Assistentin war es, seine Belege zur Abrechnung an die Buchhaltung weiterzureichen. Einige Quittungen kamen mir merkwürdig vor, schon allein wegen ihrer Höhe.

Eines Tages hatte ich wieder einen solchen Beleg auf dem Tisch: Die Firma »First-Class-Business« aus Frankfurt stellte 850 Euro in Rechnung, für eine »geschäftliche Stadtführung inklusive Verpflegung«. Mir fiel gleich ein Fehler auf: Die Rechnung enthielt keine Mehrwertsteuer. Solche Belege kommen aus der Buchhaltung wieder zurück; ich musste eine korrigierte Rechnung anfordern. Auf dem Briefpapier war keine Internet-Adresse genannt.

Also griff ich zum Telefonhörer. Es meldete sich eine Stimme, die im schnurrigen Ton hauchte: »Hallo, hier ist Claudia. Was kann ich Ihnen Gutes tun?« Ich war kurz davor, den Hörer wieder aufzulegen. Aber meine Neugier war größer: »Guten Tag, hier Ilona Schmidt, Chefassistentin. Ähm, welche Dienste genau bieten Sie an?«

»Alles, was die Herren wünschen: Einzelbegleitung, Doppelbegleitung, alle Altersklassen und Haarfarben. Mit Übernachtung oder auch ohne, das können sie frei entscheiden, je nach Sympathie.«

Nun wollte ich es genau wissen: »Was wäre denn für, sagen wir, 850 Euro zu bekommen?«

»Doppelbegleitung ab 21.00 Uhr, mit Übernachtung«, hauchte sie.

Unter dem Vorwand, noch einmal Rücksprache nehmen zu wollen, beendete ich das Gespräch. Ich hatte mit einem Escort-Service gesprochen. Worin die in der Rechnung genannte »Verpflegung« bestanden hatte – jetzt war es mir klar!

Ähnliche Quittungen brachte mein Chef von nahezu jeder Reise mit. Und wenn er mehrere Tage unterwegs war, bat er mich oft, einen Blumenstrauß für seine Frau zu besorgen. Offenbar hatte er ein schlechtes Gewissen!

Die korrigierte Rechnung habe ich schriftlich angefordert. Mein Wunsch wurde prompt erfüllt. Darauf versteht sich dieses Gewerbe.

Ilona Schmidt, Assistentin

 **Betr.: Wie eine Prostituierte meine Tischnachbarin wurde**

Ein Großauftrag aus Russland hing in der Luft. Drei Manager aus Moskau waren angereist, um das Geschäft zu besprechen. Als (neuer) Vertriebsleiter gehörte ich zu unserer Delegation. Die Verhandlungen liefen zäh. Die Russen feilschten wie verrückt. Immer wieder sprang ihr Chef auf, fluchte auf Russisch und rannte aus dem Raum. Wir blieben freundlich, sachlich – und hofften auf den Abend!

Als wir um 19.00 Uhr den Sitzungsraum verließen, war ein Abschluss noch weit entfernt. Die Tagesordnung versprach ein »anregendes Abendessen in gemütlichem Ambiente«. Unser Big Boss hatte einen Nebenraum in einem Luxus-Hotel gebucht. Als wir den Raum betraten, stutzte ich: Warum war für zwölf Personen gedeckt? Wir waren doch nur zu sechst! Und warum ließen die Platzkarten zwischen uns und dem Nebenmann je einen Platz frei?

Die Antwort schneite fünf Minuten später in den Raum: sechs junge Frauen auf Stöckelschuhen, eine schöner als die andere. »Diese Damen werden uns ein wenig Gesellschaft leisten«, sagte der Big Boss. Die Russen klatschten und johlten. Die jungen Frauen wirkten so freizügig, als hätten sie sich am liebsten nicht auf die Stühle, sondern gleich auf den Schoß der Herren gesetzt.

Ich war sauer: Warum hatte unser Chef diese Einlage nicht intern besprochen? Warum hatte er auch für mich eine Animierdame bestellt? Ich war glücklich verheiratet und wollte es auch bleiben. Was, wenn diese Sause herauskam?

Der Abend geriet zum Besäufnis. Offenbar waren die Kellner angewiesen, ungefragt nachzuschenken. Der Alkoholpegel stieg in überhöhter Geschwindigkeit. Bald wurde gelacht, gesungen und, vom Chef der Russen, gesteppt. Die Hände der Damen waren nicht mehr nur mit den Stielen der Weingläser beschäftigt. Nachdem ich die Hand meiner Nachbarin zweimal unsanft zurück auf den Tisch geworfen hatte, wandte sie sich dem Russen zu ihrer Rechten zu, der nun gleich von zwei Seiten bei Laune gehalten wurde.

Unser Chef gab den Berlusconi. Umschnurrt von einer Blonden, die seine Tochter hätte sein können, trieb er die Vertragsgespräche voran. Im Gegensatz zu den Russen nippte er nur an seinem Glas. Und die Geschäftspartner waren immer mehr an einem schnellen Abschluss interessiert, wohl auch, weil sie nicht allzu lange von ihrem Rückzug auf die Zimmer mit den Damen abgehalten werden wollten.

Ich nahm ein Taxi und fuhr nach Hause. Die Russen haben am nächsten Morgen unterschrieben. Die abendlichen Argumente unseres Chefs hatten sie überzeugt.

Ein Kollege aus der Geschäftsleitung flüsterte mir zu: »So kommen viele unserer Neuaufträge zustande. Bei Russen bist du erfolgreich mit einem gemeinsamen Besäufnis inklusive Frauen, danach behandeln sie dich wie einen Bruder. Asiaten dagegen sind schamhafter, ihnen schickt der Big Boss immer Einzelbegleiterinnen.«

Offenbar gab es für jede Nationalität eine Strategie. Und was dabei herauskam, waren (s)exklusive Geschäfte. Ich fürchte, sie werden von der Steuer abgesetzt.

Peter von Stein, Vertriebsleiter

 **Betr.: Wie mein Chef zu dem Spitznamen »Porno-Peter« kam**

»Schon wieder Viren auf meinem Computer«, schimpfte mein Chef. »Das Ding wird immer langsamer.« Ich als Sekretärin sollte es wieder einmal richten: »Rufen Sie den EDV-Heini an!« Er war der Einzige im Haus, der »EDV« statt »IT« sagte, nur weil die Abteilung vor zwei Jahrzehnten so geheißen hatte. Der Chef verschwand wieder in seinem Büro, und ich rief den Kollegen vom IT-Service an, nun das dritte Mal in einem halben Jahr. Als ich mich am Telefon meldete, sagte er gleich: »Dein Chef hat doch nicht schon wieder …«

»Doch, doch«, sagte ich, »er hat Viren auf dem Computer.«

»Warum lässt er das nicht endlich? Ich habe ihn doch schon mehrfach gewarnt.«

»Was soll er lassen?«

Der Kollege schwieg einen Moment zu lang. »Na los, sag schon!«, spornte ich ihn an.

»Eigentlich ein Dienstgeheimnis.«

»Na komm, ich behalte es für mich. Versprochen.«

»Dein Chef treibt sich auf Seiten rum, wo es viel nackte Haut, aber wenig Sicherheit gibt.«

»Er schaut Porno-Seiten an?«, fragte ich ungläubig – das schien so gar nicht zu einem biederen Typen wie ihm zu passen.

»Das habe ich nicht gesagt«, erwiderte der IT-Kollege. »Aber ich baue ihm jetzt einen Porno-Filter ein. Ich habe es satt, jedes Mal seine Daten zu retten. Und mir auch noch vorwerfen zu lassen, dass es ausgerechnet wieder seinen Computer getroffen hat.«

Offenbar hatte der IT-Kollege den Chef schon mehrfach vor »unseriösen Homepages« gewarnt. Der Chef habe nur gesagt: »Ich bin so gut wie nicht im Internet. Wenn da Viren sind, müssen die per Mail kommen.« Doch bei der Rekonstruktion der Daten war der IT-Kollege auf die Surf-Verläufe gestoßen. Dort wimmelte es von Seitennamen wie www.erotiksuchmaschine.cc, www.poppen.de oder www.geilenacktefrauen.com.

Natürlich sprach sich die Sache blitzschnell im Haus rum. Seither wird mein Chef, wenn er nicht dabei ist, nur noch »Porno-Peter« genannt. Zu dem Filter hat er übrigens kein Wort gesagt. Doch seit diesem Tag gab es nie wieder ein Problem mit Viren.

Klara Engel, Sekretärin

Der Liebesdienst am Kunden

»Ohne Sex geht bei uns nichts«, sagt Peter Paulsen (54), der für eine große Baufirma in Hamburg das Neugeschäft akquiriert. »Wenn ich einen Großkunden überzeugen will, brauche ich gute Argumente. Kennen Sie ein besseres Argument als Sex?«

Das klingt, als würden die Aufträge nicht nach Bauleistung, sondern nach der Qualität des Liebesdienstes vergeben. Peter Paulsen lächelt. »So einfach ist das nicht. Es muss alles stimmen, auch das bauliche Angebot. Aber Sex gehört zum Paket. Ich kenne doch meine Pappenheimer.«

Seine Pappenheimer, das sind die Einkäufer von Bauleistungen: Behördenleiter, die Schulzentren bauen lassen; Unternehmer, die neue Lagerhallen in Auftrag geben; Firmen-Architekten, die einen Anbau organisieren. Viel Geld, oft zweistellige Millionenbeträge, haben sie zu vergeben. Wer den Zuschlag will, muss diese Entscheidungsträger für sich gewinnen.

Wie funktionieren diese (s)exklusiven Geschäfte? Schiebt man dem Geschäftspartner einen Gutschein fürs Bordell rüber? Heuert man ein Callgirl an, das ihn in der Nacht vor der Auftragsvergabe besucht? Und wie verhindert man eigentlich, einen notorisch treuen Ehemann durch ein solches Angebot zu beleidigen?

Paulsen beschreibt folgendes Muster: Die Geschäftspartner führen ihre Besprechungen bis in den frühen Abend. Dann geht es in ein Restaurant, man isst, schaut tief ins Glas. Am Ende stellt er seine Gretchenfrage: »Was wollen wir mit dem restlichen Abend anfangen? Haben Sie vielleicht Lust auf eine Bar?«

»Wer die Bar ablehnt, hat an Sex kein Interesse«, weiß Paulsen. »Aber die meisten sagen mit glänzenden Augen: ›Gerne!‹ Die haben doch auch langweilige Bürojobs; die wollen was erleben. Und die wissen genau, worauf sie sich einlassen – spätestens, wenn das Taxi in der Reeperbahn vor einem Etablissement hält.«

Offenbar gehört es zum Spiel, dass sich die Geschäftspartner erst einmal prüde geben, ihren Drinks widmen und die Frauen eine Armlänge auf Abstand halten. Doch je höher der Alkoholpegel steigt, desto mehr fallen die Hemmungen.

Ein schönes Beispiel, wie sich ein Biedermann im Bordell zum Draufgänger entwickelt, hat die »Welt« beschrieben.[21] Ein Stadtangestellter, von einem Stahlkonzern eingeladen, taute langsam auf: »Mit der Zeit wurde er munterer, irgendwann nickte sein Kopf zur Musik, seine Blicke auf die Mädchen wurden direkter. Und irgendwann stand er dann nur noch mit Socken bekleidet auf dem Tisch und schunkelte mit den Tänzerinnen.« Diese Sause hatte sich eine Stahlfirma 13 000 Euro kosten lassen. Für einen attraktiven Auftrag.

Hat Peter Paulsen auch so viel Geld zur Verfügung? Er schüttelt den Kopf. »Eine solche Summe dürfte ich nicht verbraten. Aber drei- bis fünftausend Euro sind schon mal drin. Pro Abend.« Wie hoch die Kosten ausfallen, hängt von zwei Faktoren ab: wie viele Geschäftspartner es sind und welche Wünsche sie haben.

»Am einfachsten ist es, wenn ich jemanden schon seit vielen Jahren kenne.« Zum Beispiel weiß er, dass der Architekt eines Kosmetikherstellers nichts gegen leichte Mädchen, wohl aber etwas gegen das Rotlichtmilieu hat. Für ihn arrangiert er in Varianten immer wieder folgendes Szenario:

»Der Herr Architekt, ein Mann von Mitte 50, schütteres Haar, sitzt mit mir an der Hotelbar. Und dann schneien zwei Schönheiten in den Raum. Beide sind Anfang 20, setzen sich in unsere Nähe. Ich lade die Frauen auf einen Drink ein, bitte sie zu uns rüber. Und schon beginnt ein nettes Gespräch, man trinkt und kommt sich näher. Man trinkt noch mehr und kommt sich noch näher. Und schließlich entschuldigt sich der Herr Architekt – und zieht sich, seine ›Studentin‹ an der Hand, auf sein Hotelzimmer zurück.«

Natürlich sind die beiden Frauen nicht zufällig in der Bar erschienen: Ein Anruf beim Escort-Service hat sie auf den Weg gebracht. Warum dieses Theater? »Das ist ein korrekter Typ«, erklärt Paulsen, »der will sich nichts anhängen lassen. Der könnte vor Gericht mit gutem Gewissen sagen: ›Soweit ich weiß, hat mir niemand ein Callgirl spendiert; ich habe an dem Abend nur eine junge Frau in der Bar kennengelernt.‹«

Tatsächlich weiß er nicht, dass die Frauen von der Firma bezahlt werden, sondern ahnt es nur. Und die Firma weiß nicht, dass er die Aufträge nur deshalb an sie vergibt, sondern ahnt es nur. So bringen beide ein schmutziges Geschäft auf den Weg, ohne ein Wort darüber zu verlieren.

Weiß die Geschäftsleitung von diesen Praktiken? Paulsen antwortet mit einer Gegenfrage: »Glauben Sie denn, die würden mir einen Beleg von 3000 Euro pro Abend abzeichnen, ohne das zu wissen?«

Aber einen Haken hat die Sache für Paulsen dann doch: »Ich bin mir sicher: Wenn ein solches Geschäft mal auffliegt, hat die Firma natürlich nichts gewusst – dann bin ich allein der Sündenbock.« So wie die obersten Bosse der Hamburg-Mannheimer und der Wüstenrot die Unschuldsengel gaben.

Die Rollen zwischen dem Mitarbeiter und der Irrenhaus-Direktion sind verteilt wie zwischen Straßengangster und Mafiaboss: Der Kleine macht sich die Finger schmutzig und liegt schnell in Handschellen. Der Große dagegen, der den wahren Profit einfährt, agiert mit weißer Weste aus dem Hintergrund. Das ist der Grund, warum solche schmutzigen Geschäfte nach Auskunft von Paulsen meist verklausuliert in Auftrag gegeben werden: »Bereiten Sie Herrn Sternberg einfach mal einen wunderschönen Abend, mit allem, was er sich so vorstellt – Sie verstehen schon!«

Und so läuft er los, bestellt die Callgirls und organisiert eine vorzeigbare Quittung – man will den Finanzbeamten ja schließlich nicht auch noch ins Bordell einladen müssen. Auf der Rechnung steht zum Beispiel: »Bewirtung von Geschäftspartnern – acht Flaschen Champagner und Kaviar.« Und natürlich heißen Event-Agenturen und Escort-Services nicht »Sex-for-two«, sondern »Gästebetreuungsagentur« oder »Fremdsprachen-Service«. Auf der Rechnung stehen nicht »Julia und Pia für eine Nacht inklusive Französisch«, sondern »zwei Dolmetscherinnen, viersprachig«.

Als Spiegel-Online sich unter Prostituierten umhörte, ob Firmensausen wie die der Ergo üblich sind, stieß man überall auf Kopfnicken.[22] Zwei Berliner Callgirls berichteten von Firmen-Sex. Die Prostituierte Monique wurde im Auftrag von Unternehmen »nach Potsdam, in die Mecklenburgische Einöde und an die Ostsee chauffiert. In Hotels oder Ferienhäuser.« Und sie erzählte: »Diese Jobs sind lukrativ, weil sie für die Organisatoren aufwendig sind, für uns Frauen aber eine Abwechslung mit wenig körperlichem Einsatz – also auf die Zeit gerechnet.«

Und Felicitas Schirow, die seit 1997 das »Café Pssst« in Berlin betreibt, das erste Bordell mit Konzession in Deutschland, sagt über die Abrechnungspraktiken: »Viele größere Firmen haben eine Extra-Kasse, aus der solche Feiern bezahlt werden und die nicht über die offiziellen Bücher gehen.« Die Orgie der Hamburg-Mannheimer findet sie »völlig normal« und meint: »Gerade im Versicherungsgewerbe wird gern mit weiblicher Begleitung gefeiert und belohnt. Ich staune höchstens über den Umfang.«

§ 11 **Irrenhaus-Ordnung:** Zumindest einen Ort gibt es, wo niemals Sex im Auftrag der Firma stattfindet: auf der Spesen-Quittung.

Die bittere Anti-Baby-Pille

Die Mitteilung erwischte die Unternehmensberaterin Bettina Niebel (27) auf dem falschen Fuß. »Wir ziehen Sie aus dem Projekt ab«, sagte ihr Vorgesetzter am Telefon. »Ab nächsten Montag werden Sie in der Zentrale sein.«

»Aber warum denn?«, protestierte sie. »Das Projekt beim Kunden läuft doch noch ein knappes Jahr. Bislang hatte ich hier alles gut im Griff.«

Ihr Vorgesetzter schwieg einen Augenblick, als müsste er sich erst noch eine Begründung einfallen lassen. Dann erklärte er: »Wir wollen stärker rotieren. Ihr Kollege Christian soll beim Kunden Erfahrung sammeln. Sie werden seinen Back-up-Job in der Zentrale übernehmen.«

Bettina Niebel konnte es nicht fassen. Die Firma riss sie aus einem laufenden Projekt, obwohl sie die treibende Kraft gewesen war und erstklassige Rückmeldungen vom Kunden bekommen hatte. Solche Rochaden hatte sie bislang nur erlebt, wenn bei anderen Projekten Not am Mann war. Aber für eine Back-up-Aufgabe hätte man sie weiß Gott nicht abziehen müssen.

Eine solche Entscheidung passte nicht zu ihrem Beratungsunternehmen. Eigentlich war es eine Hochburg des Sozialdarwinismus: Wer viel leistete, wurde gehegt. Wer wenig leistete, wurde abgesägt. Diesmal schien es ihr umgekehrt zu laufen.

Ein paar Tage später stand sie in einer Apotheke und schob das Rezept für ihre Anti-Baby-Pille über den Tresen. In diesem Moment fiel ihr ein: Sie hatte ihre Quittungen schon ein paar Monate nicht mehr eingereicht. Anfangs hatte sie sich über das Angebot ihrer Firma gewundert, die Kosten für die Pille zu übernehmen. Aber die Offerte galt für alle Mitarbeiterinnen. Warum hätte sie nicht darauf eingehen sollen?

Nun kamen ihr Zweifel: Was, wenn die Tatsache, dass sie zuletzt keine Quittungen mehr eingereicht hatte, falsch interpretiert worden war? Wenn die Direktoren ihres Beratungs-Irrenhauses dachten: »Bald wird sie schwanger und bricht uns weg – da ziehen wir sie lieber rechtzeitig ab!«

Beweise hatte sie keine, aber ein verdammt ungutes Gefühl. Deshalb telefonierte sie mit Ex-Kolleginnen. Staunend hörte sie: »Bei Laura war das genau dieselbe Geschichte wie bei dir! Einer der Partner hat vor Jahren mal erlebt, wie ein Projekt floppte, nachdem eine Kollegin in Schwangerschaftsurlaub gegangen war. Seither probieren sie sich in Schwangerschafts-Wahrsagerei ...«

Dafür, dass sie sich ihre Pille hatte bezahlen lassen, musste Bettina Niebel eine bittere Pille schlucken.

Dass Firmen sich ihren Mitarbeiterinnen als Verhütungs-Sponsoren anbieten, habe ich schon mehrfach gehört, vor allem aus Unternehmensberatungen – ein Phänomen, auf das auch der SWR-Chefreporter Thomas Leif in seinem Buch »Beraten und verkauft« hinweist.[23]

Was wie ein Akt der Großzügigkeit erscheint, ist ein Akt der Großkontrolle: Die Firma steckt ihre Nase unter die Bettdecke der Mitarbeiterin, um herauszufinden, was dort passiert oder nicht passiert. Eine Schwangerschaft gilt wohl als »Langzeiterkrankung«. Wer als Arbeitgeber die Pille bezahlt, installiert ein Frühwarnsystem.

Das Sexualleben ihrer Mitarbeiter beschäftigt Firmen. Einige Irrenhäuser regeln es sogar vertraglich: Sie verbieten intime Beziehungen zwischen ihren Mitarbeitern. An dieses Liebesverbot haben sich alle zu halten, auch die Herzen. Ein Mitarbeiter hat seine Firma zu lieben, sonst niemanden. Wäre ja noch schöner, wenn zwei Mitarbeiter im wahrsten Sinne unter einer Decke steckten, um sich – als fiele ihnen dort nichts Besseres ein! – gegen die Firma zu verschwören.

Irrenhäuser leben in der ständigen Angst, von ihren Mitarbeitern betrogen zu werden. Und heißt es nicht: »Liebe macht blind«?

Wer garantiert, dass die Liebespartner nicht beide Augen zudrücken: Wenn der eine klaut, schaut der andere weg? Sie heißt Bonnie, er heißt Clyde. Und die Krankheit der Firma heißt: Verfolgungswahn.

Natürlich würden die Irrenhäuser heftig bestreiten, dass die Liebe im Gehirn biochemische Vorgänge aktiviert, die sich auf die Arbeitsfreude noch vorteilhafter auswirken als die viertausendste Motivationsphrase eines Vorgesetzten, und dass Menschen, die sich lieben (was selten ist), besser zusammenarbeiten als solche, die sich hassen (was häufig ist).

Doch auch ein Partner, der nicht in der Firma arbeitet, kann zum Arbeitsplatzrisiko werden. Diese Erfahrung musste der Ingenieur Maik Blase machen.[24] Vier Jahre war er als Leiharbeitnehmer für den Luftwaffen-Zulieferer Autoflug tätig. Die Firma war hochzufrieden mit ihm, er sollte als fester Mitarbeiter übernommen werden. Doch dann beging der Ingenieur einen unverzeihlichen Fehler: Ende 2009 heiratete er eine Chinesin.

Eine Chinesin! Das Irrenhaus geriet in Panik. Im März 2010 stellte die Firma den Ingenieur schlagartig frei. Die Begründung klang wie ein James-Bond-Drehbuch: Blase könne ja als Spion für China tätig werden. Zumindest aber sei er erpressbar. Offenbar glaubte man bei Autoflug, dass die Chinesen seine Frau und seine Tochter, die in China lebten, entführen könnten, um von ihm Betriebsgeheimnisse zu erpressen. Denn natürlich gibt es für China keine wichtigeren Informationen ... Später, bei der schriftlichen Kündigung, wurden dann »betriebliche Gründe« vorgeschoben. Das Arbeitsgericht Elmshorn winkte die Kündigung durch. Doch das Landesarbeitsgericht Schleswig-Holstein wusch dem Irrenhaus den Kopf und erklärte die Entlassung für rechtswidrig. Dem Ingenieur, der inzwischen eine andere Arbeit hatte (*nicht* als Spion der Großmacht China, habe ich mir sagen lassen!), stand eine Abfindung zu.

Und so nahm der James-Bond-Film ein gutes Ende: Die Liebe zu einer Chinesin ist kein Kündigungsgrund – auch wenn die Irrenhäuser es gerne so hätten.

§ 12 **Irrenhaus-Ordnung:** Wenn zwei Mitarbeiter sich lieben, stört das den Betriebsfrieden. Wenn zwei Mitarbeiter sich hassen, entspricht das den Gepflogenheiten.

Betr.: Wie ich gegen ein Küssverbot verstoßen habe

Ein altes Lied der Prinzen hätte unserer Firma als Erkennungsmelodie dienen können: »Küssen verboten«. Der amerikanische Einzelhandelskonzern untersagte per Arbeitsvertrag »intime Beziehungen mit anderen Firmenangehörigen«.

Doch es dauerte nicht lange, da begann ich mit einem Kollegen zu flirten. Unter anderen Umständen hätte ich mich kaum aus der Deckung gewagt. Aber hier, in der Verbotszone, hatte ich das Gefühl, dass nichts passieren konnte, weil nichts passieren durfte.

Natürlich passierte es doch! Wir verliebten uns so heftig, dass wir bald jede freie Minute miteinander verbrachten. Damit begann ein Martyrium. Denn unsere Liebe durfte offiziell nicht existieren. Wir mussten sie verbergen wie einen Bankraub.

Das war die schwerste Übung meines Lebens: einen geliebten Menschen so zu behandeln, als wäre er ein x-beliebiger Kollege. Ihn morgens nur kurz zu grüßen, ihm niemals durchs Haar zu wuscheln, niemals ins Ohr zu flüstern. Mein Herz zog sich jedes Mal zusammen, wenn wir uns mit so viel Kälte behandelten. Und da wir uns den ganzen Arbeitstag lang über den Weg liefen, war mein Herz rund um die Uhr verkrampft.

Das Versteckspiel ging schon am Morgen los: Wir kamen im selben Auto gefahren, durften aber, um keinen Verdacht zu erregen, nicht aus demselben Auto steigen. Also ließ er mich ein paar Ecken weiter aussteigen und fuhr alleine vor. Ich lief noch ein paar sinnlose Runden um den Block, ehe ich deutlich nach ihm zur Arbeit kam.

Abends dasselbe Spiel: Einer von uns ging als Erster in den Feierabend und wartete hinter der nächsten Ecke im Fluchtwagen, bis der andere kam. Dann: kein Küssen, kein Streicheln – nur losrasen mit gesenkten Häuptern, um in der Nähe der Firma nicht gemeinsam gesehen zu werden.

Früher hatte ich einen guten Draht zu meinen Kolleginnen und habe viel aus meinem Privatleben erzählt. Damit war es jetzt vorbei. Die Firma zwang mich, Märchentante zu werden. Das ging los bei den einfachsten Fragen: »Was hast du gestern Abend gemacht?« Eigentlich hätten mein Freund und ich eine gemeinsame Geschichte erzählen können. So log sich jeder seine eigene Story zurecht.

Immer öfter dachte ich bei der Arbeit über Fragen nach wie: »Haben wir einen Fehler gemacht? Habe ich mich heute Morgen verplappert? War dieser Blick, den ich ihm zuwarf, ein Blick zu viel?« An meiner Kasse traten immer mehr Abrechnungsfehler auf. Meine Vorgesetzte merkte das und nahm mich zur Seite: »Ich habe das Gefühl, dass Sie nicht mehr konzentriert sind. Belastet Sie etwas?«

Am liebsten hätte ich ihr mein Herz ausgeschüttet. Aber das ging nicht. In der Vergangenheit waren Paare, deren Beziehung aufgeflogen war, durch Abmahnungen verfolgt und durch Strafversetzungen auseinandergerissen worden. Einmal hatte eine Verkäuferin sogar in eine 150 Kilometer entfernte Stadt gemusst. Eine drakonische Strafe für das schlimmste aller Delikte: Liebe.

Am Ende hielt ich diese Tortur nicht mehr aus: Ich kündigte und fand eine neue Anstellung in einem Kaufhaus. Es war für mich eine Befreiung, als ich wieder erzählen konnte, wie ich mein Wochenende verbracht hatte. Und wie gut ich mich mit meinem Freund verstand!

Als mein neuer Vorgesetzter erfuhr, dass mein Freund auch Einzelhandelskaufmann war, sagte er sofort: »Wenn er mal was sucht, geben Sie ihm meine Telefonnummer – gute Leute brauchen wir immer.« Ein knappes Jahr später arbeiteten wir wieder in derselben Firma. Niemand hatte etwas dagegen. Wir ergänzten uns bei der Arbeit wunderbar.

Unser alter Konzern hatte durch sein Liebesverbot zwei engagierte Mitarbeiter vertrieben, und mir wurde klar: Nur eine Beziehung, die ich in den letzten Jahren gestartet hatte, war ein massiver Fehler gewesen – die Arbeitsbeziehung mit dieser bescheuerten Firma.

Petra Brandt, Einzelhandelskauffrau

 **Betr.: Wie mir mein Chef einen sexuellen Übergriff einreden wollte**

Jeder wusste, wofür der Geschäftsführer unseren Kollegen Jens Heigel hielt: für einen Störenfried. Jens hatte drei Fehler: Er war Gewerkschaftsmitglied, er sagte die Wahrheit, und er sagte sie auch noch laut. So hatte er bei einer Betriebsversammlung gegen eine Nullrunde bei den Gehältern protestiert. Die meisten Kollegen fanden sein Engagement gut, waren aber zu feige, es zu unterstützen. In den letzten Jahren hatten Kündigungen und Outsourcing ein hässliches Loch in unsere Personaldecke gerissen.

Jens hatte schon mehrere Abmahnungen und sogar eine Entlassung kassiert. Aber der Arbeitsrichter erkannte wohl, dass sein einziges Vergehen darin bestand, anderer Meinung als die Geschäftsleitung zu sein. Ein paar Monate später kam er nach einer erfolgreichen Kündigungsschutzklage zurück in die Firma.

Offenbar empfand unser Geschäftsführer das als persönliche Niederlage. Jedenfalls boykottierte er Sitzungen, wenn er Jens am Tisch sah. Er behandelte ihn wie einen schlimmen Feind.

Dienstlich hatte ich schon seit Jahren mit Jens zu tun. Kurz nach seiner Rückkehr unternahmen wir eine Dienstreise zu einem Kongress. Dabei war seine gescheiterte Entlassung das Hauptthema: Er schilderte mir, wie sich die Firma vor Gericht in Widersprüche verwickelt und blamiert hatte.

Direkt nach der Reise bat mich unser Geschäftsführer in sein Büro: »Sie waren ja mit Herrn Heigel unterwegs. Sie wissen, welche Schwierigkeiten wir mit ihm haben?«

Ich nickte.

In väterlichem Ton fuhr er fort: »Ich glaube, es wäre gut für den Betriebsfrieden, wenn er uns verließe. Aber es fehlt noch der Tropfen, der das Fass zum Überlaufen bringt.«

Erwartungsvoll blickte er mich an. Ich sagte schnell: »Auf unserer Fahrt hat er nichts Schlimmes über die Firma gesagt.« (Das war gelogen!)

»Das meine ich auch nicht«, sagte er. »Aber Sie waren doch im Auto allein mit ihm. Ich frage mich, ob er sich Ihnen gegenüber korrekt verhalten hat.«

»Wie meinen Sie das?«

Er rutschte unruhig auf seinem Stuhl hin und her. »Nun, er könnte ja – wie soll ich mich ausdrücken? Er könnte ja etwas Unsittliches getan haben.«

»Hat er aber nicht!«

»Denken Sie einfach noch mal darüber nach. Es wäre nicht zu Ihrem Nachteil, wenn Ihnen etwas einfiele. Und behandeln Sie dieses Gespräch bitte vertraulich.«

Ich ging. Der Zorn pochte in meinen Schläfen. Hatte er ernsthaft geglaubt, ich würde einen sexuellen Übergriff erfinden, um mich zur Henkers-Gehilfin zu machen? Und woher nahm er eigentlich die Sicherheit, dass ich nicht direkt zu Jens lief, um ihn über diese Sauerei zu informieren?

Aber als alleinerziehende Mutter war ich auf meinen Arbeitsplatz angewiesen. Außerdem gab es für das Gespräch keine Zeugen. Er hätte mich der Lüge bezichtigen können.

Drei Wochen später sprach mich mein Büronachbar auf dem Flur an: »Schon gehört? Jens ist entlassen worden!«

»Mit welcher Begründung diesmal?«, fragte ich.

Er rückte näher. »Man sagt, er habe eine Kollegin belästigt: Tina.«

Ich fiel aus allen Wolken. Sofort war mir zweierlei klar: Der Chef hatte doch noch eine Dumme gefunden. Und Tina würde bald Karriere machen.

Anita Albrecht, Projektleiterin

Betr.: Warum unser Sparkassenchef mit dem Auge einstellt

Wer unsere weiblichen Azubis anschaut, könnte meinen, wir wären keine Sparkassen-Filiale, sondern eine Modelagentur: alle bildhübsch, modisch gekleidet, perfekt gebaut. Niemals Durchschnittsgesichter, niemals ein Pfund an der falschen Stelle. Immer nur Schönheitsköniginnen, vorzugsweise in Blond.

Unser Geschäftsführer (63) wählt die Azubis selbst aus. Jedes Mal, wenn Vorstellungsgespräche laufen, schauen wir uns die Bewerberinnen beim Betreten seines Büros an. Dann schließen wir Wetten ab, welche das Rennen macht. Wir müssen keine Zeugnisse kennen, keine Gespräche verfolgen. Einfach schauen: Welche ist der Typ des Chefs? Und schon wissen wir, für wen er sich entscheiden wird.

Leider sind die schönsten Bewerberinnen nicht immer die kompetentesten. Im Alltag habe ich etliche an der Berechnung von Zinseszins scheitern sehen. Einige halten (die Eigenkapital-Vorschrift) »Basel II« für Basels zweite Fußballmannschaft und »Hypotheken« für einen Ort, an dem man sich Drinks spendieren lassen kann. In Kundengesprächen sind sie aufgeschmissen, sobald von ihnen eine Antwort erwartet wird, die über Wimpern-Geklimper hinausgeht. Wir anderen Mitarbeiter müssen solche Unzulänglichkeiten ausbaden.

Mittlerweile fallen wir sogar an der Berufsschule auf: Immer wieder sind Schülerinnen aus unserem Haus versetzungsgefährdet. Kein Wunder, stellt der Chef doch weibliche Azubis ein, deren Schulzeugnisse einzige Katastrophenberichte sind. Unsere Personalchefin ist ganz verzweifelt. Dagegen läuft bei den männlichen Azubis, einer aussterbenden Minderheit, nichts unter einem guten Abitur – weshalb sie in der Berufsschule meist gute Noten haben.

Während sie kräftig arbeiten müssen, versüßen die Schönen nur dem Chef seinen Alltag. Einmal pro Woche versammelt er die Häschen um sich, um ihnen zu sagen, wie der Hase läuft. Dabei greift er auf seine fast 40-jährige Erfahrung im Bankgeschäft zurück. Sicher berichtet er, wie er ein Dutzend Bankräuber überwältigt, zehn Börsencrashs auf den Tag genau vorausgesagt und den Chefposten bei der Weltbank dreimal abgelehnt hat. Jedenfalls spielt er sich zum großen Guru auf.

Gut, dass er nicht weiß, wie diese Dates unter den Azubis seit vielen Jahren heißen: »Opas Märchenstunde«.

Nicole Schill, Bankkauffrau

4.
Bewerber-Casting:
Das Dieter-Bohlen-Prinzip

Den Low-budget-Gedanken mit dem Niveau Ihrer Ausführungen zu verknüpfen, ist Ihnen wirklich hervorragend gelungen.

Es gibt tausend Wege, die richtigen Bewerber zu vergraulen und die falschen einzustellen. Irrenhäuser lassen keinen davon aus, nicht einmal die Graphologie. Hier erfahren Sie ...

- wie Firmen an Ihrer Schädelform ablesen wollen, was Sie im Kopf haben,
- warum Weltkonzerne ihren Bewerbern wie Vampire das Blut aus den Adern saugen,
- weshalb Ihnen im Vorstellungsgespräch grundsätzlich niemand zuhört
- und wie sich zwei Firmen-Niederlassungen fast um einen Bewerber geprügelt hätten.

Von Schädeldeutern und Scharlatanen

Fast hätte die Personalerin ein giftiges Tier angeheuert. Doch in letzter Sekunde warf sich der Geschäftsführer des mittelständischen Energieversorgers dazwischen. Der Ingenieur hatte im ersten Vorstellungsgespräch einen exzellenten Eindruck hinterlassen. Nun stand das zweite Vorstellungsgespräch an, diesmal mit dem Geschäftsführer. Der ließ sich von der Personalerin die Bewerbungsunterlagen vorlegen. Nach drei Sekunden schaute er auf und sagte: »Den nehmen wir nicht! Das hat keinen Zweck.«

»Aber warum denn?«, fragte die Personalerin. »Der passt doch perfekt zum Stellenprofil.«

»Haben Sie mal aufs Geburtsdatum geschaut?«

Sie überlegte kurz. »Stimmt, er ist für die Position noch ein wenig jung. Aber er hat schnell studiert und schon etliche Praxiserfahrung.«

»Nein«, knurrte der Geschäftsführer, »das meine ich nicht. Er hat Anfang November Geburtstag. Wissen Sie, was das heißt?«

Sie zuckte mit den Schultern.

»Er ist Skorpion! Und glauben Sie mir, jemand mit diesem Sternzeichen ist für den Umgang mit sensiblen Kunden nicht geeignet. Ich habe da so meine Erfahrungen.«

Der Geschäftsführer war nicht mehr umzustimmen. Die Sterne hatten ihm die Wahrheit geflüstert. Der Kandidat hat nie erfahren, warum sein zweites Vorstellungsgespräch kurzfristig abgeblasen wurde.

Die Hokuspokus-Methoden greifen bei der Personalauswahl um sich, nicht nur im finsteren Mittelstand. Die Firmen fühlen sich in einer Notwehr-Situation, weil ihre Standard-Personalauswahl nur zu Standard-Reinfällen führt (wie ich im ersten Irrenhaus-Band beschrieben habe).

»Wo aber Gefahr ist, wächst das Rettende auch«, schrieb einst Hölderlin. Das Rettende hat einen Namen: Dirk Schneemann. Der gelernte Autolackierer ist zum Star am Himmel der Personalauswahl aufgestiegen. Zu seinen Kunden gehören nach eigenen Angaben renommierte Unternehmen wie Daimler, Kraft Food, Thyssen Krupp, der TÜV sowie mehrere Bundesligavereine.[25]

Die Methode, mit der Schneemann als Personalberater die Herzen der Unternehmen erobert hat, ist bemerkenswert. Die Physiognomik, sprich Schädeldeuterei, ist seine Kunst. Angeblich lässt sich ein Bewerber auf den ersten Blick durchschauen. Was seine Unterlagen und seine Aussagen vertuschen, all das verrät seine Schädelform. Man muss den Kopf nur zu deuten wissen!

Der Wirtschaftspsychologie-Professor Uwe Peter Kanning berichtet in seinem aufschlussreichen Buch »Von Schädeldeutern und anderen Scharlatanen«, wie er Guru Schneemann unverhofft in einem internationalen Konzern begegnete: »Eingeladen hatte eine Abteilungsleiterin, die das Auswahlverfahren für die Hochschulabsolventen überarbeiten wollte. Bis zu diesem Zeitpunkt hätte ich niemals gedacht, dass ein solches Unternehmen auf die absurde Idee kommen könnte, einen Psycho-Physiognomen um Rat zu fragen. Eigentlich sollten hier Spezialisten sitzen, die über eine einschlägige Ausbildung verfügen (…). Schließlich kommt der Auswahl des Personals eine (…) Schlüsselfunktion für den wirtschaftlichen Erfolg der Organisation zu.«

Doch der Professor geriet in ein Irrenhaus: »Die drei Verantwortlichen des Unternehmens, die in der Gesprächsrunde das Sagen hatten, verfügten (…) über diagnostische Kompetenzen, die jeder beliebige Psychologiestudent des zweiten Semesters ohne die geringste Anstrengung in den Schatten stellen könnte.«

Der Auftritt des Gurus glich einer Satire: »Mein Name ist Schneemann, ich liebe die Menschen und will Gutes tun.« Und schon begann er, aus den Gesichtern der Personaler ihre Persönlichkeit zu lesen. »Sie wollen etwas leisten im Leben«, »Es ist Ihnen wichtig, ein gutes Verhältnis zu Ihren Mitarbeitern zu haben.« Zu Kanning sagte er in einem Gespräch über Kosten: »Herr Kanning, das habe ich doch gleich an Ihren großen Ohrläppchen gesehen, Sie sind geschäftstüchtig.«[26]

Und was taten die Irrenhaus-Personaler? Lachten sie den Guru aus? Nein, Kanning erinnert sich: »Keiner der Vertreter des Unternehmens war in der Lage, auch nur die geringste Gegenwehr zu zeigen. Alle waren sichtlich beeindruckt.«

Renommierte Unternehmen greifen bei ihrer Personalauswahl auf den Rat eines Autolackierers zurück, der seine Binsenweisheiten mit der Farbe der Wissenschaftlichkeit ansprüht und unter anderem behauptet, der menschliche Kopf biete mehr als 200 Schädelareale, aus denen sich – rein äußerlich, anhand der Schädel-form – auf den Charakter schließen lasse.

Und so rücken ganz neue Einstellungskriterien in den Vorder-grund: die Form des Schädels, der Abstand der Augen, die Größe der Nase, die Ausprägung der Stirnfalten, ja sogar die Augen-brauen. In Schneemanns Buch »Wer bin ich? Wer bist du?« liest man verblüfft: »Leidenschaftliches Verhalten ist bei Menschen stark ausgeprägt, deren Augenbrauen über der Nasenwurzel zu-sammengewachsen sind.«[27] Dagegen seien Menschen mit buschi-gen Augenbrauen »begeisterungsfähig bis verwegen, bisweilen aber auch ängstlich und unversöhnlich«.

Selbst was die Lippen betrifft, sollte der Personaler nicht so sehr auf die Worte des Bewerbers, sondern mehr auf die Form des Mundes achten: »Die volle Oberlippe weist auf einen kontaktfreu-digen Menschen hin. Er ist herzlich, aufmerksam und verbindlich. Angriffe und Beleidigungen werden schnell verziehen.« Also der ideale Kandidat für ein Irrenhaus, dessen Chef zu Ausrastern neigt!

Aber wehe, ein Kandidat hat gerade sitzende Ohren! Dann muss beim Personalprofi der Faulpelz-Alarm schrillen, wie Schneemann beschreibt: »Das Bestreben, sich durch Leistung her-vorzutun und die eigenen Anlagen aus Ehrgeiz zu aktivieren, ist bei Menschen mit gerade sitzenden Ohren nur wenig ausgeprägt.«

Doch was ist von Unternehmen zu halten, die einem solchen Guru folgen? Wie sicher darf der Bewerber sein, dass seine Bewer-bung fair und professionell beurteilt wird?

Zumal es weitere Irrwege der Pseudodiagnostik gibt. Sicher ist Ih-nen schon aufgefallen, dass in etlichen Stellenausschreibungen immer noch »handschriftliche« Lebensläufe verlangt werden. Ich kenne einen Generaldirektor, der Führungskräfte frühestens dann einstellt, wenn ihm ein Graphologe ein Gutachten als Unbedenk-lichkeitserklärung geschrieben hat.

Die Erkenntnisse der Graphologen klingen wie Interpretationen von Schulkindern: Wenn jemand in großen Buchstaben schreibt, deuten sie das als Zeichen der Selbstsicherheit. Wenn jemand ein enges Schriftbild produziert, gilt das als Hinweis auf eine starke Selbstbeherrschung. Und eine Schrift, die sich bis dicht an den Rand des Papiers drängt, gilt natürlich als Zeichen für einen Charakter, der viel Raum einnimmt und anderen Menschen wenig Platz lässt.

Jeder Bewerber erscheint den Irrenhaus-Direktoren als potentieller Schwindler, dessen Wort weniger wert ist als das windige Gutachten eines Scharlatans. Und zur Not erledigen die Personaler den Hokuspokus auch selbst – indem sie im Vorstellungsgespräch die Körpersprache mit Interpretationen überfrachten.

Einmal sagte ein Personaler zu mir: »Ist Ihnen aufgefallen, dass der Bewerber nichts von Teamarbeit hören wollte?«

Ich schüttelte den Kopf. »Im Gegenteil, er schien mir der Teamarbeit gegenüber recht aufgeschlossen.«

»Aber haben Sie nicht gesehen, dass er sich förmlich sein Ohr zugehalten hat? Genau, als ich davon sprach?«

Ja, er hatte sich einmal am Ohr gekratzt. Wahrscheinlich, weil es ihn dort gejuckt hat! Aber eine Hand, die zum Ohr geführt wird, gilt in der unter Personalern höchst beliebten Körpersprache-Literatur als Zeichen des Nicht-Hören-Wollens. Und wenn eine Bewerberin im frisch gelüfteten Raum die Arme vor dem Oberkörper verschränkt, hat das natürlich nicht mit der Kälte zu tun, sondern nur mit einer distanzierenden Haltung …

Wer als Bewerber aus dem Rennen fliegt, weiß nie, woran er gescheitert ist: An der Form seiner Augenbraue? An dem geschwungenen »G« in seiner Unterschrift? Oder doch daran, dass er sich in der 42. Minute des Vorstellungsgesprächs an der Nase gekratzt hat?

Eine solche Personalauswahl ist derart dämlich, dass ich die Schädel der verantwortlichen Irrenhaus-Direktoren gerne einmal deuten würde. Natürlich von außen – drinnen wird nichts zu finden sein!

§ 13 **Irrenhaus-Ordnung:** Mit den Köpfen von Bewerbern verhält es sich wie mit den Körpern von Models: Es kommt mehr auf die Form als auf den Inhalt an. Dieses Auswahlprinzip wird von Fachleuten »Physiognomik« genannt. Menschen, die noch denken können, sagen dazu: »Schwachsinn!«

Ein Vampir namens Daimler

Vier Vorgesetzte beugen sich über Listen. »Schau mal einer an«, sagt der erste, »Frau Eisele, unsere Technische Zeichnerin, war in den letzten fünf Jahren zehnmal krank. Viermal hat sie sich auf eine Grippe berufen, dreimal auf Zahnschmerzen, und zweimal – besonders interessant! – auf Übelkeit. Immer direkt vorm Wochenende!«

»Das ist ja noch gar nichts«, dröhnt der nächste Chef. »Hier, schauen Sie mal auf diese Liste, das ist Herr Carlsen, einer meiner Entwicklungsingenieure. Vierundzwanzig Krankschreibungen in fünf Jahren! Siebenmal der Rücken, dreimal Kopfschmerz, ein eingewachsener Zehennagel, Unterleibsschmerzen, psychische Beschwerden und so weiter. Mehrfach vor Brückentagen!«

Die Führungskräfte nicken sich zu wie bei einer Arztvisite am Krankenbett. Die Diagnose steht fest: Das müssen Simulanten sein. Und das einzige Medikament, das hier hilft, ist knallharter Führungsstil – und zwar in hoher Dosierung!

Wer diese Zeilen liest, wird sich denken: »Kann doch gar nicht sein! Schließlich muss ich als Mitarbeiter in Deutschland nur meine Krankmeldung einreichen, nicht die Gründe dafür.« Aber die oben beschriebene Szene könnte sich genau so abgespielt haben – nicht in einer Klitsche, sondern beim Weltkonzern Daimler.

Als Datenschützer das Werk in Bremen unter die Lupe nahmen, kam ihnen die Galle hoch: Zwischen 2001 und 2008 wurden Krankenlisten über Mitarbeiter geführt, inklusive der Krankheitsgründe.[28] Diese Daten wurden von den Chefs unter anderem für Führungsbesprechungen verwendet.

Doktor Daimler interessiert sich für die Gesundheit seiner Mitarbeiter, ja schon für das Befinden seiner Bewerber. Wer in die engere Auswahl für eine Stelle kommt, muss dieselbe Prozedur wie ein schlimmer Alkoholsünder im Straßenverkehr durchlaufen: Man nimmt ihm eine Blutprobe ab. Zwar hat er sich nichts zuschulden kommen lassen, bis auf eine außerordentlich gute Bewerbung. Aber ein kluges Unternehmen baut vor! Wer will schon jemanden einstellen, dessen Blutbild bereits ankündigt, dass er in ein paar Jahren aus den Latschen kippt? Solche Zeitbomben enttarnt man lieber rechtzeitig mit den ultimativen Mitteln der Personalauswahl: Kanüle und Blutbild.

Natürlich gibt sich der Weltkonzern galant und stellt es den Bewerbern frei, einen solchen Aderlass abzulehnen. Aber wer sich weigert, dem werksärztlichen Dienst brav den Arm zu reichen, der dürfte seine Chancen auf eine Einstellung nicht gerade erhöhen. Oder doch? Schließlich verfolgt der Autobauer ein soziales Anliegen: Der Bluttest diene der Gesundheit der Mitarbeiter, wurde einer Bewerberin gesagt.[29] Damit die Freude an der Gesundheit lange anhält, speichert der Konzern die persönlichen Gesundheitsdaten auch noch elektronisch ab. Sozusagen als vollwertigen Ersatz, falls die Krankenakte beim Hausarzt einmal verlorengeht …

Erst als Journalisten diese Praxis aufdeckten und die baden-württembergische Datenaufsicht dem Konzern auf die Finger klopfte, gab Daimler seinen Bluthunden murrend ein Stoppsignal.

Allerdings scheint auch die Datenschutzbehörde ein Irrenhaus zu sein, denn sie verzichtete auf eine Geldstrafe mit der rührenden Begründung, Daimler habe das Bewusstsein gefehlt, dass bei den medizinischen Untersuchungen auch sensible persönliche Daten erhoben wurden.[30] Diese Begründung klang wie die eines Richters, der einem 14-jährigen Kioskeinbrecher mangelnde Reife attestiert. Dabei hatte der Täter rund 130 Lebensjahre auf dem Buckel (rechnet man die Gründung der Benz Motorenfabrik als Geburtsdatum). Tritte in den Bauch des Datenschutzes sind kein Kavaliersdelikt. Da hätte die Datenschutzbehörde mehr Verstand beim Täter voraussetzen und mehr Strenge beim Urteil walten lassen müssen.

Aber vielleicht kam dem Irrenhaus Daimler zugute, dass es sich in prominenter Gesellschaft befand: Die Unternehmen Beiersdorf und Merck hatten Bewerber ebenfalls bluten lassen.[31] Da sind schon mal ein, zwei Ampullen Blut für den guten Zweck, sprich die neue Stelle, geflossen. Aber die Beiersdorf-Sprecherin Claudia Fasse konnte den Bewerbern ein starkes Beruhigungsmittel verabreichen: Natürlich habe man »auf Schwangerschaft, Aids, Drogen, Gendefekte und Tumore« nicht getestet. Und noch nie sei ein Bewerber wegen seiner Blutwerte abgelehnt worden.

Mit anderen Worten: Das Irrenhaus Beiersdorf betreibt einen Riesenaufwand, gibt Millionen für Bluttests aus – und die haben noch nie eine Personalentscheidung beeinflusst, sind also überflüssig? Und der Controller macht dazu ein fröhliches Gesicht? Wer das glaubt, wird selig. Oder Pressesprecherin.

> § 14 **Irrenhaus-Ordnung:** Schwere Dummheiten ziehen eine Blutentnahme nach sich. Das gilt für Alkoholfahrten, Triebverbrechen und Bewerbungen bei Irrenhäusern.

 **Betr.: Wie ich im Vorstellungsgespräch zum Clown wurde**

Nie werde ich mein Vorstellungsgespräch bei der Niederlassung eines amerikanischen Lebensmittel-Konzerns vergessen. Der Personalchef, ein 150-Kilo-Mann, lehnte sich weit in seinem Stuhl zurück und eröffnete das Gespräch mit den Worten: »Bitte lassen Sie sich etwas einfallen, um mich die nächsten zehn Minuten zu unterhalten!«

Mir war, als würde er noch tiefer in seinem Stuhl versinken, offenbar meinte er das ernst! Wäre ich als Clown, Zauberer oder Conférencier angetreten: Sicher hätte ich Purzelbäume schlagen, Witze erzählen oder Kaninchen aus dem Hut zaubern können. Aber eigentlich wollte ich nur Leiter der Qualitätssicherung werden!

Was sollte ich jetzt tun? Die Zeit schien zu rasen, das Schweigen wie eine Mauer zwischen ihm und mir zu wachsen. Er hing unbewegt in seinem Stuhl.

Nach einiger Zeit fand ich meine Sprache wieder. Ich tat, worauf ich mich vorbereitet hatte: Fragen beantworten. Nur dass ich sie mir selber stellte: »Wenn Sie mich jetzt fragen würden, was ich Ihnen über mich erzählen möchte, dann würde ich Ihnen sagen …« Ausdruckslos sah er zu, wie ich seinen Job machte. Als ich meinen Lebenslauf erläutert hatte, schaute ich ihn erwartungsvoll an. Er sagte: »Noch fünf Minuten!«

Schweiß trat auf meine Stirn. Sollte ich zu seiner Unterhaltung stepptanzen oder auf der Fensterbank balancieren (wir waren im achten Stock)? Ich machte weiter wie gehabt: »Wenn

Sic mich nach meinen Stärken fragen würden, dann …« Ich sprach über meine Schwächen, meine Erfolge, meine Pläne in fünf Jahren. »Stopp!«, rief er, als ich gerade von meiner Zukunft erzählte. »Zehn Minuten sind vorbei, jetzt habe ich noch ein paar Fragen.«

Was nun folgte, wirkte auf mich wie eine Realsatire. Unter anderem wollte er wissen: »Wie kann man einen Raum betreten, wenn die Tür verschlossen ist?« Und: »Wenn Sie ein Tier sein müssten, welches wären Sie gerne?« Am liebsten hätte ich geantwortet: »Dasselbe wie Sie: ein dummer Esel!« Aber ich beherrschte mich und sagte: »Ich wäre gern ein Adler in der Luft. Von oben, aus der Meta-Perspektive, hat man als Führungskraft die systemischen Zusammenhänge besser im Blick.« Mir war diese Antwort peinlich; ich hielt das für pseudo-kluges Geschwätz. Doch er nickte voller Anerkennung. Offenbar hatte ich einen Treffer bei ihm gelandet.

Seine Abschlussfrage brachte mich noch einmal in Verlegenheit: »Wenn Sie mein Chef wären, der mich bei diesem Gespräch beobachtet hätte – welche Rückmeldung würden Sie mir geben?« – »Unkonventionelle Arbeit!«, sagte ich. Er strahlte und schien meine Diplomatie mit einem Kompliment zu verwechseln.

Ich hatte den Arbeitsplatz schon abgeschrieben, als ich drei Wochen später eine Einladung zum Zweitgespräch bekam. Offenbar hatte man die anderen Bewerber genauso wie mich behandelt, und alle waren abgesprungen. Dasselbe tat ich auch. Hier wartete ein Irrenhaus. Das musste jedem klar sein. Auch ohne Adlerperspektive.

Johannes Bauer, Leiter Qualitätssicherung

 **Betr.: Warum ich eine Baustelle fand,
wo eine Firma sein sollte**

Das war ein Schock, als ich zehn Minuten vor dem Bewerbungsgespräch etwas vermisste: die Firma, bei der ich mich vorstellen
sollte. Zwar stand ich vor der Fürstenstraße 27, der Firmenad-
resse aus dem Briefkopf. Aber zugleich stand ich vor einem Rätsel, denn vor mir lag nur eine Baustelle. Hämmer klopften, ein
Kran ragte in den Himmel, und eine Kreissäge kreischte. Offenbar wurde das Gebäude renoviert.

Hatte ich mich in der Adresse vertan? Hektisch kramte ich
das Anschreiben der Firma hervor. Nein, hier stand: Fürstenstraße 27. Gab es vielleicht einen Hintereingang? Ich wieselte
um das Gebäude, doch die Baustelle blieb eine Baustelle, auch
von der anderen Seite betrachtet.

Blick auf die Uhr: noch fünf Minuten. Ich sprang zu einem
Kiosk, der direkt neben der Baustelle lag: »Entschuldigung, wo
finde ich die Bär KG?« – »Die sitzen in der Steinstraße 114«,
antwortete der Verkäufer.

Ich hüpfte in mein Auto und raste los. Ein roter Blitz zuckte
vom Straßenrand. Bestimmt ein gutes Bewerbungsfoto, falls
ich mal bei einem Formel-1-Rennstall vorstellig werden wollte.
Endlich bog ich in die Steinstraße. Das orangefarbene Firmen-
schild leuchtete von weitem. Ich stürmte in die Empfangshalle
der Firma wie ein GSG-9-Mann in die »Landshut«. Blick auf
die Uhr: über zehn Minuten Verspätung.

Die Empfangsdame schickte mich in den zweiten Stock. Vor
dem Raum, wo ich mich melden sollte, löste sich gerade eine
Runde auf. Die Personalerin sagte: »Mit Ihnen haben wir nicht
mehr gerechnet. Sie haben zehn Minuten Verspätung!«

»Mir lag eine falsche Adresse vor«, schnaufte ich.

»Könnte man auch sagen, dass Sie zu wenig Zeit für die Anfahrt kalkuliert haben?«, fragte sie spitz.

»Ich war erst in der Fürstenstraße 27«, sagte ich.

Der Blick der Frau hellte sich auf. »Können Sie mir mal Ihre Einladung zeigen?«

Ich reichte ihr den Brief. Sie schüttelte den Kopf: »Da hat unsere Assistentin wohl einen alten Briefbogen erwischt! Wir sind vor ein paar Monaten von der Fürstenstraße hierher umgezogen. Bitte entschuldigen Sie!«

Mein Gespräch begann 15 Minuten zu spät. Als es vorbei war, bekam ich mit, dass für den nächsten Bewerber ebenfalls eine Vermissten-Meldung vorlag. Wahrscheinlich raste er gerade von der Fürstenstraße zur Steinstraße. Der Radarfalle würde an diesem Tag nicht langweilig werden.

Toni Winter, Sachbearbeiter

 Betr.: Warum mein Bewerbungsgespräch mit einem Knall endete

Als Bewerberin habe ich schon die unglaublichsten Dinge erlebt. Einmal saß ich im Vorstellungsgespräch mit einem Personaler und dem Inhaber einer mittelständischen Firma. Der Personaler führte das Gespräch in freundlichem Ton. Der Inhaber saß, im wahrsten Sinne entrückt, einen guten Meter vom Tisch entfernt. Es war unheimlich, weil er kein Wort sagte und das Schauspiel nur beobachtete – so wie ein hungriger Löwe, der unbewegt unter einem schattigen Baum liegt und auf die Antilopen-Wiese starrt.

Er kommentierte meinen Auftritt auf seine Weise: nonverbal. Als ich meinen Berufsweg schilderte, atmete er ganz tief ein, als wollte er sagen: »Langweil mich nicht!« Als ich meine Freude am Umgang mit Menschen als Stärke nannte, ließ er zischend Luft durch seine Zähne entweichen, vielleicht hieß das: »Damit kannst du hier nichts werden!« Und als ich davon erzählte, was ich in meiner letzten Firma gelernt hatte, sah ich, wie er die Augen verdrehte.

Mir war, als würde er mich für komplett unfähig und dieses Gespräch für eine einzige Zeitverschwendung halten. Wie richtig ich damit lag, wurde nach einer Viertelstunde deutlich: Ich war gerade dabei, von meiner Erfahrung im Export zu berichten – etwas stammelnd, da verunsichert –, als der Inhaber aufsprang, seinen Kopf wie eine Löwenmähne schüttelte und zu dem Personaler fauchte: »Das reicht jetzt! Das wird nichts!« Mit diesen Worten verließ er den Raum.

Peinliches Schweigen. Der Personaler rutschte verlegen auf seinem Stuhl hin und her. »Wir können das Gespräch gerne zu Ende führen«, bot er hilflos an, »Sie hatten ja eine weite Anreise«. Aber warum sollte ich einen Gerichtsprozess zu Ende führen, dessen Urteil schon gegen mich gefallen war?

Beim Abschied sagte der Personaler noch: »Unser Chef ist halt ein sehr direkter Mensch.« Wenn Sie mich fragen: Er war nicht direkt, sondern der größte Stoffel des Jahrhunderts.

Brigitte Fehrenbach, Analystin

Betr.: Wie ich als Bewerber bestellt, aber nicht abgeholt wurde

Ich war extra von München nach Düsseldorf geflogen, um mich bei einer inhabergeführten Werbeagentur als Texter vorzustellen. Doch die Sekretärin glotzte mich an wie einen Geist: »Ihr Gespräch ist doch verschoben worden!«

»Davon weiß ich nichts«, sagte ich verblüfft.

»Aber der Chef hat Sie persönlich informiert; das muss doch bei Ihnen angekommen sein.«

Sie klang misstrauisch, als hätte sie Grund zu der Annahme, ich sei aus Trotz von München nach Düsseldorf geflogen, nur um nun mit dem dümmsten Gesicht dieser Erde vor ihr zu stehen.

»Wann haben Sie denn zuletzt in Ihre Mails geschaut?«, wollte sie wissen.

»Gestern Abend«, sagte ich.

»Na dann!«, sagte sie vorwurfsvoll.

Ich spürte, wie Zorn in mir aufstieg: »Hören Sie mal, ich muss doch davon ausgehen können, dass ein vor zwei Wochen vereinbarter Termin am Tag des Vorstellungsgespräches noch gilt!«

»Wir sind eine schnelllebige Branche«, gab sie schnippisch zurück.

Leider konnte sie mir nicht sagen, wann der Ersatztermin stattfinden sollte. Der Inhaber war bis zum Abend in einem Kundentermin und nicht ansprechbar. Unverrichteter Dinge musste ich wieder nach München fliegen.

Zurück an meinem PC, stellte ich fest: Ich hatte am selben Morgen um 7.34 Uhr eine Mail des Agenturleiters erhalten, Betreff: »Terminverschiebung um einen Tag«. Einen Tag! Ich hätte also in Düsseldorf bleiben können, statt zweimal anzureisen.

Am liebsten hätte ich den Termin abgeblasen. Doch da ich den Job unbedingt wollte, organisierte ich mir in Windeseile ein neues Ticket und flog am nächsten Morgen erneut. Ich war gespannt, wie der Chef sich für die Terminpanne entschuldigen würde.

Doch schon bei der Begrüßung spottete er: »Ah, hier kommt der Mann ohne Smartphone.« Und mit breiter Brust fügte er hinzu: »Meine Mail von gestern hätte Sie doch eigentlich noch erreichen müssen; um diese Zeit konnten Sie noch nicht im Flugzeug sitzen.«

Das Gespräch lief miserabel, ich kam kaum zu Wort. Und er machte pausenlos auf dicke Hose, schwafelte von New York, von Großkunden, von Millionenkampagnen. Sogar zwei Handy-Gespräche nahm er zwischendurch an. Zum Abschied sagte er: »Und wenn Sie künftig Termine haben – rufen Sie vorher mal Ihre Mails ab!«

Drei Wochen lang hörte ich kein Wort von der Agentur. Dann rief ich an, um zu fragen, ob es eine Entscheidung gab. Die Sekretärin maulte: »Sie sind doch längst aus dem Rennen!« Vielleicht hätte ich das wissen müssen. Zum Beispiel durch Hellseherei.

Eine Mail hatte ich diesmal nicht bekommen.

Mike Miller, Werbetexter

Mit der Tundra im Gespräch

Warum muss ein Bewerber auf die Minute pünktlich sein? Damit ihn das Irrenhaus gebührend warten lassen kann! Etwa jedes dritte Vorstellungsgespräch beginnt verspätet. Und etwa jeder dritte Chef geht garantiert ohne Vorurteile ins Gespräch – weil ihm der Lebenslauf des Bewerbers so fremd ist wie die südliche Tundra. Deshalb sucht er intensiven Blickkontakt während des Gespräches: mit dem Lebenslauf vor ihm auf dem Tisch.

Aber wehe, der Bewerber hat sich nicht vorbereitet! Er muss die Geschichte der Firma mindestens so gut beherrschen, dass er die 350-seitige Firmenmonographie, ginge sie verloren, sofort im Wortlaut rekonstruieren könnte. Alle Umsatzzahlen der letzten fünf Jahre muss er wie im Schlaf aufsagen und die Namen der Firmenbosse wie die Thronfolge einer Monarchie runterrattern können.

Irrenhäuser lassen den Bewerber spüren, dass er etwas von ihnen will, sie aber nicht von ihm. Zum Beispiel bestätigen sie den Eingang einer Bewerbung frühestens dann, wenn das Dokument aufgrund seines Alters fürs Völkerkundemuseum interessant wird – gefühlte 150 Jahre später.

Oder gar nicht. Als Wissenschaftler der Universität Konstanz 528 fiktive Online-Bewerbungen verschickten, eine Hälfte unter deutschen Namen, eine Hälfte unter türkischen, war das Ergebnis erschütternd: 28 Unternehmen gaben den jungen Wirtschaftswissenschaftlern »Tobias Hartmann« und »Dennis Langer« eine positive Antwort – während sie »Fatih Yildiz« und »Serkan Sezer« nicht mal absagten. Die Chancen, den Job zu bekommen, lagen für Tobias und Dennis in kleinen Unternehmen um ein Viertel höher, insgesamt um 14 Prozent – bei exakt der gleichen Qualifikation.[32] Die Treffsicherheit einer Personalauswahl, die den Namen zum Entscheidungskriterium erhebt, kann man sich lebhaft vorstellen.

Die ideale Irrenhaus-Antwort verbindet Peitsche und Zucker-brot. Die Firma bedankt sich bei dem Bewerber für sein Interesse – und damit dieser Dank auch glaubwürdig rüberkommt, teilt sie ihm mit, dass er seine Anfahrtskosten zum Vorstellungsgespräch selbst tragen und bitte schön ein polizeiliches Führungszeugnis mitzubringen habe.

Immerhin sind die Irrenhäuser realistisch genug, die kriminelle Energie richtig zu verorten: Führungszeugnisse werden, wie das *ManagerMagazin* beklagt, bevorzugt von Führungskräften gefordert. Sogar Privatermittler, darunter ehemalige Stasi-Leute, setzen die misstrauischen Firmen auf Bewerber an. Zur Not tritt der Ermittler in den Golfclub des angehenden Managers ein und löchert ihn unauffällig zwischen den Löchern.[33] Das nennt sich »Executive Integrity Assessment«, was übersetzt so viel heißt wie: gehobene Schweinerei.

Doch Schweinereien kann auch die einfache Arbeiterin erleben, wie ausgerechnet eine Wurstfabrik bewies, Kemper aus Nortrup:[34] Bewerberinnen wurden von dem Betrieb, der 270 Millionen Euro pro Jahr umsetzt, kurzerhand zum Schwangerschaftstest gebeten. Am Ende der Probezeit stand ein zweiter Test an. Wer schwanger war, flog raus. Das haben mehrere Frauen berichtet. Der Wurstfabrikant streitet den zweiten Test ab.

Ruppig verlaufen können Vorstellungsgespräche auch sonst: Einige Irrenhaus-Direktoren glauben, eine unverschämte Frage sei keine Unverschämtheit mehr, wenn man sie zum Teil eines Stressinterviews erklärt. Zum Beispiel wurde eine Softwareentwicklerin gebeten: »Können Sie mal ausnahmsweise eine kluge Antwort geben?« Und von einem Versicherungs-Mathematiker wollte man wissen: »Warum hält Ihr jetziger Chef Sie für so unfähig, dass er Sie nicht befördert?«

Solche Fragen müssen als unverschämt, als verbale Blähungen gelten – warum sollten die Antworten appetitlicher sein? Winston

Churchill schrieb: »Mit dem Geist ist es wie mit dem Magen: Man sollte ihm nur Dinge zumuten, die er verdauen kann.«

Etliche Bewerber haben mir berichtet, dass sie in Konzernen mit amerikanischer Wurzel wie Zirkus-Äfflein von Büro zu Büro geschleppt wurden, damit sie jeder potentielle künftige Kollege ein paar Minuten beglotzen, befragen und mit offenem Feedback beleidigen durfte (»Einen Exzentriker wie Sie kann ich mir in unserem Team überhaupt nicht vorstellen!«). Solche Konfrontationen werden nur deshalb »Vorstellungsgespräche« genannt, damit Amnesty International nicht Alarm schlägt.

Es gibt zwei Möglichkeiten, wie ein Bewerber die Fragen der Irrenhäuser im Vorstellungsgespräch beantworten kann: falsch oder falsch. Zum Beispiel hat sich eine Klientin von mir bei einem Reifenhersteller beworben. Das Gespräch war wie am Schnürchen gelaufen. Doch gegen Ende hob der Personaler noch mal zu einer Frage an: »Wäre es für Sie auch denkbar, eine andere Stelle im Marketing anzunehmen?« Meine Klientin bejahte. Die Gesprächsführer zuckten zusammen.

Später bekam sie eine Absage und erfuhr auf Nachfrage: »Wir haben uns jemanden gewünscht, der speziell diese Stelle will.« Aber hatte das Profil der ausgeschriebenen Position nicht ausdrücklich »Flexibilität« gefordert? Und hatte meine Klientin diese Eigenschaft nicht durch ihre Antwort bewiesen?

Genauso gut hätte die Bewerberin die andere Stelle ablehnen, dann aber von einem Irrenhaus hören können: »Wenn Sie so unbeweglich sind, sind Sie bei uns an der falschen Adresse.«

Lebensgefährlich für Bewerber sind Fragen nach ihrer Ex-Firma. Dieses Gelände ist so vermint, als wenn sich Ihre neue Liebe nach der Ex erkundigt. Alles, was Sie jetzt sagen, wird gegen Sie verwendet! Der erste Fehler wäre: von der Ex(-Firma) zu schwärmen. Das würde beim Irrenhaus-Direktor zu Eifersuchtsanfällen führen, gegen die ein Vulkanausbruch nur ein kochender Tee-kessel wäre.

Der zweite Fehler wäre: die Ex(-Firma) als wenig attraktiv dar-zustellen. Warum, in drei Teufels Namen, haben Sie sich dann mit ihr eingelassen? Etwa deshalb, weil sich gerne Gleich zu Gleich gesellt, Mittelmaß zu Mittelmaß? Und wollen Sie damit etwa be-haupten, auch Ihre neue Firma sei … Pfui!

Der dritte Fehler wäre: nichts oder sehr wenig zu sagen. Daraus würde geschlossen, dass Sie ein dunkles Geheimnis verschweigen. Haben Sie aus Ihrem letzten Vorgesetzten vielleicht einen Chefsa-lat gemacht?

Ein Bewerber, der oft gewechselt hat, gilt bei Irrenhäusern als sprunghaft. Ein Bewerber, der seiner Firma seit Jahrzehnten treu ist, gilt als unbeweglich. Ein Bewerber, der viel redet, gilt als vor-laut. Ein Bewerber, der wenig redet, gilt als verstockt. Ein Bewerber, der vorzüglich studiert hat, gilt als »Theoretiker«. Ein Bewerber, der nicht vorzüglich studiert hat, gilt als intellektuelle Nullnum-mer … Irrungen und Wirrungen.

Doch am Ende des Gespräches dürfen Sie sicher sein: Die Tun-dra ist bis auf den letzten Zentimeter vermessen. Denn nun hat der Irrenhaus-Direktor, statt Ihnen zuzuhören, endlich Ihren Le-benslauf durchgelesen!

> **§ 15 Irrenhaus-Ordnung:** Alles, was ein Bewerber im Vorstel-lungsgespräch sagt, kann gegen ihn verwendet werden. Dies passiert aber nur selten, in der Regel hört ihm keiner zu.

Indiskretion Ehrensache

Meine Klientin Doris Inger (37) arbeitete in der Touristikzentrale eines bekannten Kurortes in der Schwäbischen Alb. Ihr Chef, ein tyrannischer Faulpelz, schaufelte sie mit Arbeit zu. Den Kurprospekt entwickeln? Urlaubsgäste nach 17.00 Uhr begrüßen? Reden am Wochenende halten? All diese eigenen Arbeiten schob er, der Kurdirektor, auf Inger ab. Um spätestens 16.15 Uhr verkrümelte er sich in den Feierabend. Inger rauchte der Kopf vor lauter Arbeit, und ihr Privatleben litt: Sie schob endlos viele Urlaubstage vor sich her.

Dabei konnte sie ihrem Chef nichts recht machen. Mehrfach hatte er sie sogar vor Gästen angeraunzt. Wenn eine Musikband, die sie engagiert hatte, im Verkehrsstau steckte, dann war das natürlich ihr Versagen! Und dass sich im neuen Prospekt ein Foto aus dem Vorjahr fand, lag natürlich nicht am knappen Foto-Etat, sondern an »Ihrer typischen Schlampigkeit«.

Doris Inger kam sich in der 500-Seelen-Gemeinde wie in einem Gefängnis vor. Jeder kannte hier jeden. Wenn Sie abends im örtlichen Restaurant ein Glas Wein trank, konnte ihr der Chef am nächsten Tag die Sorte sagen. Sie hatte nur noch einen Wunsch: Sie wollte raus! Raus aus diesem Irrenhaus! Und raus aus diesem Dorf!

Mit meiner Unterstützung bewarb sie sich bundesweit in Touristikzentralen als Geschäftsführerin. Das Interesse war groß. Unter anderem meldete sich eine bekannte Ostsee-Gemeinde bei ihr, nennen wir sie O-Dorf. Man lud sie zum Vorstellungsgespräch ein. Doris Inger hielt eine vorzügliche Präsentation, und der Bürgermeister sagte zum Abschied: »Ich vermute, wir sehen uns bald wieder.«

Über die Eckdaten des Vertrages, so über das Gehalt, war noch kein Wort gesprochen worden. Sicher würde das beim Zweitgespräch geklärt.

Inzwischen war der Chef von Doris Inger misstrauisch geworden. Warum hatte sie nun schon mehrere Ein-Tages-Urlaube genommen? Er witterte einen Hochverrat und drohte ihr: »Wenn Sie uns in der laufenden Saison verlassen, mache ich Ihnen die Hölle heiß!«

Nach zweieinhalb Wochen klingelte endlich Doris Ingers Handy, und die Vorwahl von O-Dorf leuchtete auf. Ein Mann meldete sich: »Ich bin Redakteur der Lokalzeitung in O-Dorf und möchte Ihnen zu Ihrer neuen Position als Geschäftsführerin unserer Tourismuszentrale gratulieren. Worauf freuen Sie sich im neuen Job am meisten?«

Doris Inger wäre fast das Handy aus der Hand gefallen: Woher wusste die Zeitung, dass sie sich beworben hatte? Und wie kam der Redakteur darauf, ihr zu einer Stelle zu gratulieren, die sie noch gar nicht hatte?

Doch ihren Widerspruch wischte der Redakteur weg: »Glauben Sie mir, ich weiß es ganz sicher. Gerade hat das Bürgermeisteramt eine Pressemitteilung verschickt, dass Sie zum 1. Juli bei uns anfangen.«

»Bitte veröffentlichen Sie nichts«, sagte sie. »Ich habe noch keine Zusage. Und ich habe noch nicht gekündigt.«

Doch am nächsten Tag fand sie im Internet folgende Überschrift: »Neuer Wind von der Schwäbischen Alb – Doris Inger übernimmt den Kurbetrieb«. Der Text zeichnete die beruflichen Stationen ihres Lebenslaufes nach. Und geschmückt wurde der Beitrag von einem riesengroßen Foto – ihrem Bewerbungsbild!

Ihr Hals verengte sich: Was, wenn ihr jetziger Arbeitgeber davon Wind bekam? Wahrscheinlich würde er sie entlassen, ehe sie kündigen könnte – mit einem Arbeitszeugnis, das man im Juristen-Lehrbuch als Musterbeispiel für üble Nachrede hätte abdrucken hätte können.

Aufgelöst rief sie den Bürgermeister von O-Dorf an. Der trällerte ins Telefon: »Aber wir bieten Ihnen doch einen Arbeitsvertrag an. Heute hätten Sie das von mir erfahren.« Dass dieser Vertrag noch nicht einmal unterschrieben, ihr Wechsel aber durch die Veröffentlichung bereits publik war – der Bürgermeister sah kein Problem darin.

Es gibt viele Geheimnisse, die Firmen vorzüglich hüten; Bewerbungsunterlagen gehören nicht dazu. Ein anderes Beispiel für die Weitergabe vertraulicher Unterlagen habe ich kürzlich erlebt, als sich ein Werbetexter aus einem bestehenden Arbeitsverhältnis bei einer anderen Agentur beworben hatte. Von dort erhielt er nach drei Wochen die Antwort: »Vielen Dank für Ihre Bewerbung. Leider haben wir im Moment keinen Personalbedarf. Ihr Einverständnis voraussetzend, haben wir Ihre Bewerbung an unsere Partneragentur ›Löwer & Friends‹ weitergeleitet …«

Doch für die »Löwer« arbeitete der ehemalige Geschäftsführer der jetzigen Agentur meines Klienten, ein klatschsüchtiger Typ, der noch beste Kontakte zum alten Arbeitgeber unterhielt – weshalb sich mein Klient dort ganz bewusst nicht beworben hatte. Tatsächlich wurde er schon nach ein paar Tagen von seinem Chef angesprochen: »Wir haben gehört, es gefällt Ihnen bei uns nicht mehr?«

Ein verrückter Vorgang: Persönliche Unterlagen werden – (nicht vorhandenes) »Einverständnis voraussetzend« – einfach an eine andere Firma geschickt! Das ist so, als würde ein Arbeitnehmer – »Einverständnis voraussetzend« – die Betriebsgeheimnisse einer Firma mit einer Gießkanne über den Wettbewerbern auskippen.

Der typische Fall von Indiskretion passiert im Mittelstand: Der Empfänger von Ralf Müllers Bewerbung will sich nicht mit den Unterlagen begnügen, er möchte persönliche Einschätzungen hören. Da trifft es sich gut, dass man – die Branche ist ja klein! – über ein paar Kontakte zu der aktuellen Firma des Bewerbers verfügt. Und so klingelt bei einem Kollegen von Ralf Müller das Telefon: »Sag mal, bei euch arbeitet doch schon lange der Ralf Müller. Was ist das eigentlich für einer?« Idealerweise ruft der Spion gleich mehrere Kontaktleute beim alten Arbeitgeber an, die sich dann wiederum über diese Anrufe austauschen.

Genauso gut könnte der Bewerbungsempfänger einen Heißluftballon an den Fenstern des aktuellen Arbeitgebers vorbeifliegen lassen, mit dem riesengroßen Transparent: »ACHTUNG! RALF MÜLLER HAT SICH BEI UNS BEWORBEN!«

Immerhin können sich die deutschen Firmen auf ein prominentes Vorbild berufen. Die UN-Organisation Unesco riss Zehntausenden Bewerbern die Hosen runter und stellte ihre Unterlagen ins Internet.[35] Weltweit war nachzulesen, unter welcher Adresse ein Bewerber firmierte, welches Gehalt er forderte und wo er bislang seine Brötchen verdient hatte. Sogar ein Flirtversuch wurde aufgedeckt: »Die Unesco und ich, das könnte eine Liebesgeschichte werden«, hatte eine Bewerberin geschrieben. Erst mehrere Wochen, nachdem bloßgestellte Bewerber dagegen protestiert hatten, stopfte das Irrenhaus die Sicherheitslücke.

Der Verrat von Betriebsgeheimnissen steht unter strenger Strafe. Doch welche Strafe erwartet eigentlich Irrenhäuser, die Bewerbergeheimnisse verraten? Im Fall von Doris Inger: eine Geldstrafe! Denn ich regte sie an, ein weit überdurchschnittliches Gehalt zu fordern. Schließlich war ihre Einstellung schon per Zeitungsschlagzeile verkündet worden, und das machte einen Rückzieher nahezu unmöglich.

Die Forderung löste einiges Knurren aus. Am Ende wurde sie erfüllt.

> **§ 16 Irrenhaus-Ordnung:** Der Name eines Bewerbers wird so geheim gehalten wie alle streng vertraulichen Dokumente in einem Irrenhaus – zum Beispiel der Speiseplan der Kantine.

Irrenhaus-Sprechstunde 8

 **Betr.: Warum Bewerbungen bei uns direkt in den Papierkorb wandern**

Die Arbeit wuchs uns über den Kopf. Wir waren radikal unterbesetzt für ein Unternehmen, das pro Monat bis zu tausend Bewerbungen bekommt. Das Problem wuchs mit der Flut der Online-Bewerbungen. Jede einzelne zu sichten, zu bewerten und zu beantworten – das war kaum mehr zu schaffen.

Also baten wir den Personalvorstand um Unterstützung. Wir meinten damit: zusätzliches Personal. Seine Idee war eine andere: die »vollautomatische Absage«. »Was Sie beim Aussortieren machen«, dröhnte er in einer Sitzung, »das kann auch ein Computerprogramm. Es muss nur richtig programmiert sein!«

Aussichtslose Bewerber sollten sofort nach Eingang ihres Bewerbungsformulars eine vollautomatische Absage erhalten.

Ein solches Vorgehen hätte sich auf das Image unserer Firma ausgewirkt, als hätten wir die Bewerber geohrfeigt. Jedem von ihnen wäre klar gewesen, dass die Unterlagen erst gar nicht geprüft worden sind. Wer mehrere Stunden in seine Bewerbung investiert, aber schon nach Sekunden eine Absage bekommt, muss sich vor den Kopf gestoßen fühlen! Und was, wenn man diesen Menschen zu einem späteren Zeitpunkt oder für eine andere Stelle hervorragend als Arbeitskraft gebrauchen könnte?

Deshalb entwickelte der Personalvorstand mit der IT-Abteilung eine diplomatische Variante: Jener Bruchteil der Bewerber, der in ein gewisses Raster passt, bekommt die automatische Antwort, seine Bewerbung werde »weiterverfolgt« – was tatsächlich stimmt. Der großen Mehrheit der Bewerber, die nicht ins Raster passten, wird jedoch beschieden: »In dem Fall, dass wir Ihre Bewerbung weiterfolgen, hören Sie erneut von uns.« Und während der Bewerber hofft, seine Unterlagen würden eingehend geprüft, sind diese bereits in der virtuellen Mülltonne gelandet, ohne jemals von einem Menschen gesichtet worden zu sein. Einstein hätte nur ein Kreuz an der falschen Stelle des Online-Bogens setzen müssen, schon wäre er als Konzern-Physiker aus dem Rennen gewesen. Ich wette, wir sortieren massenweise Top-Bewerber aus.

Ob uns dieses Vorgehen wirklich Arbeitszeit spart? Nie im Leben! Manchmal kostet es mich mehrere Stunden am Tag, die wütenden Nachfragen der Bewerber zu beantworten. Immer wenn das Telefon klingelt, fürchte ich: Da will wieder einer wissen, was aus seiner Bewerbung geworden ist. Und antworten Sie mal auf eine solche Anfrage, ohne dass Sie die Bewerbung und ihre Zielposition überhaupt kennen!

Tatsächlich haben wir keinen Zugriff auf die automatisch aussortierten Bewerbungen. Offiziell zum Schutz der Daten. In Wahrheit soll wohl verhindert werden, dass wir die Unterlagen doch manuell durchschauen. Das könnte ja Zeit kosten! Dann lieber stundenlange Telefonate und Mailwechsel mit »vollautomatisch« abgewiesenen Bewerbern führen.

Vielleicht sollte ich das unserem Personalvorstand einmal mailen. Aber wahrscheinlich käme blitzschnell die Antwort: »Für den Fall, dass ich Ihren Verbesserungsvorschlag weiterverfolge, hören Sie erneut von mir ...«

Heidi Berger-Klar, Personalreferentin

 **Betr.: Wie ich einen Krieg zwischen Deutschland und England entfachte**

Ein Freund von mir arbeitete für einen internationalen Konzern und gab mir den Tipp, mich dort zu bewerben. Das tat ich und löste damit ein heilloses Chaos aus: Meine Bewerbung auf eine Stelle im deutschen Mutterhaus wurde mit einer Absage beantwortet. Allerdings in englischer Sprache. Und aus Südafrika! Wie, um Himmels willen, hatte sich meine Bewerbung auf einen anderen Kontinent verirrt?

Was dieser Absage folgte, kam ebenso unverhofft: zwei Einladungen zu Vorstellungsgesprächen. Eine von der deutschen Zentrale, eine von der englischen Niederlassung. Es ging um unterschiedliche Stellen.

In den Vorstellungsgesprächen merkte ich schnell: Die beiden Unternehmens-Einheiten konkurrierten um meine Gunst. In Deutschland ließ man kein gutes Haar an den Engländern: »Seien Sie vorsichtig! Einige Kollegen in England führen sich gegenüber Deutschen auf wie Fußballrowdys.« Dagegen flüsterte man mir in England ein, die Kollegen in Deutschland würden die Erfolge zwar »solide verwalten«, aber erzielt würden diese in England. Man hätte meinen können, dass ich mich nicht bei ein und demselben Unternehmen bewarb, sondern bei zwei Konkurrenzfirmen.

Die Gespräche liefen hervorragend. Ich rechnete fest mit zwei Zusagen. Innerlich hatte ich mich schon für Deutschland entschieden. Umso verblüffter war ich, als aus der Zentrale eine knappe Absage kam. Und danach aus England. Man bedauerte, mir keine der Positionen anbieten zu können.

Mein Freund hatte einen guten Draht in die Personalabteilung. Ich bat ihn, der Sache nachzugehen. Er fand heraus: Meine Bewerbung war zunächst in den internationalen Bewerberpool geflossen – daher die Reaktion aus Südafrika. Das Mutterhaus und die Engländer wollten mich beide. Aber man hatte sich einfach nicht einigen können, wer mich bekommen sollte. Wie in einem kaukasischen Kreidekreis war an mir gezerrt worden. Es kam mir ein neues Sprichwort in den Sinn: Wenn zwei sich streiten, büßt es der Dritte!

Volker Becker, Bauingenieur

 **Betr.: Wie ich unfreiwillig zur Lauscherin an der Wand wurde**

Ich hatte mich als Assistentin bei einem Konzern beworben. Das Vorstellungsgespräch war gut gelaufen. Nun hatte ich es eilig: Ich musste zur Toilette. Die Assistentin, die mich zum Ausgang begleiten sollte, führte mich also in die Gegenrichtung, zum WC. Ob ich den Weg zum Ausgang alleine fände? Klar doch!

Ein paar Minuten später hatte ich mich frisch gemacht und wollte gerade um die Ecke zum Ausgang biegen, als ich zwei vertraute Stimmen hörte: Die beiden Herren, mit denen ich das Gespräch geführt hatte, unterhielten sich auf dem Flur. Sie waren laut wie eine Stammtischrunde nach dem achten Bier, jeder auf dem Flur konnte sie hören. Immer wieder brachen sie in Gelächter aus.

»Hast du diese Stiefel gesehen?«, feixte der eine. »So geht man in den Pferdestall, aber nicht in ein Vorstellungsgespräch!« Der andere prustete und sagte: »Ich fand die blöde Antwort zu ihrem Berufswechsel noch viel peinlicher!« Mit einer hohen, quietschenden Stimme sagte er: »Mein Bauchgefühl hat mir geraten: Lass dich umschulen!« Brüllendes Gelächter. Ich erkannte meinen Satz. Aus seinem Mund klang er wie eine Idiotie.

Ich stand da wie eine Salzsäule, gedemütigt und beschämt. Und dann beging ich einen Fehler, den ich bis heute bereue: Statt um die Ecke zu biegen und den beiden Typen ins Gesicht zu sagen, was ich von ihnen hielt, zog ich mich auf die Toilette zurück. Ich ließ zehn Minuten verstreichen und machte mich dann – die Bahn war wieder frei! – in aller Stille vom Acker.

Bis heute frage ich mich: Wenn schon ein Gespräch von einer Stunde reicht, um von den Vorgesetzten derart verunglimpft zu werden – wie sprechen sie dann über einen Mitarbeiter, den sie zehn Jahre um sich haben?

Carla Petros, Assistentin

 Betr.: Wie mein Vorstellungsgespräch zu einem Vorlesegespräch wurde

Mein Vorstellungsgespräch bei einem bekannten Technologiekonzern in Bayern begann mit einem verblüffenden Bekenntnis: »Ich bin leider nicht dazu gekommen, Ihre Unterlagen anzuschauen«, sagte der Bereichsleiter, nachdem er in letzter Sekunde in den Raum gestürmt war. »Sind Sie so nett, mir Ihren Lebenslauf einmal kurz vorzulesen?«

Vorlesen? War das jetzt ein Witz? Doch sein Gesicht blieb ernst. Wie ein Schulkind bei einer Leseübung (ich war aufgeregt!) stammelte ich mich durch Jahreszahlen, Abkürzungen, Lebenslauf-Stationen. Es gibt wohl kein Dokument im ganzen

Universum, das fürs Vorlesen weniger geeignet ist als ein Lebenslauf.

Kaum hatte ich geendet, sah der Bereichsleiter streng die Fachchefin an: »Und warum, bitte schön, habt ihr *den* gewählt?« Das Wort »den« betonte er so, als würde er einen Kirschkern ausspucken. Die Abteilungsleiterin musste sich rechtfertigen, mich eingeladen zu haben, obwohl ich – wie der Bereichsleiter hervorhob – ja »keinerlei Auslandserfahrung« hatte.

Der Bereichsleiter machte mich und meine Qualifikation runter (»Das könnt ihr vergessen, da haben wir wieder dieselben Probleme wie mit dem Vorgänger!«), die Abteilungsleiterin nahm mich in Schutz. Die beiden unterhielten sich über mich, als wäre ich nicht anwesend! Ich fühlte mich wie ein Kandidat bei »Deutschland sucht den Superstar«, nur dass mein Vorsingen gar nicht gefragt war. Der Bereichsleiter gab den Dieter Bohlen: Er machte dumme Sprüche über mich, statt mir zuzuhören und mich wie einen Gast zu behandeln.

Ich hatte mir für meine Anreise extra einen Urlaubstag genommen. Aber »Herrn Bohlen« hatte es an zwei Minuten gefehlt, um meinen Lebenslauf zu lesen. Dazu passte es, dass er sich 15 Minuten vor Ende des Gespräches mit Hinweis auf einen Folgetermin aus der Runde verabschiedete.

Er ging, ohne mir die Hand zu schütteln. Aber ich schüttelte meinen Kopf. Über sein Verhalten!

Olav Kern, Ingenieur

5.
Beraten und verkauft:
Wehe, wenn McKinsey kommt!

Was ist ein Chef, der ohne Berater ein einfacher Dummkopf wäre, *mit* Unternehmensberater? Ein zweifacher Dummkopf! Dieses Kapitel verrät Ihnen …

- warum Berater immer die Falschen entlassen – und nie die Manager,
- weshalb ein Arbeitgeber, der sonst um 50 Euro feilscht, für einen Jungberater pro Jahr eine halbe Million hinlegt,
- wie Manager eigene Ideen, vor allem Massenentlassungen, als Berater-Empfehlungen tarnen
- und wie aufflog, dass eine Beratungsfirma zwei Wettbewerbern exakt dasselbe Konzept andrehte.

Der Manager und sein Kindermädchen

Wenn ein Bäcker nichts gebacken kriegt, weil seine Rezepte ungenießbar sind, seine Brote in Flammen aufgehen und er ratlos in seiner Backstube steht – was geschieht dann mit ihm? Man wirft ihn raus, weil er sein Handwerk nicht beherrscht.

Wenn ein Manager nichts gebacken kriegt, weil seine Strategien ins Leere laufen, seine Entscheidungen Geld kosten und er die Firma an den Rand eines Ruins treibt – was geschieht dann mit ihm? Er bleibt, was er ist: Manager.

Und doch bleibt er nicht allein. Ein ganzer Wirtschaftszweig hat sich darauf spezialisiert, die Pannen verunfallter Manager zu sichten und (angeblich) wieder zu richten: die Unternehmensberater.

Doch an der Wurzel des Übels, dem Management selbst, können die Berater nicht ansetzen – von dort kommt ja ihr eigener Auftrag! Statt der Irrenhaus-Direktion mitzuteilen, dass sie alles falsch gemacht hat, was falsch zu machen war, stellen die Unternehmensberater ihr sogar noch ein passables Zeugnis aus: Sie habe sich wacker in einer schweren Schlacht geschlagen! Allein für einen solchen Persilschein hat sich das Anheuern der Berater gelohnt.

Goldene Regel für Berater: Niemals ist der Umsatz eines Unternehmens zu gering (denn er wird von Managern verantwortet) – immer sind die Personalkosten zu hoch (denn sie werden von Mitarbeitern verursacht).

Anstelle der Manager fixiert das Entlassungszielrohr die unteren Etagen. Mit flinken Fingern schießen die Berater Planstellen weg, oft solche, die später schmerzlich fehlen.[36] Aber woher sollen die Unternehmensberater das wissen? In dem Moment, in dem sie entscheiden, kennen sie das Unternehmen kürzer als jeder Praktikant.

Zum Beispiel weiß ich von einem Elektrotechnik-Konzern, in dem die Berater in den ersten beiden Wochen nichts anderes getan haben, als den Mitarbeitern über die Schulter zu blicken: Wer tut bei seiner Arbeit welchen Handgriff? Welche Leerläufe entstehen? Wer kann rausfliegen? Jede Bewegung, die ein Mitarbeiter im Laufe des Tages tat, und vor allem jede, die er nicht tat, wurden fein säuberlich protokolliert.

Schon nach ein paar Wochen legten die Berater den Irrenhaus-Direktoren eine Liste mit Entlassungskandidaten vor. Zum Beispiel traf es einen langjährigen Entwicklungsingenieur, der gerade in diesen Wochen wenig zu tun gehabt hatte, weil er ein neues Produkt zurück aus dem Testlauf erwartete. Sein direkter Vorgesetzter protestierte gegen den Rauswurf. Keine Chance.

Nur einen Wimpernschlag lang hatten die Irrenhaus-Berater die Arbeit des Entwicklungsingenieurs verfolgt – und daraus aufs ganze Jahr geschlossen. Das war so, als hätten sie eine Fußballmannschaft ein einziges Spiel lang beobachtet. Und nur, weil der Weltklasse-Tormann in diesem Spiel keine Bälle auf sein Tor bekam, schlugen sie ihn als Entlassungskandidaten vor: »Der steht bloß rum!« Dass der Entwicklungsingenieur schon beim nächsten Auftrag wieder der Matchwinner sein könnte – sie wollten es nicht begreifen.

Wenn ahnungslose Manager sich von ahnungslosen Unternehmensberatern die Arbeit abnehmen lassen, ergibt minus mal minus leider nicht plus, sondern multiplizierte Inkompetenz.

Das ganze Modell ist fragwürdig: Ein Manager wird dafür bezahlt, dass er eine Firma lenkt und Ziele erreicht. Sein Auftrag ist der Erfolg des Unternehmens. Mit welchem Recht wird für dieselbe Tätigkeit zusätzlich eine Unternehmensberatung angeheuert und mit Riesensummen vergütet?

Wenn ich Manager mit solchen Fragen behellige, höre ich oft: »Unser Unternehmen ist in den letzten Jahren zu komplex geworden. Da kann man als Einzelner nicht mehr alles überblicken.« Auf Deutsch: Der Bäcker gibt zu, dass er sich in seiner eigenen Backstube verirrt.

In diesem Fall hake ich nach: »Warum lassen Sie sich diese Abläufe nicht von Ihren Mitarbeitern erklären? Die erleben doch jeden Tag, was gut und was schlecht läuft. Und sie stehen doch ohnehin auf der Gehaltsliste. Wäre es da nicht logisch, erst mal ihre Expertise zu nutzen?«

Dann verzieht der Manager sein Gesicht, als hätte ich ihm seinen Golfschläger verbogen: »Wo denken Sie hin! Die Mitarbeiter sehen nicht das Unternehmen, sie sehen nur ihre eigenen Interessen. Wer von ihnen kennt die Strategien? Wer denkt über die Grenzen seiner eigenen Abteilung hinaus? Niemand!«

Die Mitarbeiter gelten als Dumpfbacken, deren Horizont nicht weiter reicht als bis zur nächsten Straßenecke. Köpfe haben sie nur, damit man darüber hinweg entscheiden und sie im Krisenfall von der Gehaltsliste streichen kann. Dieses Denken spricht Bände über die Manager selbst: »Was andere uns zutrauen, ist meist bezeichnender für sie als für uns«, schrieb die Autorin Marie von Ebner-Eschenbach.

Als großer Könner, als Meister aller Klassen gilt den Managern dagegen der Unternehmensberater. Weil er seinen Fuß schon mal in ein Weltunternehmen gesetzt hat, wird ihm weltunternehmerische Kompetenz zugeschrieben, als wäre sie an seinen Schuhsohlen haften geblieben.

Ich kenne Manager, die machen auf ihrem Schreibtisch einen Handstand, wenn es ihnen ein Berater befiehlt. Der Unternehmensberater ist für sie ein allwissendes Kindermädchen, das ihr in Unordnung geratenes Unternehmen wie ein Kinderzimmer aufräumt und allen (scheinbar) überflüssigen Kram rasch und geräuschlos entsorgt. Vor allem Mitarbeiter.

Warum wird an einen Manager nicht derselbe Maßstab wie an einen Bäcker angelegt? Warum darf er kläglich versagen und dennoch im Amt bleiben? Es gibt einen wichtigen Unterschied: Der Bäcker ist an seinen Ergebnissen *sofort* zu messen. Begeht er in der Nacht einen Fehler, sieht am Morgen jeder: Die Brote sind verbrannt.

Dagegen schiebt ein Manager Strategie-Brote in den Ofen, von denen er mit Kalkül behauptet, sie seien erst in einigen Jahren fertig. Jede Dummheit, die er in der Zwischenzeit begeht, kann er als Teil eines hochgescheiten Plans verkaufen. Wenn das Unternehmen mal ein, zwei Jahre herbe Verluste schreibt, beteuert er: »Keine Sorge, das sind Investitionen, die sich in den nächsten Jahren vielfach ausbezahlen.«

Erst wenn der Rauch in seiner Backstube allzu dicht wird, wenn sich die Talfahrt der Geschäftszahlen auf das Tempo einer Lawine steigert, erst dann ruft er sich Unternehmensberater herbei. Er will retten lassen, was oft nicht mehr zu retten ist.

Nicht mit multiplizierter Inkompetenz!

§ 17 Irrenhaus-Ordnung: Einige Firmen sind noch zu retten. Andere holen sich Unternehmensberater.

Das Millionending

»Beratungsunternehmen sind wie Taschendiebe: Sie ziehen dir Geld aus der Hose, und du merkst es nicht.« Der Mann, der das sagt, kennt das Geschäft: Sieben Jahre lang hat Klaus Feumer (37) als Unternehmensberater gearbeitet, für zwei große Beratungsfirmen und eine kleine, zuletzt als Projektleiter.

Viele Kunden beschreibt er als Irrenhäuser: »Da haben Manager gedacht: ›Jetzt wird all der Mist, den wir in Jahren angerichtet haben, in Windeseile abgetragen.‹« Ihr Vertrauen in die Berater sei von derselben Eigenschaft geprägt wie ihr Wirken als Manager: von Blindheit. Feumer staunte über ihre Naivität: »Viele waren überzeugt: Wir Berater tun alles für *ihr* Wohl. Dabei war der wichtigste Maßstab immer: das Wohl *unserer* Firma. Also: viele Abrechnungstage und hoher Umsatz!«

Wenn es eine Lizenz zum Gelddrucken gibt, dann das Beratungsgeschäft. Nicht nur die Inhaber der Unternehmensberatungen, Partner genannt, sondern auch die Berater kassieren saftige Gehälter. Ein Uni-Abgänger beginnt mit 55 000 bis 70 000 Euro im Jahr. Für jeden Beratungstag werden den Firmen pro Mann 1000 bis 4000 Euro in Rechnung gestellt. Ein Partner kann schon mal 6000 bis 10 000 Euro kosten.

Ein Hochschulabgänger, der 70 000 Euro im Jahr bekommt, wird von seiner Unternehmensberatung beispielsweise zu einem Tagessatz von 2000 Euro platziert. Nach rund 40 Einsatztagen hat sich sein Jahresgehalt amortisiert. Alles, was jetzt noch fließt – bei 150 Einsatztagen pro Jahr noch 220 000 Euro –, rauscht in die Kassen der Partner. Am Jahresende schwimmen sie in Millionensummen.

»Mich wundert es, dass niemand diese Tagespreise der Beratungsfirmen in Frage stellt«, sagt Klaus Feumer. »Wenn wir mit fünf Mann in einer Firma waren, hat das pro Tag 15 000 Euro gekostet. Dieses Geld stand in keinem Verhältnis zu unserer Leistung. Zum Teil haben wir ja nicht mal die Branchen gekannt und Wochen gebraucht, um uns einzuarbeiten. Eigentlich hätten wir noch Lehrgeld mitbringen müssen!«

Der einzige Grund, warum die Tagessätze so hoch liegen: weil sie so hoch liegen! Diese Phantasiepreise werden von vielen Händen, einem Kartell aus Beratungsfirmen, als scheinbar fairer Marktpreis hochgehalten. Die Gewinnspannen reichen bis in den dreistelligen Prozentbereich; davon träumen die beratenen Firmen nur. Der arme Mann finanziert den reichen.

Eine Beispielrechnung: Wenn eine Firma einen exzellenten Hochschulabgänger selbst einstellt, kostet sie das etwa 4000 Euro pro Monat. Aber wenn dieser Hochschulabgänger die Firma nicht als Angestellter, sondern als Berater betritt, kostet derselbe Mann 2000 Euro pro Arbeitstag. Das macht 40 000 Euro im Monat und 500 000 Euro im Jahr. Nicht für einen Top-Manager, sondern für einen Anfänger!

Doch dieselben Irrenhäuser, die Beratern 500 000 Euro hinterherwerfen, feilschen bei eigenen Mitarbeitern schon mal um 50 Euro. Geld ist ein Gradmesser für Wertschätzung. Eigene Mitarbeiter stehen bei den Irrenhäusern offenbar tief im (Zahlungs-) Kurs, Berater umso höher.

Das hat auch mit Eitelkeit zu tun: Ein Irrenhaus-Direktor, der sich für wichtig hält, umgibt sich mit Beratern. Ein Irrenhaus-Direktor, der sich für *sehr* wichtig hält, umgibt sich mit einem Beraterstab. Alle Unternehmensberater dieser Erde tragen schwarze Anzüge, die ebenso faltenfrei wie ihre jugendlichen Gesichter sind. Hätten sie keinen Dienstwagen, könnten sie im Schulbus mitfahren, ohne dabei aufzufallen. Nur ihr Taschengeld wäre nicht zu schlagen.

Klaus Feumer erklärt die Spendierfreude der Firmen so: »Offenbar denken die: Was so viel kostet, muss ja auch viel bringen. Dass es viel kostet, aber nichts bringt, und deshalb doppelt teuer ist, das kapieren sie nicht. Oder erst zu spät.«

Das geht schon los, wenn sie den Auftrag vergeben: »Beim Blick aufs Unternehmen sagst du immer: ›Klar, Sie können viel, viel Geld sparen.‹ Das ist der Köder. Als Berater hast du keine Ahnung, ob das stimmt – du ziehst erst mal den Auftrag an Land. Erst danach gräbst du wie ein Trüffelschwein nach Sparpotentialen.« Das kann dauern! Und wenn nichts Seriöses ans Licht kommt, zieht der Berater den Joker: Er streicht Planstellen.

Hinzu kommt die Gier nach Folgeaufträgen, wie Feumer berichtet: »Wir wurden gemessen an unseren Beratungstagen, daher war klar: Halt den Kunden so lang wie möglich an der Angel!« Der gängige Kniff: Die erste Überschlags-Kalkulation bezieht sich vor allem auf die Entwicklung eines Konzeptes, nicht aber auf die Implementierung; die, so heißt es, könne das Unternehmen mit Fleiß allein bewerkstelligen.

Doch Feumer fragt spöttisch: »Was passiert, wenn du den Mitarbeitern zwar die Werkzeuge in die Hand drückst, aber nur mit unvollständiger Anleitung? Wenn du Wissen zur Umsetzung zurückhältst?« Dann bekommen sie Panik, wenn deine Zeit im Unternehmen abläuft. Dann flehen sie die Unternehmensleitung an, sie möge den Auftrag verlängern.«

Und plötzlich taucht der während des Projektes grundsätzlich verschollene Partner wieder auf und sagt cool zum Irrenhaus-Direktor: »Nun haben Sie schon eine beträchtliche Summe in diese sinnvolle Reform investiert, nun sollten Sie es an diesem wichtigen Punkt nicht scheitern lassen.«

Die Berater handeln frei nach dem Motto von Mark Twain: »Kaum verloren wir das Ziel aus den Augen, verdoppelten wir unsere Anstrengungen.« Die Abzocke kennt weder Skrupel noch Gesetze. Der Insider Klaus Feumer hat mir drei Praktiken verraten, die man eher bei Räuberbanden als bei Beratungsunternehmen vermuten würde, davon wird noch die Rede sein.

§ 18 **Irrenhaus-Ordnung:** Man kann Firmen überfallen. Oder sie beraten. Bei den Überfällen ist das Risiko größer – bei der Beratung die Beute!

 **Betr.: Wie unser Chef als Rentner noch Millionär wurde**

Mein Chef wurde auf seine alten Tage milde. Früher hatte er die Preise der Zulieferer gedrückt, dass es krachte. Jeden kleinen Fehler blies er zum Drama auf, ließ die Geschäftsführer antanzen und machte sie zur Schnecke.

Doch nun legte er sich regelrecht für einen Zulieferer ins Zeug: Er genehmigte Preise, die er früher in der Luft zerpflückt hätte. Er besuchte den Zulieferer immer wieder, obwohl er früher nur Audienzen in seinem Büro gegeben hatte. Und er schlug einen Ton an, der nicht mehr nach Kasernenhof, sondern nach auserwählter Höflichkeit klang.

Das galt übrigens auch für seinen Umgang mit uns Mitarbeitern. Jahrelang hatte er Druck gemacht und war alle paar Tage aus der Haut gefahren. Doch nun lernte er zwei neue Vokabeln, »bitte« und »danke«, erkundigte sich nach unserem Befinden und wünschte sogar »einen schönen Feierabend« (obgleich er einem früher, wenn man gerade am Gehen war, gerne noch neue Arbeiten aufs Auge gedrückt hatte!).

Was war los mit dem Alten? Packte ihn die Sentimentalität, weil er demnächst in Rente ging? Oder hatte sich dort, wo bislang ein weißer Fleck war, doch noch so etwas wie Charakter gebildet?

Am Tag vor seinem Abschied in die Rente gab er bekannt: »Ich werde eine Herausforderung als freier Berater annehmen.« Er wurde für jenen Zulieferer tätig, den er in den letzten Monaten verhätschelt hatte. Uns versprach er, für reibungslose

Abläufe und faire Konditionen zu sorgen, als Bindeglied zwischen beiden Firmen.

Seine neue Firma konnte nun von der alten Firma jene überteuerten Preise fordern, die er in seinen letzten Arbeitsmonaten dort gebilligt hatte. Doch unsere Geschäftsführung sah ihren ehemaligen Abteilungsleiter nicht als einen Judas – sie sah ihn als Garanten für eine funktionierende Zusammenarbeit. »Es wäre töricht, andere Zulieferer zu beauftragen. Niemand kennt unsere Interessen so gut wie er«, tönte der Prokurist.

Und so gingen immer mehr Aufträge an diesen Zulieferer. Die anderen Firmen, die deutlich billiger gewesen wären, wurden nach und nach ausgebootet. Unser Ex-Chef trieb die Umsätze des Zulieferers nach oben. Sicher hat er eine Millionenprovision kassiert. Die Zeche wurde von unserer Firma bezahlt – als Strafe für ihre Dummheit.

Marco Koch, Groß- und Außenhandelskaufmann

 ## Betr.: Wie eine Unternehmensberatung Second-Hand-Ware verkaufte

Es war wie ein Fluch: Nun hatte ich meine alte Firma verlassen, weil ich das dumme Geschwätz von Unternehmensberatern nicht mehr hören konnte. Alle Umsatzprobleme der Firma hatten sie auf mich und meine Vertriebskollegen abgewälzt. Mit neuen Provisionssystemen, mit Schulungen und mit frischen Teilzeit-Mitarbeitern in den Regionen wollten sie den Umsatzmotor wieder auf Hochtouren treiben. Dabei hatten sie schlicht übersehen, dass der Vertrieb nicht unter dem mangelnden Engagement seiner Mitarbeiter litt, sondern unter den günstigeren Preisen der Konkurrenz. Vielleicht wäre diese Analyse auch zu banal gewesen, um fette Rechnungen dafür zu stellen.

Mit dem Versprechen, der Umsatz ließe sich um 15 Prozent steigern, hatten sie ihr neues Vertriebskonzept vorgelegt. In einer bunten Präsentation, deren Überschriften so dick wie Schlagzeilen aus der BILD-Zeitung waren, wollten sie uns die Vorteile des neuen Provisionssystems schmackhaft machen. Ich war bedient.

Deshalb traf mich fast der Schlag, als in meiner neuen Firma ein halbes Jahr später dieselbe Unternehmensberatung einfiel. Ob sie diesmal zu einer vernünftigeren Analyse käme? Ob ihr, wenn sie hier auf dasselbe Problem wie beim Konkurrenten stieß, endlich klarwürde: Es herrschten keine Motivationsprobleme im Vertrieb, sondern Preisprobleme am Markt?

Nach vier Wochen wurden wir zu einer Präsentation eingeladen. Schon die erste Powerpoint-Folie erkannte ich wieder. Bis auf wenige Schaubilder wurde exakt dieselbe Präsentation wie in meiner Ex-Firma gezeigt, nur mit anderen Zahlen. Die Folien waren aufwendig gestaltet, aber inhaltlich schlicht. Komplexe Vorgänge wurden auf wenige Zahlen reduziert. Die Texte waren primitiv wie Sprechblasen in einem Kindercomic. Die Zusammenhänge des Marktes wurden ausgeblendet.

Und das Patentrezept – oh Wunder! – lautete wieder: ein neues Provisionssystem, Schulungen und Teilzeit-Mitarbeiter in der jeweiligen Region. Hier wurde dieselbe Trottel-Strategie verkauft, die man schon meiner Ex-Firma verordnet hatte. Dennoch sprachen die Berater von einer »maßgeschneiderten Lösung«.

Machen die das immer so, wenn sie zwei Unternehmen derselben Branche beraten? Entwickeln sie kein Wissen, sondern betreiben nur Wissens-Recycling? Und flog dieser Betrug lediglich deshalb nicht auf, weil die Unternehmer sich im harten Wettbewerb über individuelle Strategien niemals austauschen?

Beide Firmen machten am Ende dieselbe Erfahrung: Das neue Provisionskonzept erhöhte nicht die Verkaufszahlen, nur den Frust von uns Vertriebsmitarbeitern. Und beide Firmen gaben das Provisionssystem rasch wieder auf.

Übrigens habe ich in meiner neuen Firma kein Wort darüber verloren, dass ich dieselbe Präsentation schon einmal gesehen hatte. Die Unternehmensberater wurden von der Geschäftsleitung angebetet, ich hätte mich nur um Kopf und Kragen geredet.

Fred Taylor, Vertriebsmitarbeiter

 **Betr.: Das Geheimnis, warum unsere Beratungsfirma Ex-Mitarbeiter feiert**

In unserem Beratungsunternehmen herrschte ein gnadenloses »Up-or-out-System«: Entweder stiegst du in kürzester Zeit zum Projektleiter, Juniorpartner und Partner auf – oder du bekamst ein Schild vor die Nase gehalten, auf dem in Fettdruck stand: »Hier hast du keine Zukunft: Such dir was anderes!«

Jeden Arbeitstag habe ich als Prüfungssituation erlebt. Das Motto hieß: »Sei besser als die anderen! Sonst bist du draußen!« 14-Stunden-Tage waren die Regel. Wie gut ich als Berater war, darüber urteilten nicht nur meine Vorgesetzten, sondern auch meine Kollegen. Doch wie wird jemand, der selbst zum Partner aufsteigen will, wohl einen direkten Konkurrenten bewerten? Es ging zu wie in einem Haifischbecken.

Diese knallharte Selektion führte dazu, dass sich der Bestand unseres Haifischbeckens alle vier Jahre (fast) komplett austauschte. Die Alten, oft erst Ende 20, gingen. Und die Jungen, Mitte 20, kamen. Das Firmengebäude blieb dasselbe. Doch die Gesichter, die man darin traf, waren neu. Nur die Partner blieben.

Gegen Ende meines vierten Jahres hat es dann mich erwischt: Mein Chef, einer der Partner, legte mir eine Zukunft »außerhalb unserer Firma« ans Herz. Das kam einer Entlassung gleich – auch wenn ich sie selbst per Kündigung zu vollziehen hatte. So war das hier üblich. Fast alle Kollegen, die mit mir angefangen hatten, waren bereits aussortiert worden.

Doch in den nächsten Jahren passierte etwas Überraschendes: Wir, die vor die Tür Gesetzten, wurden plötzlich als Familienmitglieder adoptiert, zu ausgelassenen Partys, exklusiven Reisen und kulturellen Veranstaltungen eingeladen. Sentimental wie auf einem Klassentreffen ging es dabei zu, das Haifischbecken wurde im Rückblick zum vergnüglichen Freibad verklärt. Und dieselben Partner, für die ich vorher der letzte Dreck war, begrüßten mich wie einen alten Freund, unterhielten mich mit Anekdoten und winkten, wenn sich mein Glas leerte, den Kellner mit der Flasche herbei.

Erst später habe ich auf einer solchen Party erkannt, warum Ex-Mitarbeiter so hoch im Kurs stehen: Mein Ex-Chef ließ sich alles über das Geschäftsfeld meiner neuen Firma berichten. Vielen Unternehmen in meiner jetzigen Branche, so erzählte er beiläufig, habe er zum Durchbruch verholfen. Und am Ende drückte er mir seine Visitenkarte in die Hand: »Vielleicht können Sie ja mal Ihrem Geschäftsführer ein Gespräch mit mir vorschlagen.«

Wir, die Aussortierten, wurden hier nicht als Ex-Kollegen gefeiert – man wollte uns vielmehr als Türöffner für neue Geschäftskontakte ausnutzen. Ich galt als Top-Kontakt, weil ich, anders als die meisten, bei einem Unternehmen angeheuert hatte, das noch nicht auf der Kundenliste stand. Mein Verdacht erhärtete sich, als ich von etlichen Ex-Kollegen hörte, dass mein ehemaliger Chef bei ihnen genau dieselbe Masche abgezogen hatte.

Wann immer mich seither eine Einladung meines Ex-Arbeitgebers erreicht, stecke ich sie lächelnd in den Papierkorb. Auch wenn es für einen Aufstieg zum Partner nicht gereicht hat: So blöd, mich für meinen Rauswurf mit der Vermittlung von Millionenaufträgen zu bedanken, bin ich dann doch nicht.

Philipp Ziegler, Abteilungsleiter (Energiewirtschaft)

Der Strohmann fürs Grobe

Ein Kasperletheater braucht das Krokodil – sonst schlafen die Kinder ein. Und ein Irrenhaus braucht Berater – sonst müsste der Direktor seine Mitarbeiter selber fressen. Schon mehrfach habe ich erlebt, dass ein Management über Monate gegrübelt hat: Wie schaffen wir es, Arbeitsplätze zu streichen, ohne dass uns die verbleibenden Mitarbeiter aufs Dach steigen? Die Entscheidung ist längst gefallen, wenn die Berater die Firma betreten. Die Frage lautet nur noch: Wie sag' ich's meinen Mitarbeitern?

Ein Irrenhaus-Direktor, der Einschnitte durchsetzen will, muss sie begründen und vertreten. Aber wenn er das eine nicht kann und das andere nicht will? Dann holt er sich willige, wenn auch nicht billige Strohmänner ins Haus.[37] Ein intellektuelles Kasperletheater: Die Entscheidung folgt nicht der Analyse – sondern die Analyse der Entscheidung.

Zum Beispiel habe ich bei einem Halbleiter-Hersteller verfolgt, wie eine Entlassungswelle angestoßen wurde. Der wahre Grund lag auf der Hand: Die Inhaber waren profitgierig. Aber die Berater taten alles, um dieses Motiv zu maskieren. In einer aufgeblasenen Analyse kamen die Personalkürzungen als »einzige zukunfterhaltende Maßnahme in einem sich kannibalisierenden Marktumfeld« daher.

Der Irrenhaus-Direktor, Zerstörer der gegenwärtigen Arbeitsplätze, spielte sich als Retter der künftigen auf. Das Alibi dafür wurde ihm als Maßarbeit von den eigens dafür bezahlten Unternehmensberatern geliefert. Das Ergebnis der Analyse verkündete er wie ein Stadionsprecher, der mit dem Zustandekommen des Resultates nichts zu tun hat. Wenn jetzt gebuht wurde, galt die Kritik den Beratern auf dem Entlassungsspielfeld – und nicht ihm!

Ein weiteres Kunststück der Chefetage besteht darin, schwere Fehler zu begehen, ohne sie später begangen zu haben. Zum Beispiel steht das Irrenhaus vor der Frage: Sollen wir unsere Logistik-kette komplett verändern? Flugs hüpfen die Berater-Heuschre-cken durchs Unternehmen, fressen sich den Kopf mit Halbwissen voll und spucken eine Analyse inklusive Empfehlung aus.

Solche »individuellen Empfehlungen« haben oft einen Fehler: dass sie nicht individuell sind. Die Berater erstellen ihre Analysen wie Karl-Theodor zu Guttenberg seine Doktorarbeit: Sie schrei-ben ab. Und zwar bei sich selbst! Warum die ganze Arbeit noch einmal machen, wenn es schon Analysen und Präsentationen gibt, die für Firmen derselben Branche in ähnlichen Fragen er-stellt wurden?

Der Maßanzug, der bestenfalls dem ersten Träger passt, wird dem vierten Träger wie ein Kartoffelsack übergestülpt. Was der Auftraggeber für »immense Erfahrung« hält, ist in Wirklichkeit immense Schlamperei. Und ein Großteil der Stunden, die dafür berechnet werden, wurde schon dreimal bezahlt.

Unternehmen sind komplexe Gebilde, in Jahrzenten gewach-sen, jedes mit einer eigenen Kultur. Eine Maßnahme, die in der einen Firma durchschlägt (weil sie zu ihr passt), kann in der ande-ren Firma derselben Branche versagen (weil sie nicht zu ihr passt). Wer Maßarbeit leisten will, muss vorher Maß nehmen und die Eigenarten einer Firma herausfinden. Aber dafür bleibt im Tages-geschäft der Beratung kaum Zeit. Der Altar, vor dem Berater be-ten, ist die Schnelligkeit.

Doch ganz egal, was die eiligen Berater zur Logistikkette auch empfehlen: Der Irrenhaus-Direktor folgt diesem Vorschlag wie einem Blindenhund. Darauf weist er ausdrücklich hin, wenn er den Berater vorschiebt, um unangenehme Neuerungen zu recht-fertigen. Es ist das Strohmann-Prinzip.

Nun gibt es zwei Möglichkeiten: Die Berater erzeugen einen Erfolg. Dann adoptiert der Direktor die Entscheidung sofort als sein eigenes Baby, schaukelt sie stolz im Arm und betont immer wieder, wie viel Mut und Innovationsgeist ihn das Unterfangen gekostet habe.

Doch meist tritt die zweite Möglichkeit ein: Die Firma prallt mit voller Wucht gegen ein Sackgassen-Schild. In diesem Fall beginnt eine verbale Hetzjagd auf die Berater, bei der sich der Irrenhaus-Direktor an die Spitze setzt. Jeden, der auf die Berater schimpft, umarmt er als seinen Bruder. Er tut so, als sei er hinters Licht geführt worden. Reumütig erklärt er, er hätte doch auf seine Intuition hören sollen, nicht auf die Berater (»Eigentlich war ich immer dagegen!«).

Wann immer er von der Entscheidung spricht, bezeichnet er sie als »schweren Fehler der Berater«. Er spekuliert darauf, dass ihn das hohe Geschäftsleitungs-Gericht nicht zur Kündigungs-Höchststrafe verurteilt, schließlich war er selbst Opfer einer Täuschung – und verdient mildernde Umstände.

Doch nicht nur als Strohmann und als Sündenbock, sondern auch als Alibi für Innovationen lassen sich Unternehmensberater missbrauchen. Das Unternehmen ist erstarrt, ein schlafendes Management hat alle Entwicklungen der letzten Jahrzehnte verpasst, die Rufe nach Reformen schwellen zu Sprechchören an, und die Aktionäre werden ungeduldig.

Was tut der Irrenhaus-Direktor, um für neue Farben im verblassten Gemälde seiner Firma zu sorgen? Er pfeift Unternehmensberater herbei, die durch alle Abteilungen stürmen und mit ihren Veränderungs-Pinseln willkürlich im Firmengemälde herumklecksen. Ganz egal, was sie verändern, ob sie das Organigramm umkrempeln, Outdoor-Schulungen anschieben oder ein »Kundenbindungsprogramm« ins Leben rufen: Kein Mensch weiß, ob die Maßnahmen etwas bringen (das wird erst in Jahren sichtbar) – aber der Irrenhaus-Direktor meint: Diese Veränderungen passieren so schnell und leuchten in so grellen Farben, dass der Markt sie einfach sehen muss.

Dieses Signal befriedigt die Kritiker: Wer sich beraten lässt, ist veränderungsbereit. Reformauftrag erfüllt! Entweder schlüpft der Direktor nun wieder in seine alten Stiefel und macht weiter wie bisher (weil ihm niemand mehr so genau auf die Finger schaut). Oder er stellt fest, dass die neuen Farben, die radikalen Veränderungen, das alte Geschäftsmodell unheilbar verpfuscht haben, ohne ein neues zu ergeben.

Dann könnte ihn nur noch ein Wunder retten. Oder eine neue Beratung.

§ 19 **Irrenhaus-Ordnung:** Manager haben mit den Entlassungsempfehlungen ihrer Berater so wenig zu tun wie ein Drehbuchautor mit den Dialogen seiner Schauspieler.

Berätst du noch – oder betrügst du schon?

Etliche Methoden, die mir der Ex-Berater Klaus Feumer beschrieben hat, gäben den Stoff für einen Wirtschaftskrimi her. Hier drei Beispiele für die Abzock-Maschen einiger Unternehmensberatungen:

Der Partner-Schwindel
Die Partner, sprich Inhaber der Firmen, schöpfen nicht nur den Gewinn durch ihre Berater ab, sondern stellen so oft wie möglich eigene Tagessätze in Rechnung. Das ist gar nicht so einfach: Für gewöhnlich tauchen sie nur zum Start und zum Abschluss eines Projektes beim Kunden auf. Den Rest der Zeit verschanzen sie sich in ihrem Büro.

Was sie dort tun, weiß niemand – weshalb sie alles Mögliche behaupten können. Klaus Feumer erzählt: »Einer meiner Partner hat es geschafft, sich zu klonen: Er hat pro Woche, also in fünf Arbeitstagen, zehn Tagessätze à 5000 Euro abgerechnet. Fünf Projekte hatte er gleichzeitig am Laufen, mit unterschiedlichen Firmen. Auf jedes Projekt hat er zwei Wochentage für ›Strategiearbeit‹ gebucht. Soweit ich weiß, hat er für keines dieser Projekte einen Finger krumm gemacht, er holte in dieser Zeit neue Aufträge ran.« 50 000 Euro für eine Null-Leistung – ein starkes Stück!

Den Unternehmensberatungen kommt dabei zugute, dass sie große Geheimniskrämer sind:

Wie ein heimlicher Bigamist sich mehrere Frauen hält, ohne dass eine etwas von den anderen weiß, hält sich der Partner einer Unternehmensberatung mehrere Kunden, ohne dass sie voneinander wissen. Jedem vermittelt er den Eindruck, ihm exklusiv seine Aufmerksamkeit zu widmen.

Wäre den Firmen im obigen Beispiel klar gewesen, dass der Partner zur selben Zeit jeweils vier weitere Projekte laufen hatte: Sein Schwindel wäre durchschaut, seine Rechnungen nicht beglichen worden.

Die Spesen-Masche

Eigentlich gelten Delikte, die mit Spesen zu tun haben, als »Kavaliersdelikte«. Eine Praktik, von der Klaus Feumer erzählt, muss allerdings als Großbetrug gelten. Dieser Sache kam er zufällig auf die Schliche: Erst wunderte er sich noch, als sein Chef ihn aufforderte, bei einer bestimmten Fluglinie und einer bestimmten Hotelkette möglichst teure Flüge und Zimmer zu buchen. Klar, der Kunde würde die Spesen bezahlen. Aber was hatte die Unternehmensberatung von einer möglichst *hohen* Spesenabrechnung?

Die Antwort drang ihm per Flurfunk ans Ohr: Mit beiden Anbietern gab es einen gestaffelten Rabattvertrag. Zum Jahresende sollten – je nach Gesamtumsatz – 30 bis 50 Prozent der bezahlten Flug- und Hotelkosten rückerstattet werden. »Von diesen Nachlässen hatten die Auftraggeber natürlich keine Ahnung«, sagt Klaus Feumer. »Sie haben die vollen Rechnungen an uns beglichen.«

Das Nebengeschäft hat sich rentiert: »Für jeden Euro, den wir ausgaben, flossen den Partnern 30 bis 50 Cent zu. Im Jahr war das sicher eine sechsstellige Eurosumme.«

Der Umlage-Trick

Wer eine Unternehmensberatung beauftragt, kann dadurch zum Sponsor von Veranstaltungen werden, die nichts mit seinem Geschäft zu tun haben. Klaus Feumer erinnert sich an einen internen Teamworkshop in einem Schweizer Luxushotel: »Ein Super-Hotel, feines Bankett, Blick auf die Alpen. Den ganzen Tag ging es um interne Themen, vor allem um Kommunikation. Mit unseren Kunden hatte der Tag nichts zu tun.«

Doch am Ende des Workshops gab einer der Partner die Anweisung: »Den heutigen Tag bitte auf den jeweiligen Kunden buchen – als Projektbesprechung.«

Und während die ahnungslosen Kunden des Beratungsunternehmens meinten, eine Sitzung in eigener Sache bezahlt zu haben, finanzierten sie einen internen Teamworkshop. Wahrscheinlich haben sie nicht nur die Tagessätze der Mitarbeiter, sondern auch noch die Anreisen und das Hotel bezahlt. Spesen in Alpenhöhe!

Ein Einzelfall? »Nein«, sagt Feumer, »es gibt viele Verschiebebahnhöfe für Spesen. Zum Beispiel werden die Verwaltungskräfte oft auf Projekte umgelegt, mit denen sie in Wirklichkeit gar nichts zu tun haben.« Und wenn sich ein Kunde dagegen wehrt? »Dann schreibt man den Posten einfach einem Kunden auf die Rechnung, der dafür bekannt ist, ohne weitere Nachfragen zu bezahlen. So wird das auch mit vielen Quittungen gemacht: Wer als unkritischer Zahler gilt, bekommt schon mal Kosten eines Projektes aufs Auge gedrückt, dessen Auftraggeber als Feilscher bekannt ist.«

Klaus Feumer stieg vor drei Jahren aus dem Beratungsgeschäft aus und arbeitet heute als Projektleiter für ein mittelständisches IT-Unternehmen. »Ich verdiene zwar weniger Geld als früher«, sagt er. »Aber dafür habe ich kürzere Arbeitszeiten. Und deutlich weniger Gewissensbisse!«

§ 20 **Irrenhaus-Ordnung:** Der Unterschied, ob ein Berater der Firma ein Bein oder eine Rechnung stellt, ist nur marginal. Wobei Stürze zu überleben sind – Kassenstürze weniger!

Irrenhaus-Sprechstunde 10

 **Betr.: Die fiesesten Tricks, mit denen
meine Firma Beratungsaufträge angelt**

Unser Beratungsunternehmen tut alles, um neue Aufträge an Land zu ziehen. Der beste Köder ist eine »Analyse der ungenutzten Potentiale«, kostenlos und unverbindlich. Erstaunlicherweise beißen viele Unternehmen an. Diese Analyse ist etwa so objektiv, als würden Sie Krombacher analysieren lassen, ob Sie einen Kasten Bier kaufen sollen. Unser Ergebnis ist immer dasselbe: Die Firma hat sich genau zur richtigen Zeit an uns gewandt – der Beratungsbedarf ist gigantisch.

Wie man einem Unternehmen ungenutzte Potentiale vorgaukelt? Man begleitet einen Mitarbeiter durch seinen Arbeitstag und notiert, welche Zeiten er mit welchen Aufgaben verbringt – zum Beispiel steht er an diesem Tag eine halbe Stunde am Kopierer, was er schimpfend als »typisch« bezeichnet. Diese Zahlen rechnet man hoch und malt der Geschäftsleitung ein Schreckgespenst an die Wand: »Wissen Sie eigentlich, dass jeder Ihrer hochbezahlten Ingenieure pro Jahr rund 100 Stunden mit Kopieren verbringt? Und das nur, weil der Arbeitsfluss schlecht organisiert ist!«

Um das Gespenst weiter aufzublasen, wird dieses Ergebnis auf alle 2000 Ingenieure übertragen: »Da gehen Ihnen pro Arbeitsjahr 200 000 Ingenieursstunden verloren. In fünf Jahren sind das eine Million Stunden. Diese Zeit fehlt bei den Innovationen! Der Work-Flow muss unbedingt optimiert werden.«

Natürlich sind solche Analysen Unfug. Wer schließt denn aus, dass die Ingenieure ihre besten Ideen beim Kopieren haben? Was in solchen Analysen als »Leerlauf« dargestellt wird, sind oft förderliche Denkpausen. Aus der Fachliteratur ist bekannt, dass Kaffeepausen ein ideales Klima für Kommunikation und Innovation bieten. Aber das sagen wir unseren Auftraggebern besser nicht!

Um einen Auftrag an Land zu ziehen, müssen wir Eindruck schinden. Deshalb werden zu der Analyse der Firmen immer die Top-Leute geschickt: die Branchenkenner, die Eloquenten, die Beziehungsknüpfer. In derselben Geschwindigkeit, wie eine Nähmaschine einen Faden abwickelt, wickeln sie die Auftraggeber um den Finger. Der Kunde fasst Vertrauen, unterschreibt den Beratungsvertrag.

Aber der Kunde ahnt nicht, was jetzt geschieht: Jenes flotte A-Team, das er bislang gesehen und seiner Meinung nach engagiert hat, wird durch eine lahme B-Mannschaft ersetzt (bis auf ein, zwei Ausnahmen). Anstelle der Routiniers schlagen die Neulinge auf, anstelle der Branchenkenner die Branchenfremden. Die besten Leute werden benötigt, um neue Aufträge zu gewinnen.

Und so wird eine überflüssige Beratung von einem zweitklassigen Team ausgeführt. Welches Ergebnis dabei herauskommt, kann sich jeder ausrechnen. Krombacher würde sagen: »Prost, Mahlzeit!«

Jens Schwarz, Unternehmensberater

 Betr.: Wie unser Einkauf das Opfer einer Unternehmensberatung wurde

Erst dachte ich mir, wir hätten ein paar neue Uni-Praktikanten im Haus, als ein paar Typen von Mitte 20 in unserem Großraumbüro auftauchten. Als ich noch mal hinsah, wurde ich stutzig: Kein Praktikant hätte sich im Hochsommer mit einem Schlips gequält. Ich hörte: Das waren Unternehmensberater. Die Geschäftsführung hatte sie engagiert, um »interne Prozesse zu optimieren«. Aber was qualifizierte diese Jungs, die offenbar noch grün hinter den Ohren waren, zur Beratung eines etablierten Unternehmens?

Jedenfalls sahen sie uns ein paar Wochen auf die Finger, führten Einzelinterviews und machten dann einen Vorschlag, der etwa so realitätsnah war wie Peterchens Mondfahrt: Zwei Abteilungen, der Einkauf (in dem ich arbeitete) und der Vertrieb, sollten zu einer Einheit verschmolzen werden. Zuletzt hatte es immer öfter gekracht zwischen beiden. Warum dann nicht *eine* Familie daraus machen?

Aber eines hatten die Berater nicht verstanden: Die Spannungen zwischen Einkauf und Verkauf waren produktiv. Zum Beispiel drängten wir Einkäufer darauf, große Mengen eines Produktes zu ordern, um größere Rabatte zu bekommen. Hingegen wehrten sich die Vertriebler gegen solche Großbestellungen, weil sie dadurch unter Verkaufsdruck gerieten. Oder: Während wir das Sortiment gerne variierten, auch um unsere Position gegenüber den Lieferanten zu stärken, wollte der Vertrieb die bewährten Produkte bis zum Sankt-Nimmerleins-Tag verkaufen. Meist trafen wir uns nach längeren Auseinandersetzungen in der Mitte. Diese Reibereien kosteten Nerven, brachten aber gute Ergebnisse für die Firma.

Und jetzt das: Auf Vorschlag der Berater-Bubis entstand eine Doppelabteilung. An die Spitze wurde der Vertriebsleiter gehoben. Mein Chef, der Einkaufsboss, wurde zum Stellvertreter degradiert.

Die Vertriebler maßen dem symbolische Bedeutung bei: Sie sahen sich als Kriegsgewinner. Gegen die Art, wie sie mit uns umsprangen, war der Versailler Vertrag ein freundlicher Handshake. Keine Einkaufsentscheidung konnte ich mehr fällen, ohne dass der Vertrieb sich einmischte. Weil die Einkaufsmengen sanken (was unser neuer Chef durchsetzte), stiegen die Preise. Unser Sortiment schrumpfte zusammen, denn die Vertriebler kickten etliche Produkte, die wenig Provision abwarfen, aus dem Angebot. Dafür nahmen sie Produkte mit hoher Provisionsspanne auf. Nicht auf die Wünsche unserer Kunden, nicht auf die Interessen unserer Firma, nur auf die persönlichen Vorteile der Vertriebler kam es noch an.

Ein Jahr später enthüllten die Geschäftszahlen ein Desaster: Obwohl der Markt anzog, hatten wir im ersten Jahr nach der Abteilungsfusion das Vorjahresergebnis unterschritten. Die Geschäftsleitung hob die Zwangsehe zwischen den beiden Abteilungen wieder auf. Doch das Verhältnis blieb zerrüttet.

Und die Unternehmensberater, die uns in diese schwierige Situation gebracht hatten? Sie waren schon längst in den Weiten des Marktuniversums verschwunden. Mir kam es vor, als hätten sie uns eine Zeitbombe ins Büro gerollt. Die Explosion tangierte sie nicht mehr.

Mellissa Golden, Einkäuferin

Betr.: Warum Berater-Papageien mehr Gehör als Mitarbeiter finden

Seit Jahren lagen wir unserer Verlagsleitung in den Ohren: Wir wollten ein neues Redaktionssystem. Die Zusammenarbeit zwischen Redakteur, Schlussredakteur und Grafiker hakte, weil unser System nicht mehr auf dem neusten Stand war. Wir verplemperten viel Zeit bei der Produktion. Noch dazu wirkte das Layout unseres Blattes altmodisch.

Doch unser Wunsch prallte an der Verlagsleitung ab. Man sah das, was für uns eine Notwendigkeit war, als unverschämte Forderung. »Das alte Redaktionssystem reicht völlig aus«, wurde uns mehrfach beschieden.

Dann kam eine Unternehmensberatung in unseren Verlag, um »Optimierungspotentiale« zu sichten. Die Berater führten Gespräche mit Redakteuren und Grafikern. Dabei hallte ihnen sofort der vielstimmige Wunsch nach einem neuen Redaktionssystem entgegen. Sie, offenbar branchenfremd, ließen sich erklären, warum die Anschaffung so wichtig war. Dann kleideten sie dieses Anliegen in eine wichtigtuerische Analyse, wahrscheinlich voller Effizienz-Vokabeln, und gaben es an die Geschäftsführung weiter. Ich wette, sie haben es als ihre eigene Idee verkauft.

Und siehe da: Dieselben Türen, gegen die wir vergeblich angerannt waren, flogen in Windeseile auf. Sechs Wochen später bekamen wir ein neues Redaktionssystem. *Unser* Wunsch war von der Verlagsleitung als Hirngespinst gewertet worden. Die Empfehlung der Unternehmensberatung, die viel Geld kostete, kam dagegen wie ein Wink des Himmels an. Der Verstand wurde nicht im Unternehmen vermutet (dort sind ja nur Mitarbeiter!), sondern außerhalb (dort sind Berater!).

Mit dem neuen Redaktionssystem bekamen wir die Gewissheit: Unser Wort war den Oberbossen nichts wert. Außer, ein paar Berater-Papageien plapperten es nach. Dann galt es als weise und zukunftsweisend.

Anja Vier, Redakteurin

6.
Führung mit Knall:
Bombenchefs im Einsatz

Chefs können nicht alles richtig machen! Das ist wahr. Aber müssen sie deshalb gleich alles falsch machen? In diesem Kapitel erfahren Sie …

- warum viele Chefs keine eigene Meinung haben, nur einen eigenen Vorgesetzten,
- wie sich ein Irrenhaus-Direktor über seinen Mitarbeiter so lange lustig machte, bis er selbst zum Gespött der Nation wurde,
- wie ein Vorgesetzter seine Flensburger Punkte an einen Mitarbeiter delegierte
- und wie Ihr eigener Boss beim großen »Chefidioten-Test« abschneidet.

Der Chef ohne Gewähr

Für alles, was der kaufmännische Leiter Jan Kramer sagte, galt dasselbe wie für die Lottozahlen: Es war ohne Gewähr. Mit derselben Ernsthaftigkeit, mit der er heute eine neue Strategie ansagte, konnte er am nächsten Tag das Gegenteil behaupten. Seine Meinung wechselte er wie bei Michael Schanzes alter Kindersendung »1, 2 oder 3«: In letzter Sekunde sprang er noch auf ein anderes Meinungsfeld. Er stand immer dort, wo er den lautesten Applaus der Geschäftsführung erwarten konnte.

Einmal hatte ein Zulieferer zum wiederholten Mal seine Termine verfehlt. Die Mitarbeiter der Abteilung waren sauer, denn die Fehler blieben an ihnen hängen. Jan Kramer stimmte in diesen Chor ein und versprach: »Den Zulieferer nehme ich ins Gebet. Noch diese Woche lade ich den Produktionsleiter vor und zieh' ihm die Ohren lang.«

Aber das Donnerwetter blieb aus; keiner der Verantwortlichen des Zulieferers wurde gesehen. Im Gegenteil, die Mitarbeiter bemerkten, dass sich beim nächsten Projekt schon wieder eine Verspätung anbahnte. Die Industriekauffrau Irene Kloß (34) sprach ihren Chef deshalb an: »Was ist denn jetzt mit dem Anpfiff für den Zulieferer?«

Er tat erstaunt: »Anpfiff? Wir müssen doch froh sein, dass wir einen so kompetenten Partner haben.«

Irene Kloß traute ihren Ohren nicht und erinnerte ihn an seine eigenen Worte: »Aber die Verspätung – Sie wollten denen doch die Ohren langziehen.«

»Haben Sie denn eine Alternative in der Tasche? Eine andere Firma, die von heute auf morgen die Aufträge übernehmen könnte? Ich nicht!«

»Aber ich möchte, dass Termine eingehalten werden.«

»Das möchte ich auch. Und deshalb brauchen wir ein Klima der Kooperation und nicht der Konfrontation.«

Wieder war er in letzter Sekunde auf ein neues Meinungsfeld gesprungen. Offenbar hatte ihn die Geschäftsführung zur Milde gegenüber dem Zulieferer gemahnt (der Bruder eines Vorstands arbeitete dort in leitender Position).

Dieses Muster kannten seine Mitarbeiter zu gut! Hatte er nicht monatelang gepredigt, alle Kernaufgaben in der Abteilung zu lassen und nichts auszulagern? Und war er, der größte Auslagerungsgegner, dann nicht aus einer Managementsitzung als der glühendste Auslagerungsverfechter zurückgekehrt? Mit ernster Miene schwärmte er den Mitarbeitern vor: »Je mehr wir auslagern, desto mehr Zeit bleibt uns für die Kernaufgaben. Wir werden dadurch unentbehrlicher, nicht überflüssig!«

Unberechenbar wie eine Naturkatastrophe, das sind viele Irrenhaus-Direktoren. Wer für sie arbeitet, kann jederzeit von einem Entscheidungsblitz erschlagen, von einer Prozesslawine verschüttet oder von einer Etatdürre ausgetrocknet werden. Ohne Vorwarnung.

Warum machen die Wendehälse in den Irrenhäusern Karriere? Weil ihnen nichts im Weg steht, am wenigsten ihr Charakter; und weil sie ihre Meinung so lange wechseln, bis sie kein Millimeter mehr von der obersten Irrenhaus-Direktion trennt.

Einmal war ich Zeuge, als ein leitender Manager in einem Training einen unteren Chef fragte: »Für unsere Strategie sehe ich zwei Möglichkeiten: Wir erhöhen die Preise und verkauften dieselbe Menge. Oder wir senken die Preise ab und verkaufen deutlich mehr. Was sollen wir tun?«

Der Nachwuchsmanager schaute den Irrenhaus-Direktor mit dem forschenden Blick eines Gedankenlesers an. Leise, fast flüsternd, sagte er: »In der Tat würden reduzierte Preise vielleicht zu einer größeren Nachfrage führen.« Er pausierte und studierte das Gesicht des Direktors. Dort zogen auf der Stirn grimmige Falten auf.

Der Nachwuchsmanager erkannte das Zeichen und sprang rasch auf das andere Meinungsfeld: »Aber viel besser wäre es natürlich, wir würden eine Preiserhöhung durchsetzen und auf derselben Qualitätsschiene wie bisher bleiben.«

Doch der Direktor gab sich noch nicht zufrieden: »Und bis wann sollte das geschehen?« Wieder setzte der Jungmanager vorsichtig einen Fuß auf ein Meinungsfeld: »Einige Leute sagen ja, man könne das schon in wenigen Monaten schaffen.« Ein winziges Nicken verriet den Direktor. Der junge Mann zog den anderen Fuß blitzschnell auf dasselbe Feld nach und fügte selbstsicher hinzu: »Wir sollten zupackend agieren und die Preiserhöhung schnell in die Wege leiten.«

Ich musste an Scott Adams denken, den Autor des Dilbert-Prinzips, der die kommunikativen Eiertänze der Führungskräfte so erklärt: Erst wenn man sich auf etwas festlegt, kann man unrecht haben![38]

Aber wo sind die gewachsenen Führungspersönlichkeiten geblieben? Die Überzeugungstäter, die sagen, was sie denken, und denken, was sie sagen? Die Gradlinigen, die eine Dummheit noch eine Dummheit nennen, auch wenn sie von oben kommt? Die Kritischen, die Mitarbeiter nach ihrem Ebenbild schätzen, mit Mut zum Widerspruch und zur eigenen Meinung – und nicht bloß charakterbefreite Kopfnicker?

Das System reproduziert sich selbst. Wen befördert ein Irrenhaus-Direktor, der die Tatsache, dass er selbst kein Rückgrat hat, mit Flexibilität verwechselt? Den Anpassungskünstler. Und wen befördert er allenfalls vor die Tür? Den Charakterfesten.

Irrenhaus-Mitarbeiter werden zu Papageien dressiert. Wer bei diesem Spiel nicht mitmacht, wird abgestempelt als Spielverderber, als Quertreiber, als Außenseiter. Das gilt auch in der Politik, wie der verdiente CDU-Abgeordnete Wolfgang Bosbach erfahren musste.[39] Er weigerte sich, für den Euro-Rettungsschirm zu stimmen. Worauf ihn Ronald Pofalla, Pitbull der Kanzlerin, beim Verlassen einer Sitzung anfiel: »Ich kann deine Fresse nicht mehr sehen!« Bosbach verwies auf das Grundgesetz. Kanzleramtsminister Pofalla antwortete: »Lass mich mit so einer Scheiße in Ruhe!«

Wer auf sein Gewissen hört, das sich natürlich irrt, und nicht auf seine Chefin, die natürlich recht hat, verdient offenbar eine Abreibung! Selbstverständlich verzichtete Irrenhaus-Direktorin Angela Merkel darauf, sich von den Unflätigkeiten ihres Ministers zu distanzieren – worin für mich der eigentliche Skandal besteht. Dass Bosbach bekanntermaßen schwer an Krebs erkrankt war, machte den Angriff auf ihn nicht appetitlicher.[40]

Mitlaufen ist gefragt – Mitdenken weniger. Aber sind diese kritischen Mitarbeiter nicht die kostbarsten? Sind es nicht sie, die wie die Rauchmelder anschlagen, wenn Entscheidungen anbrennen? Wäre es nicht der beste Schutz gegen einen Flächenbrand der Dummheit, ihre Stimme zu hören, auch im Führungskreis? Und ist es nicht lebensgefährlich für ein Unternehmen, diesen Brandmelder als Korrektiv einfach auszuschalten – während die Flammen weiterzüngeln?

Schon manches Mal habe ich von Irrenhaus-Direktoren die Klage gehört: »Diese Abteilung ist wie ein Schlafwagen – da ist die Motivation gleich null.« Meine Lieblingsfrage lautet dann: »Wie schaffen Sie es, die Motivation Ihrer Mitarbeiter derart einzuschläfern?«

Ständige Kurswechsel und krankhafter Anpassungszwang sind meist Teil der Rezeptur!

> **§ 21 Irrenhaus-Ordnung:** Das Wort eines Chefs gilt für die Ewigkeit. Als Ewigkeit gilt dem Chef eine Minute.

Die schwarze Management-Sieben

Der eine faltet seinen Mitarbeiter vor laufenden Kameras zusammen. Der andere zeigt vor Gericht keine Reue, sondern das Victory-Zeichen. Und wieder ein anderer verschickt im selben Briefumschlag einen Weihnachtsgruß und eine Kündigung: Irrenhaus-Direktoren sind Meister darin, ihre Mitarbeiter vor den Kopf zu stoßen und ihr Unternehmen zu schädigen. Hier lesen Sie die schwarze Sieben der Führungsfehler – für Irrenhaus-Direktoren zum Nachmachen, für vernünftige Menschen zum Kopfschütteln.

1. Hör bloß nicht auf Mitarbeiter!

Wer merkt zuerst, wenn ein Geschäftsmodell nicht funktioniert? Wer hat täglich mit den Kunden zu tun, hört deren Rückmeldungen? Wer sieht blitzschnell, wenn es in der Produktion eine Verspätung gibt? Immer die Mitarbeiter!

Und auf wen hören die Manager am wenigsten, wenn sie wichtige Entscheidungen fällen, Termine zusagen, Bewährtes auf den Kopf stellen? Auf die Mitarbeiter.

Zum Beispiel beschloss die Zentrale einer großen Einzelhandelsfirma, auf dem Parkplatz einer Kleinstadt-Filiale künftig nur noch eine Parkzeit von 45 Minuten zu gestatten. Jeder Kunde musste eine Parkscheibe in die Windschutzscheibe legen. Wer das versäumte oder zu lange parkte, wurde gnadenlos abgeschleppt.

Eine Mitarbeiterin berichtet mir: »Wir haben sofort protestiert. Uns war klar, dass die Kunden im Zweifel nicht nur bei den Supermärkten der Konkurrenz parken, sondern auch dort einkaufen würden.« Doch die Irrenhaus-Direktoren in der Zentrale schüttelten die Bedenken ihrer Mitarbeiter ab.

So kam es zu dramatischen Szenen: Die Autos von langjährigen Kunden, die das Geschäft gerade erst betreten hatten, wurden vor ihren Augen abgeschleppt – weil sie die Parkscheibe vergessen hatten. Die Kunden waren stocksauer. Der Parkplatz wurde leerer. Die Gänge im Supermarkt auch.

Drei Monate nach der neuen Regelung war der Umsatz eingebrochen. Was den Mitarbeiter nicht gelungen war, gelang den Zahlen: Sie überzeugten das Management. Unbegrenztes Parken wurde wieder erlaubt.

2. Predige Wasser, saufe Wein!

Wenn ein König Gesetze erlässt, gelten sie immer nur fürs Volk, nie für ihn selbst. Ich kenne Chefs, die von ihren Mitarbeitern absolute Transparenz bei der Arbeit erwarten, ihren eigenen Computer aber mit drei Passwörtern sichern, damit bloß kein Mitarbeiter an ihr Herrschaftswissen gelangt. Ich habe Manager erlebt, die mit ernster Miene ein Frühverrentungsprogramm für Mitarbeiter verkündeten, sich selbst als 65-Jährige aber wie selbstverständlich ausklammerten. Und ich beobachtete Irrenhaus-Direktoren, die ihre Mitarbeiter dazu aufforderten, den Gürtel enger zu schnallen, während sie selbst mit dem Firmenjet reisten, ihren Bonus erhöhten und sich in der Chefetage den roten 50 000-Euro-Teppich auslegen ließen.

Jede Diskrepanz zwischen Worten und Taten führt dazu, dass Mitarbeiter mit Trotz und Sarkasmus reagieren. Dann sparen sie nicht mit dem Geld der Firma, nur mit dem eigenem Engagement.[41]

3. Hau ihnen Kritik um die Ohren!

Der Chef müsste bester Laune sein: Er hat gute Zahlen zu verkünden! Der Konferenzraum ist voll mit Besuchern. Doch als der Vorgesetzte hört, sein Mitarbeiter, Herr O., habe ein Papier noch nicht ausgeteilt, verengen sich seine Augen zu Schießscharten: »Tja, das hatte ich gerade vor 20 Minuten gesagt: Es wäre schön, wenn die Zahlen verteilt wären.«

Der Versuch des Mitarbeiters, sich zu erklären, wird vom Chef abgewürgt: »Herr O., reden Sie nicht, sorgen Sie dafür, dass die Zahlen jetzt verteilt werden.« Der Chef kündigt an, die Konferenz bis dahin zu verlassen. Im Abdrehen raunzt er O. an: »Sorry! Ich hatte Ihnen die Wette angeboten, Sie werden sie nicht verteilt haben. Vor einer halben Stunde.« Dann geht er, lässt seinen Mitarbeiter mit den Besuchern allein.

20 Minuten später kommt der Chef in den Raum zurück. Sofort drischt er wieder auf seinen Mitarbeiter ein, der gerade die neuen Unterlagen organisiert. »Wir warten, bis der O. da ist, er soll den Scherbenhaufen schon selber genießen.« Herr O. eilt her-

bei, teilt das Papier aus und erläutert den Konferenzteilnehmern die »Neuerungen«. Doch sein Chef übergießt ihn mit Hohn: »Wenn Sie bisher nix verteilt hatten, ist's auch keine Neuerung.«[42]

Eine alltägliche Irrenhaus-Szene zwischen Chef und Mitarbeiter – nur dass diesmal ein paar Millionen Zuschauer die verbale Hinrichtung verfolgten. Denn der Chef hieß Wolfgang Schäuble, seines Zeichens Finanzminister. Der Mitarbeiter war sein Pressesprecher Michael Offer. Und die Konferenz war eine Pressekonferenz.

Später eierte Schäuble in einem Interview herum: »Bei aller berechtigten Verärgerung habe ich vielleicht überreagiert.«[43] Michael Offer, vor den Augen der Nation gedemütigt, ließ sich aus dem Amt des Pressesprechers entlassen.

Zwar hat George Orwell einmal geschrieben: »Freiheit ist das Recht, anderen zu sagen, was sie nicht hören wollen.« Aber man kann diese Freiheit auch übertreiben! Gleich vier kapitale Führungsfehler hat der Irrenhaus-Direktor Schäuble begangen: Der erste war, dass er seinen Mitarbeiter in der Öffentlichkeit kritisierte. Gute Führungskräfte loben in der Gruppe und kritisieren unter vier Augen. Niemals darf Kritik an einem Mitarbeiter zum Kunden oder in die Öffentlichkeit dringen.

Der zweite Fehler bestand darin, *wie* er kritisiert hat: nicht sachlich, sondern menschenverachtend. Er bot Wetten gegen seinen Mitarbeiter an, bezichtigte ihn als Verursacher eines »Scherbenhaufens« und schlug verbal so lange unter die Gürtellinie, bis von »Herrn Offer« nur noch »der Offer« übrig war. Menschenwürde ade!

Drittens hat er die 20 Minuten zwischen den beiden Vorfällen nicht genutzt, um seinen Ausraster zu reflektieren; er ging sofort wieder auf den Mitarbeiter los. Beim Führen gilt dasselbe wie beim Sport: Im Eifer des Gefechts kann *ein* Foulspiel passieren. Dafür gibt's die gelbe Karte. Wer aber nachtritt – also nicht fahrlässig, sondern vorsätzlich den anderen verletzt –, muss *immer* die rote Karte sehen.

Und viertens hat Wolfgang Schäuble das Format gefehlt, sich nachträglich zu entschuldigen. Seine Pseudo-Reflexion »Bei aller berechtigten Verärgerung habe ich vielleicht überreagiert« wird von drei Wörtern dominiert: »berechtigte Verärgerung« und »vielleicht«. Sicher ist seiner Meinung nach, dass er ein Recht hatte, sich über den Mitarbeiter zu ärgern. Ungewiss ist, ob er überhaupt zu heftig reagiert hat (»vielleicht«).

Doch wer wurde zum Gespött der Nation? Nicht Michael Offer, der Verspottete, sondern Wolfgang Schäuble, der Spottende. Die Menschen im Land sahen Schäubles Verhalten als Kostprobe schlechten Charakters, als Totalversagen einer Führungskraft. Warum kam der Minister, eigentlich ein heller Kopf, nicht zu derselben Erkenntnis? Wie gering muss seine Einfühlung für den Mitarbeiter, wie groß sein Realitätsverlust sein?

Dahinter steht ein grundsätzliches Führungsproblem, auf das der Psychologe Daniel Goleman hinweist: Je höher der Rang einer Führungskraft – siehe Minister Schäuble –, desto größer die Wahrscheinlichkeit, dass sie sich selbst überschätzt.[44] Weil dem Chef niemand mehr sagt, was er alles falsch macht, geht er davon aus, er mache alles richtig – ein idealer Nährboden für Selbstüberschätzung. Und Führungsversagen.

4. Verzichte auf Fingerspitzengefühl!

Dieses Bild hat jeder noch im Kopf: Deutsche-Bank-Chef Josef Ackermann, der wegen des Verdachts auf Untreue vor Gericht steht, setzt ein Siegerlächeln auf und posiert vor den Kameras mit dem Victory-Zeichen.[45] Als wäre er Teilnehmer eines fröhlichen Faschingsumzugs. Dabei ging es im Mannesmann-Prozess um ein ernstes Thema: die Rechtmäßigkeit von millionenschweren Abfindungszahlungen.

Vielen Chefs fehlt das, was man gemeinhin als Fingerspitzenge-
fühl bezeichnet. Auch der Ackermann-Vorgänger Hilmar Kopper
bewies die Sensibilität einer Planierraupe: Die millionenschweren
Schäden durch den Immobilienbetrüger Jürgen Schneider, ermöglicht durch leichtfertige Bankkredite, bezeichnete er locker und
flockig als »Peanuts« – während etliche Handwerker auf offenen
Rechnungen saßen und um ihre Existenz kämpften. Damit hatte
er 1994 das Unwort des Jahres in die Welt gesetzt.[46]

Genauso unsensibel geht es in den Irrenhäusern bei der Mitar-
beiter-Führung zu, sogar noch beim letzten Akt. Eine Betriebswirtin, die für ein mittelständisches Unternehmen tätig war, schreibt
mir: »Meine Firma hat ihrer Briefpost im Dezember grundsätzlich
ein Blatt mit einem Weihnachtsgedicht hinzugefügt. Das sollte
eine nette Geste sein. Auch ich habe dieses Gedicht aus dem Umschlag gezogen. Dann holte ich das zweite Blatt heraus – es war
meine Kündigung!«

Solche Szenen wirken auf das Image des Unternehmens wie
Gift auf einen Brunnen. Denn die Mitarbeiter sind es, die sich
gegenüber den Kunden für ihre Chefs rechtfertigen müssen. Wie
soll der Bankangestellte seinem Kunden glaubhaft erklären, dass
er ihm einen Kredit von 50 000 Euro verweigert – wenn doch sein
oberster Chef große Millionensummen als »Peanuts« bezeichnet?

5. Lass die faulen Säcke schwitzen!

Der ZEIT-Redakteur Stefan Willeke beschreibt in seiner Reportage »Felix im Unglück« eine Szene, die sich im Juli 2008 im
schweizerischen Thun abspielte.[47] Der Fußballtrainer Felix Magath habe nach dem Mittagessen verkündet: ›Heute kein Training,
heute ein Ausflug mit Kaffee und Kuchen.‹ Magath empfahl,
Trainingssachen anzuziehen, man wisse ja nie. Als die Spieler
glaubten, sie würden gleich in die Seilbahn steigen, erklärte ihnen
Magath, dass sie den Berg hochlaufen würden, bis zur Gipfelsta-

tion auf 2362 Metern Höhe. Nicht gehen, laufen. Sie liefen zweieinhalb Stunden lang, nur bergauf. Auch Magath rannte mit, am Ende der Gruppe. Der Stürmer Grafite brach kurz vor dem Ziel zusammen und wurde auf einer Trage ins Tal gebracht. Anderen Spielern liefen Tränen aus den Augen, als sie an der Berghütte eintrafen, wo es endlich Kaffee und Kuchen gab.

Rückblickender Kommentar eines Fußballers: »Wir Spieler hatten ein gemeinsames Feindbild. Das verbindet.«

Für einen solchen Chef gehen die Mitarbeiter durchs Feuer – unfreiwillig, weil er sie durch die Hölle scheucht! Solche Irrenhaus-Direktoren laden ihnen so viele Arbeiten auf den Rücken und muten ihnen so viel Kritik zu, bis die Mitarbeiter, wie der Stürmer Grafite, zusammenbrechen. Oder bis sie, was auch regelmäßig passiert, aus dem Fenster der Firma springen; jeder fünfte Selbstmord geht nach einer Studie des TÜV Rheinland auf Probleme im Beruf zurück.[48]

Haben diese Irrenhaus-Direktoren je davon gehört, dass die hohe Kunst des Führens darin besteht, »freiwillige Gefolgsleute« hinter sich zu versammeln?[49] Dass Mitarbeiter die besten Leistungen nicht dann vollbringen, wenn man sie anpeitscht, sondern wenn man positive Erwartungen in sie setzt und ihnen Gestaltungsräume lässt?

Die Mitarbeiter rächen sich auf ihre Weise: Ihr angespannter Leistungsmuskel erschlafft, sobald ihnen der Mann mit der Peitsche den Rücken zudreht. Und sie verpassen ihm einen Spitznamen, Magath heißt unter seinen Spielern nicht mehr Felix, sondern »Quälix«.

6. Pfeif auf die Moral!

Viele Manager konzentrieren sich nicht mehr auf die Werte des Unternehmens, nur noch auf seine kurzfristige *Wertentwicklung*. Wo mal eine Unternehmenskultur war, wird ein Basar der Beliebigkeit eröffnet. Als richtig gilt, was der Firma (scheinbar) nützt.

Die Mitarbeiter zahlen die Zeche, nicht nur bei Entlassungswellen: Da spioniert die Telekom das Liebesleben einer kroatischen Managerin aus, die zur dortigen Niederlassung wechseln will. Da durchschnüffelt die Deutsche Bahn private Daten von 173 000 Angestellten, angeblich um Korruption zu bekämpfen. Da stellt der Textildiscounter Kik zwischen 2008 und 2009 mehr als 49 000 Anfragen bei der Auskunfts-Datei Creditreform, um seine Nase in die Finanzen seiner Mitarbeiter zu stecken.[50] Und da erfasst der Discounter Lidl heimlich die unerfüllten Kinderwünsche und Psychologen-Besuche seiner Mitarbeiter, obwohl er der Belegschaft in seiner peinlichen Firmenhymne noch vorgegaukelt hatte: »Mein Chef steht zu mir, weil ich bin, wie ich bin / Und er baut mich auf, das bringt uns alle gut drauf.«[51]

Die mangelnde Unternehmensmoral gilt als Hauptgrund, warum die durchschnittliche Lebenserwartung einer Firma nur bei 12,5 Jahren liegt.[52] Etlichen Managern ist das Schicksal ihres Unternehmens völlig egal, für sie ist es nur ein Durchreisebahnhof: aussteigen, Staub aufwirbeln, in die nächste Firma abreisen.[53] Bis die verbrannte Erde sichtbar wird, die ihr Wirken hinterlässt, sieht man von ihrem Zug nur noch die Schlusslichter.

Dagegen fallen die »Hidden Champions«, erfolgreiche Mittelständler mit einer soliden Unternehmenskultur, durch eine ganz andere Zahl auf: Bei ihnen verweilt der durchschnittliche Unternehmenslenker 20 Jahre.[54]

Nur der Wertekompass kann den Weg zu einem langfristigen Firmenerfolg und zu einem guten Klima für Mitarbeiter weisen. In Irrenhäusern fehlt er.

7. Lass nur Wichtiges an dich heran, keine Mitarbeiter!

Eines Tages hatte der Versicherungsmanager die Nase voll: Er ließ die Türklinke seines zweiten Büroeingangs einfach abmontieren. Immer wieder hatten es Mitarbeiter gewagt, diese Abkürzung zu ihm zu nehmen, unter Umgehung des regulären Dienstweges. Der führte durchs Vorzimmer, ein modernes Fort Knox. Mitarbeiter wurden stets mit Terminen abgespeist, die so weit in der Zukunft lagen, dass die Kalender dafür erst noch gedruckt werden mussten.

Dieser Manager sah seine eigentliche Aufgabe nicht in der Führung von Mitarbeitern. Nein, das hielt ihn nur vom Eigentlichen ab. Er sah sich als hauptberuflichen Meeting-Teilnehmer, der an Strategien strickte und pausenlos seinem eigenen Chef bewies, was für ein toller Kerl er war.

Einer der Hauptgründe, warum gesonderte »Mitarbeitergespräche« in deutschen Firmen stattfinden: damit Irrenhaus-Direktoren und Insassen wenigstens einmal pro Jahr ein längeres Gespräch über Ziele und Werte führen. Der Austausch, der im Alltag stattfindet, hat etwa so viel Tiefgang wie ein Surfbrett.

Dabei zeichnet sich eine effektive Firma gerade dadurch aus, dass nicht die Organisation, sondern das Individuum im Mittelpunkt steht; dass es Eigeninitiative fördert, individuelle Kompetenzen ihrer Mitarbeiter ausbaut und »gewöhnliche Menschen zu ungewöhnlichen Leistungen« anspornt.[55]

> **§ 22 Irrenhaus-Ordnung:** Es gibt viele missliche Umstände, die einen Manager von der Arbeit abhalten: den Gallenstein, das Magengeschwür und den Mitarbeiter. Die ersten beiden Probleme gelten als lösbar.

 **Betr.: Wie ich die Flensburger Punkte meines Chefs übernahm**

Unser Chef trug den Beinamen »Bleifuß«. Mit quietschenden Reifen jagte er seinen Dienst-BMW über die Straßen. Das Bremspedal ignorierte er, ebenso die Schilder mit den Geschwindigkeitsbegrenzungen. Fahrten mit ihm galten als Himmelfahrtskommando. Wer noch kein Testament hatte, war gut beraten, vorher eines zu machen.

Lebhaft kann ich mich daran erinnern, wie er mich einmal für eine Dienstfahrt von Stuttgart nach München in seinen Wagen zwang. Auf der Autobahn fegte er mit gesetztem Blinker über die linke Spur. Allen, die nicht rechtzeitig Platz machten, fuhr er bei Tempo 220 so dicht auf, dass sein Fahrtwind sie zur Seite blies. Wenn nicht, überholte er von rechts, immer wild gestikulierend, als wären die anderen das Verkehrsrisiko, nicht er selbst.

Später auf der Landstraße setzte er auf einer kurvigen Stecke mehrfach zu waghalsigen Überholmanövern an. Ich schnappte so laut nach Luft, dass er ungefragt zu mir sagte: »Keine Sorge. Der Gegenverkehr ist berechenbar. Wo so viele Kurven sind, fahren die anderen langsam.«

Natürlich blieb es nicht aus, dass er bei seinen Rallyefahrten geblitzt wurde. Seine Sekretärin flüsterte mir, sie hätte nach seinen Reisen mehr Strafmandate als Werbeprospekte im Posteingang. Warum er seinen Führerschein noch nicht verloren hatte, war mir ein Rätsel – bis er eines Abends zu mir ins Büro schneite und mich fragte: »Können Sie sich vorstellen, mir in einer schwierigen Situation zu helfen? Es kostet Sie nur ein paar Minuten.«

»Klar«, sagte ich, »worum geht es denn?«

Er sah mich ernst an: »Wie viele Punkte haben Sie in Flensburg?«

»Keinen.«

»Wunderbar! Dann können Sie doch ein paar Punkte von mir übernehmen.«

Ich lachte, weil ich das für einen Scherz hielt. »Seit wann wird mit Flensburger Punkten ein Emissionshandel betrieben?«

»Ich mache das schon lange. Ein paar Ihrer Kollegen waren so nett, mich immer wieder zu unterstützen.«

Er lachte nicht, es schien ihm ernst zu sein.

»Aber wie soll das gehen?«, fragte ich.

»Ganz einfach: Ich gebe auf meinem Anhörungsbogen an, dass Sie der Fahrer waren. Man hat mich nämlich gerade bei einer Geschwindigkeitsübertretung geblitzt und will mir Punkte verpassen.«

»Aber auf dem Foto sind doch sicher Sie zu sehen!«

»Ich hatte eine Sonnenbrille auf. Und das prüft ohnehin keiner. Wenn ich Sie als Fahrer angebe und Sie den Strafbescheid annehmen, läuft die Sache reibungslos durch. Das weiß ich aus Erfahrung.«

Ich zögerte. Er legte noch einen Anreiz nach: »Vielleicht kann ich Ihnen auch mal einen Gefallen tun. Und natürlich bekommen Sie das Bußgeld von mir als Vorschuss. Oder« – er stockte und sah mich prüfend an – »oder soll ich lieber einen anderen Kollegen ansprechen?«

Das klang wie eine Erpressung. Ich ließ mich auf den Kuhbeziehungsweise Punktehandel ein (wofür mich meine Frau noch am selben Abend für verrückt erklärte).

In der Tat hätte er mir einen großen Gefallen tun können: mich nie mehr als Beifahrer in sein Auto zu zwingen! Aber hätte ich das gesagt, wären die frisch gesammelten Punkte wieder futsch gewesen. Nein, nicht die in Flensburg – meine Pluspunkte bei ihm!

Julian Grimm, Betriebswirt

 Betr.: Warum mein Chef, der im Büro sitzt, nie anwesend ist

»Ist der Chef im Büro?«, fragte der Kunde am Telefon. Ich war neu als Vorzimmer-Sekretärin und sagte arglos: »Ja, ich stell Sie durch.« Das hätte ich besser nicht getan, denn nach dem Gespräch stürmte mein Chef aus seinem Büro: »Kennen Sie die Spielregeln nicht? Ehe Sie ein Gespräch durchstellen, müssen Sie klären, ob ich es überhaupt annehmen will!«

»Aber was soll ich dem Anrufer sagen?«, fragte ich.

»Sagen Sie einfach: ›Moment, ich muss mal schauen, ob er im Büro ist.‹«

Das fand ich merkwürdig: Musste ich als seine Sekretärin nicht wissen, ob er im Büro war? Schließlich führte sein Arbeitsweg direkt an meinem Schreibtisch vorbei. Aber wenn er das so wollte – bitte!

Also vertröstete ich die Anrufer einen Augenblick, um dann, nach kurzer Rücksprache mit dem Chef, oft zu sagen: »Tut mir leid, er ist offenbar gerade aus dem Büro gegangen.« Aber was sollte ich bei Anrufern tun, die sich erneut meldeten? Dieselbe Phrase immer wiederholen? Nein, ich brauchte Varianten. Also behauptete ich, er habe gerade ein wichtiges Gespräch begonnen, sei in eine Konferenz gerufen worden, in der Mittagspause verschwunden oder schon in den Feierabend gegangen.

Diese Lügen nagten an meinem Gewissen; eigentlich bin ich ein grundehrlicher Mensch. Was sollte dieses Theater?

Offenbar hatte meine Vorgängerin mit derselben Masche arbeiten müssen. Viele Anrufer sagten nach meiner Vertröstung ganz direkt: »Aha, er will mich also nicht sprechen!« Einer von ihnen, ein junger Betriebsrat, für den Chef ein rotes Tuch, war ein pfiffiger Bursche: Er rief mich per Handy an und wollte sich durchstellen lassen. Ich behauptete, der Chef sei gerade aus dem Büro gegangen.

In dieser Sekunde flog die Tür auf, der Betriebsrat spazierte herein und öffnete, ehe ich ihn hätte bremsen können, die Tür des Chefbüros. Scheinbar erfreut sagte er: »Ach, was für ein Glück ich doch habe! Offenbar sind Sie gerade in Ihr Büro zurückgekehrt!« Der Chef musste ihn empfangen. Er schaute wie ein ertappter Einbrecher im Kegel einer Polizeitaschenlampe. Offenbar war es ihm peinlich, als Lügner entlarvt zu werden.

Das war wohl der Grund, warum er das Lügen an mich delegierte!

Silke Ansbach, Chefsekretärin

 **Betr.: Wie mein Chef operiert, ohne dass er operiert hat**

Wenn ich Ihnen nun sage, dass ich beruflich mit Nackten zu tun habe, sollten Sie keine falschen Schlüsse ziehen. Eigentlich ist mein Gewerbe höchst seriös: Ich bin Krankenschwester in einer namhaften Privatklink. Einen großen Teil meiner Zeit verbringe ich im Operationssaal (deshalb die Nackten). Mein Chef hat einen bekannten Namen. Weil er in den Medien als Guru für eine bestimmte Operation auftaucht, rennen uns Patienten aus der ganzen Welt die Türen ein. Alle wollen sich von ihm, dem Meister, operieren lassen.

Aber der Meister hat nur zwei Hände, der Arbeitstag hat nur acht Stunden, und die Zahl der Operationen erfordert fünf bis sechs Chirurgen. Und jetzt kommt das, was an meiner Tätigkeit nicht seriös ist: Mein Chef agiert als Operationssaal-Dauerläufer. Fast alle Patienten, die in den OP gerollt werden, bekommen mit der Narkose noch ein paar aufmunternde Worte von ihm verabreicht. Immer erweckt er den Eindruck, selbst zum Skalpell zu greifen – ehe er sich, sobald die Narkose wirkt, vom Acker macht.

Wir sind angewiesen, seine Legende zu unterstützen. Solange die Patienten von der Vollnarkose umnebelt sind, gibt es sechs Operateure. Aber sobald die Patienten aufwachen, haben die anderen Ärzte nur noch assistiert – und der Chef war das Genie am Skalpell. Diese Version haben wir zu stützen. Und basta.

Schon mehrfach sah es aus, als würde sein Schuss nach hinten losgehen: Wenn Patienten sich über Kunstfehler beklagt und juristische Schritte eingeleitet haben, flog der Schwindel durch die Operations-Protokolle auf.

Doch unser Chef bewegt sich auf der sicheren Seite: Die gelungenen OPs kann er sich an seinen Hut stecken. Und alles, was schiefgeht, bleibt bei den wahren Operateuren hängen. Sein Risiko ist gering, er operiert am seltensten.

Immerhin steht fest, dass mein Chef in einem Punkt tatsächlich der beste Chirurg ist: beim Operieren mit Lügen.

Anna Müller, Krankenschwester

Dichtung und Wahrheit

Ein Dichter und ein Irrenhaus-Direktor haben zweierlei gemeinsam: Beide nehmen es mit der Wahrheit nicht so genau. Und beide erzeugen Wohlklänge fürs Publikum. Der Dichter behilft sich, wenn sein Vers nicht aufgehen will, mit einem Stilmittel, der sogenannten Inversion: Er verbiegt die natürliche Wortfolge für den Reim. Das geht zum Beispiel so:

> *»Schreit ein Chef mit Penetranz,*
> *zieht ein Hund schnell ein den Schwanz.«*

Der Reim ist teuer erkauft, denn für den Wohlklang wird der natürliche Satzbau geopfert. Es sind nicht die besten Dichter, die so arbeiten – aber es sind die typischen Irrenhaus-Direktoren! Sie rücken die Wahrheit und die Zahlen so lange zurecht, bis ihr Wunschergebnis auf dem Papier steht. So tilgen sie Ungereimtheiten und erzeugen (irreführende) Wohlklänge.

Die Verse der Irrenhaus-Direktoren sind ihre Bilanzen und Statistiken. Zum Beispiel hat eine Klientin von mir verfolgt, wie ihr Arbeitgeber, die renommierte Sparte einer Traditionsfirma, 250 Planstellen abbauen wollte – in Jahresfrist. Es ging um ein Signal an die Börse. Aber wie sollte das funktionieren? Mit Kündigungen und langen Prozessen vor Arbeitsgerichten war das in der Kürze der Zeit nicht zu erreichen. Eine Inversion musste her!

Die Manager reimten sich folgende Idee zusammen: 250 Mitarbeiter sollten ausgegliedert werden, wenn auch nur in der Bilanz. Man verteilte ihre Gehälter gleichmäßig in die Etats der anderen Sparten des Unternehmens. Dort herrschte Aufwind, und die Schaffung neuer Stellen ließ sich als positives Signal verkaufen.

Die Traditionssparte hatte nicht einen Mitarbeiter weniger, die jungen Sparten nicht einen Mitarbeiter mehr. Die Kosten waren nicht gemindert, nur verteilt worden. Und doch entstand der gewünschte Effekt in der Bilanz.

Das gleiche Vorgehen beobachte ich bei einem Pharma-Zulieferer, der »Etat-Einsparungen« vortäuscht, indem er Arbeitsverhältnisse umwandelt. Es sind keine Einzelfälle! Dieselben Mitarbeiter, die heute als Angestellte auf ihrem Stuhl sitzen, sitzen am nächsten Tag immer noch dort – dann aber mit Freiberufler-Verträgen. »Wir haben zehn Prozent im IT-Bereich eingespart«, heißt es dann – während in Wahrheit nur der Staat um die Sozialausgaben geprellt wird. Und die Kosten unterm Strich ähnlich ausfallen. Wieder ein falscher Reim!

Sogar die Zufriedenheit von Mitarbeitern soll mit Statistiken vorgegaukelt werden. Etliche Irrenhaus-Direktoren präsentieren die »Krankenquote« als Gradmesser und jubeln: »Die Quote der Krankschreibungen ist im vergangenen Jahr um 0,75 Tage gesunken. Das beweist, wie wohl sich die Mitarbeiter in unserer Firma fühlen.«

Man braucht kein besonders feines Ohr, um die Unterstellung zu hören: Die Irrenhaus-Direktoren tun so, als könnten sich Mitarbeiter so leicht für oder gegen das Kranksein entscheiden, wie man sich für oder gegen Zucker im Kaffee entscheidet. Wer mit einer Lungenentzündung flachliegt, hat offenbar das wirksamste aller Heilmittel noch nicht entdeckt: seine eigene Motivation.

Die Studien der Krankenkassen belegen das Gegenteil: Immer mehr Menschen schleppen sich zur Arbeit, obwohl sie krank sind. Sie schlucken Pillen, ignorieren Fieber und den Rat der Ärzte, nur um Fehltage zu vermeiden. Und warum? Weil bekannt ist, dass sich Krankschreibungen auf die Sicherheit eines Arbeitsplatzes auswirken wie Staatspleiten auf Aktienmärkte.

Indem die Geschäftsleitung den Druck auf die Mitarbeiter erhöht, verhindert sie zwar nicht, dass Mitarbeiter krank *werden* –

wohl aber, dass sie sich krank melden. Wieder wird ein Reim vorgetäuscht, wo keiner ist.

In einem anderen Fall beschreibt mir ein Assistent der Geschäftsleitung: »Ich sollte das Potential eines Marktes in Fernost analysieren. Ich habe mir Mühe gegeben, habe Fabriken besichtigt, Statistiken gewälzt, den Bedarf analysiert. Am Ende stand ein niederschmetterndes Ergebnis: Mit unserem Preisgefüge hatten wir keine Chance.«

Doch als er diese Nachricht seinem Chef servierte, zog der ein Gesicht, als hätte er ihm eine Kröte angeboten. »Ich plane, in diesen Markt zu investieren. Sie sollten kein Plädoyer dagegen verfassen, sondern Argumente für ein Investment sammeln.«

Also musste der Assistent den gewünschten Reim heraufbeschwören und einen Hurra-Bericht für ein Investment verfassen. Sein Chef verhielt sich wie ein Richter, der erst ein Urteil fällt und dann, da die Aussage des Zeugen in die andere Richtung geht, diese schnell noch fälscht. Nennt man das nicht Willkür?

Dabei geht es den Irrenhaus-Direktionen nicht um große Visionen, wie sie ein gewisser Thomas Watson Sr. vor Augen hatte, als er 1924 seine Firma »Computing Tabulating Recording Company« in »International Business Machines« (IBM) umbenannte – obwohl das Unternehmen damals noch gar keine internationalen Geschäfte betrieb![56]

Nein, die Irrenhaus-Direktoren pressen ihre Wahrheiten durch die Schablone des *kurzfristigen* Pragmatismus. Das Gebäude, in dem die Firma residiert, entwickelt sich zum Lügengebäude. Und die Mitarbeiter dienen als Stützbalken. Diese Lügen liegen schwer auf ihrem Gewissen und ihrer Motivation – erst recht, wenn sie wissen, dass die Firma sich mit Fehlentscheidungen und Schwindeleien schadet. Denn wenn die Mannschaft (dauernd) verliert, muss nur in der Bundesliga der Trainer gehen. In den Firmen purzeln die Köpfe der Mitarbeiter.

Dem Dichter, der all das gelesen hat, vergeht die Lust an der Inversion – weshalb er wieder sauber reimt:

> *»Die Wahrheit, frei nach Management,*
> *ist, was der Volksmund ›Lüge‹ nennt!«*

§ 23 Irrenhaus-Ordnung: Es gibt zwei Sorten von Zahlen: solche, die in Bilanzen stehen, und solche, die wahr sind.

Der große Chefidioten-Test:
Arbeiten Sie für einen Irrenhaus-Direktor?

Hat Ihr Chef noch alle Tassen im Schrank? Oder ist er längst des Wahnsinns fette Beute? Dieser Test gibt Ihnen eine Orientierung. Hier lesen Sie 40 Aussagen über Ihren direkten Vorgesetzten. Jedes Mal können Sie angeben, inwieweit Sie zustimmen oder ablehnen. Mit einer 5 drücken Sie höchste Zustimmung aus, mit einer 1 größte Ablehnung.

Nach dem Test geht's ans Eingemachte, denn es folgen zwei Auswertungen. Die erste gibt eine generelle Einschätzung über Ihren Vorgesetzten ab, wie weit (oder nicht weit) der Irrsinn bei ihm fortgeschritten ist. Dann folgt ein spezifisches Urteil, dem sie entnehmen können, worin der Irrsinn Ihres Chefs besteht – also die Beschriftung jener Tassen, die eventuell in seinem Schrank fehlen.

1. Mein Chef interessiert sich für mich und meine Anliegen.
2. Er lebt vor, was er von seinen Mitarbeitern fordert.
3. Alles, was er verspricht, hält er auch.
4. Mein Chef begegnet mir auf Augenhöhe, nicht von oben herab.
5. Er überzeugt seine Mitarbeiter, statt sie zu zwingen oder zu überreden.
6. Er interessiert sich für meine tägliche Arbeit.
7. Wenn ich Vorschläge mache, nimmt er sie ernst.
8. Mein Chef urteilt treffsicher über die Qualität meiner Leistung.
9. Er ist fair, auch in Gehaltsverhandlungen.
10. Seine Mitarbeiter sind ihm wichtiger als seine Meetings.
11. Er hat ein gutes Händchen, wenn er Teams bildet.
12. Mein Chef misst alle Mitarbeiter mit denselben Maßstäben.
13. Er gönnt uns Pausen, gerade wenn's stressig ist.

14. Er beutet seine Leute nicht aus, etwa durch Überstunden.
15. Er vermeidet es, Mitarbeiter am Wochenende und im Urlaub zu behelligen.
16. Mein Chef betraut mich mit Aufgaben, an denen ich wachsen kann.
17. Er bespricht mit mir, wo meine Stärken liegen und wie ich sie ausbauen kann.
18. Mein Chef unterstützt mich in meiner Entwicklung, auch durch Fortbildungen.
19. Er kennt meine Wünsche und zeigt mir Perspektiven in der Firma auf.
20. Er vereinbart Jahresziele mit mir, hinter denen ich stehen kann.
21. Mein Chef ist ein guter Zuhörer.
22. Er zieht die sachlich-freundliche Tonlage dem Brüllen vor.
23. Er formuliert Aufträge so, dass man sofort weiß, worauf es ankommt.
24. Er teilt offen mit, was seine Abteilung erreichen will.
25. Er vermittelt die langfristigen Ziele und Visionen der Firma.
26. Mein Chef steht hinter mir, auch wenn ich mal einen Fehler mache.
27. Er teilt Lob von oben mit seinen Mitarbeitern.
28. Er gibt mir ehrliche Rückmeldungen, positive wie negative.
29. Sein Wissen teilt er gerne mit seinen Mitarbeitern.
30. Ich weiß, woran ich bei meinem Chef bin.
31. Er gibt Tritte, die er von oben bekommt, nicht nach unten weiter.
32. Er trägt zu einem guten Arbeitsklima bei.
33. Er spricht nicht schlecht von abwesenden Kollegen.
34. Mein Chef zeigt allen, die im Team für Unfrieden sorgen, ihre Grenzen auf.
35. Er würde Mobbing nicht dulden oder anfachen.

36. Mein Chef hat noch nie jemandem grundlos gekündigt.
37. Wenn ich krank bin, räumt er mir Zeit zur Genesung ein.
38. Die Arbeitszeugnisse, die er schreibt, gelten als fair.
39. Er respektiert mich als Menschen, nicht nur als Arbeitskraft.
40. Wenn nötig, kann ich auch mal mit einem privaten Problem zu ihm kommen.

Joker: Ich arbeite gerne für meinen Chef.

Bitte tragen Sie Ihre Punktezahl ein!

		Punktezahl
Fragen:	1–10	_____
	11–20	_____
	21–30	_____
	31–40	_____
Gesamtpunktzahl:		_____

Die Joker-Frage wird gesondert ausgewertet.

Generelle Auswertung:

Der Chef-Irrsinn im Allgemeinen

40–80 Punkte: Was Sie haben, ist kein Chef – das ist eine Zumutung, ein Irrenhaus-Oberdirektor! Die Mitarbeiter sind für ihn nur Figuren auf einem Schachbrett, die er so lange verschiebt, bis sie mattgesetzt sind. Sein Wort ist nichts wert, seine Kommunikation wird von jedem Affengebrüll übertroffen. Und wie Benzin aufs Feuer wirkt, so wirkt sich sein Führungsstil auf die Mobbing- und Burnout-Gefahr aus. Wenn das Führen ein Handwerk ist, hat dieser Chef zwei linke Hände. Und dort, wo der Charakter sitzen sollte, klafft ein Loch.

81–119 Punkte: Führung ist für Ihren Chef ein Experiment, das selten gelingt, aber oft mit einem Knall endet. Anscheinend hat er noch nicht begriffen, woran sich ein guter Führungsstil orientiert: an den Mitarbeitern. Stattdessen treibt er seine Spiele im Ego-Land und sieht seine Mitarbeiter nur als ausführendes Organ: Oben wird gedacht, unten wird gemacht. Gelegentliche Anflüge von Vernunft sind nicht ausgeschlossen, aber selten.

120–135 Punkte: Alle Chefs haben Macken, Ihrer auch. Mag sein, dass die Rädchen seiner Kommunikation nicht immer rund laufen, dass er seine Mitarbeiter manchmal aus dem Blick verliert und an der Führungsschraube zu heftig dreht. Aber diese Mängel können auch mit der (irren) Firmenkultur zusammenhängen. Die spannende Frage: Haben Sie es mit einem guten Chef zu tun, der aus schlimmen Irrenhaus-Verhältnissen das Beste macht? Oder mit einem Irren, der trotz guter Rahmenbedingungen persönliche Anflüge von Irrsinn auslebt? Im ersten Fall sind Sie gut bedient – im zweiten sollten Sie überlegen, ob Sie in derselben Firma nicht bei einem besseren Chef anheuern können.

136–160 Punkte: Gute Wahl! Ihr Chef schätzt und fördert seine Mitarbeiter. Er spricht eine klare Sprache, sorgt für ein gedeihliches Arbeitsklima, und die Chancen stehen gut, dass er Mobbing und Burnout mit einfachen Waffen in die Flucht schlägt: mit Charakter, Gerechtigkeitsgefühl und Augenmaß. Sicher hat auch er seine Schwächen (Sie kennen sie am besten!) – aber der Wahnsinn ist bei ihm allenfalls ein vorübergehender Besucher, keine dauerhafte Erscheinung.

161–200 Punkte: Bitte verraten Sie mir, welchem Bilderbuch Sie Ihren Chef entnommen haben! Offenbar gelingt es ihm, inmitten von Märkten, auf denen der Irrsinn tobt, um sich herum eine Insel der Vernunft zu schaffen. Dieser Chef nimmt seine Mitarbeiter ernst, fördert ihre Entwicklung, berücksichtigt ihre Meinung und ist, was das Klima angeht, der reinste Sonnenschein. Mit ihm können Sie offen reden, sogar übers Berufliche hinaus. Wunderbar!

Spezifische Auswertung:
Der Chef-Irrsinn im Detail

Ganz egal, ob Ihr Vorgesetzter vorne in der Reihe der Chef-Idioten läuft oder aus dieser Kolonne ausschert: Sicher interessiert es Sie, welche speziellen Schwächen oder auch Stärken ihn kennzeichnen. Diese detaillierte Auswertung gibt Ihnen Antworten.

1. Schätzt Ihr Chef seine Mitarbeiter – oder sind sie ihm egal?

Frage 1–10: Zählen Sie die Punkte zusammen.

10–20 Punkte: Was für ein Auto der Ersatzreifen im Kofferraum ist, sind für Ihren Chef seine Mitarbeiter: in der Regel verzichtbar! Er selbst, der Mann am Steuer, hält sich für unentbehrlich. Seine Mitarbeiter dagegen scheinen ihm austauschbar. Ihre Meinung? Pfeif drauf! Ihre Wünsche? Uninteressant! Ihre Gehälter? Viel zu hoch! Als guter Mitarbeiter gilt, wer die Klappe hält. Oder durch Kündigung von der Lohnliste verschwindet.

21–29 Punkte: Ihr Chef fährt nicht gerade im fünften Gang, was seine Charakterstärke angeht. Als Vorbild ist er in vielen Fällen nicht zu gebrauchen. Der Routenplaner seiner Fairness weist schon mal den Holzweg. Und nur selten holt er sich vor wichtigen Entscheidungen die Meinung seiner Mitarbeiter ein. Aber immerhin rollt er nicht *grundsätzlich* wie ein Panzer über die Interessen seiner Mitarbeiter hinweg – gelegentlich geht er darauf ein. Vielleicht kann aus diesen Ansätzen noch was wachsen?

30–37 Punkte: Ihr Chef weiß, wie wichtig Mitarbeiter sind. Er lebt das, was er von Ihnen fordert, in den meisten Fällen vor. Die Belange seiner Mitarbeiter interessieren ihn, seine Urteile sind meistens fair. Er begegnet Ihnen nicht von oben herab, sondern auf Augenhöhe. Wenigstens an seinen guten Tagen. Und über die schlechteren Tage hüllen wir hier den Mantel des Schweigens (weil sie selten sind!) …

Ab 38 Punkte: Ein Traumchef, Gratulation! Sie genießen seine uneingeschränkte Wertschätzung – und sollten es umgekehrt genauso halten!

2. Lässt Ihr Chef Sie wachsen – oder gehen Sie unter ihm ein?

Frage 11–20: Zählen Sie die Punkte zusammen.

10–20 Punkte: Wenn Ihr Chef ein Team zusammenstellt, dann könnte er auch gleich Sprengstoff mischen – so sehr greift er daneben. Er tritt die Gerechtigkeit mit Füßen, kann »Work-Life-Balance« nicht einmal buchstabieren. Und wenn es darum geht, die Stärken seiner Mitarbeiter zu fördern, ist er so fehlbesetzt wie ein Armloser als Dirigent. Immerhin weist er Ihnen *eine* klare Perspektive: Sie müssen kündigen – denn das ist nicht auszuhalten.

21–29 Punkte: Was Ihr Chef erzeugt, ist nicht gerade ein Wachstumsklima – das Wachstum von Stress einmal ausgenommen! Ihre Zukunft in der Firma kümmert ihn herzlich wenig. Bei Fortbildungen hört er vor allem den ersten Teil des Wortes: dass Sie fort wären. Und doch reißt er sich an seinen besseren Tagen am Riemen. Bestenfalls erfahren Sie ein kleines Maß an Förderung.

30–37 Punkte: Ihr Chef will Teams zusammenstellen, die harmonieren. Er strebt ein Arbeitsklima an, das Ihnen bekommt. Und es ist ihm wichtig, dass Sie bei Ihrer Arbeit eine Perspektive haben, die über den Feierabend hinausgeht – zum Beispiel Fortbildungen und sinnvolle Jahresziele. Ob er seinen guten Willen durchsetzen kann, liegt vor allem an der Firma. Je weniger sie Irrenhaus ist, desto mehr!

Ab 38 Punkte: Wow, da hat Ihr Chef ein Gewächshaus für Ihr persönliches Wachstum geschaffen. Ihr Arbeiten hat eine Zukunft!

3. Redet Ihr Chef mit Ihnen – oder nur an Ihnen vorbei?

Frage 21–30: Zählen Sie die Punkte zusammen.

10–20 Punkte: Ob Sie sich mit Ihrem Chef oder einer morschen Birke unterhalten, macht keinen Unterschied: Beide sind hohl! Wenn Ihr Boss redet, trifft er nie den richtigen Ton. Wenn er zuhört, verschließt er beide Ohren. Und wenn er Ihnen eine Rückmeldung gibt, ist die bevorzugte Form der Anschiss. Dass er hinter Ihnen steht, hat wenig zu heißen – er trägt den Dolch im Gewande. Und sein Wissen teilt er ungern. Er herrscht wie ein König.

21–29 Punkte: Ein typisches Verständnis Ihres Chefs heißt: Missverständnis. Nie wissen Sie so genau, was er von Ihnen will. Selten trifft er den richtigen Ton, wenn er Ihnen eine Rückmeldung gibt. Aber immerhin: Er unternimmt alle Jubeljahre einen Versuch, mit Ihnen ins Gespräch zu kommen, etwa über Ihre Ziele oder Ihre Arbeit. Leider gibt es zwischen »gut gemeint« und »gut gemacht« noch einen erheblichen Unterschied ...

30–37 Punkte: Ihr Chef ist jemand, mit dem Sie reden können – und der selbst reden kann. Wenn er Ihnen einen Auftrag gibt, wissen Sie, was gemeint ist. Ihnen ist klar, welche Ziele Sie erreichen sollen. Seine Rückmeldungen sind in den meisten Fällen klar und ehrlich. Das schließt vereinzelte Kommunikationsunfälle nicht aus – aber zu Totalschäden kommt es äußerst selten.

Ab 38 Punkte: Super! Ihr Chef redet mit Ihnen, wie es zu wünschen ist: klar, freundlich, wertschätzend und zielorientiert. Weiter so!

4. Ist Ihr Chef ein Mobbing-Beschleuniger – oder tritt er für Fairness ein?

Frage 31–40: Zählen Sie die Punkte zusammen.

10–20 Punkte: Der Führungsstil Ihres Chefs ist ein Dünger für Mobbing und Unfrieden. Dagegen kann die Menschlichkeit in seinem Machtbereich keine Wurzeln schlagen. Vorbild ist er nur, wenn es um perfektes Lästern, Intrigieren und Druckmachen geht. Auf der menschlichen Ebene passiert ihm nur deshalb keine Fehler, weil es in seinem Verantwortungsbereich nichts Menschliches gibt.

21–29 Punkte: Was in Ihrer Abteilung herrscht, ist zwar keine absolute Klimakatastrophe, aber auch beileibe kein Klima zum Wohlfühlen. An schlechten Tagen entfacht Ihr Chef selbst den Sturm: Streit, Druck, schlimmstenfalls Mobbing. Zumindest lässt er solche Auswüchse zu. An besseren Tagen strengt er sich an, wieder Schönwettergebiete zu erreichen. Manchmal gelingt ihm das sogar. Vorübergehend.

30 – 37 Punkte: Der raue Wind, der durch die heutige Arbeitswelt pfeift, prallt an Ihrer Abteilung in den meisten Fällen ab. Offenbar stellt sich Ihr Chef der Falschheit, dem Mobbing und den Intrigen entgegen. Er tut viel, einen fairen Umgang vorzuleben und ihn auch von seinen Mitarbeitern einzufordern. Auch wenn das nicht immer gelingt: Schon der Versuch ist ihm hoch anzurechnen!

Ab 38 Punkte: Perfekt! Ihr Chef tritt für ein gutes Klima ein. Mobbing und Boshaftigkeit müssen draußen bleiben.

5. Joker: Bitte denken Sie über Ihre Antwort nach.

Die Jokerfrage, ob Sie gerne für Ihren Chef arbeiten, ist die wichtigste von allen. Denn kein Faktor ist für die Arbeitsfreude so entscheidend wie Ihr Verhältnis zum direkten Vorgesetzten. Stimmt die menschliche Chemie zwischen Ihnen? Dann gleicht das handwerkliche Mängel beim Führen aus.

Wenn Sie Ihrem Chef nur *einen oder zwei Punkte* geben, ist der Unterschied für Sie gering, ob Sie in die Firma oder durch die Hölle gehen. Dann werden Sie in Ihrem Büro alles finden – nur keine Arbeitsfreude.

Wenn Sie *drei Punkte* vergeben, dann interessiert mich: Wie hätten Sie das Verhältnis vor einem oder zwei Jahren bewertet? War es um einen oder um zwei Punkte höher? Dann deutet das auf eine Talfahrt hin. Wenn es dagegen von zwei auf drei Punkte gestiegen ist, sollten Sie fragen: Was haben Sie selbst zu diesem Anstieg beigetragen? Und wie könnten Sie mehr davon tun?

Wenn Sie *vier oder fünf Punkte* vergeben, können Sie mit Ihrem Chef glücklich werden. Die Frage ist nur: Lässt die Firma es zu? Oder ist sie ein zu großes Irrenhaus (eine Frage, die Sie durch den Test aus dem ersten Band von »Ich arbeite in einem Irrenhaus« beantworten können)?

§ 24 Irrenhaus-Ordnung: Wenn Ihr Chef bei diesem Test schlecht abschneidet, hat nicht er beim Führen versagt – sondern Sie beim Ausfüllen dieses Tests!

 **Betr.: Wie mein Chef den Nachtarbeiter mimte**

Es war Anfang der 2000er Jahre, damals gab es nur eine Möglichkeit, über unseren Firmenserver zu mailen: vom PC in der Firma. Oft überfiel mich ein schlechtes Gewissen, wenn ich morgens ins Büro kam: Während ich am Vorabend um 17.00 Uhr nach Hause gefahren war, hatte mein Chef bis in die tiefe Nacht geschuftet. Um 18.00 Uhr mailte er einem Kunden und setzte mich in den Verteiler. Um 21.00 Uhr fragte er eine Kennzahl an. Und um 23.30 Uhr forderte er mich auf, am nächsten Tag einen Richtwert für ihn zu recherchieren. Verglichen mit ihm war ich nur eine faule Socke. Diese Botschaft stand nicht in den Mails, kam aber zwischen den Zeilen bei mir an.

Eines Tages sprach ich beim Betriebssport mit einem Kollegen aus der IT-Abteilung. Er erzählte mir, dass er wegen der Datensicherung oft bis nach Mitternacht im Haus sei. »Wie unser Chef!« sagte ich spontan.

Er kniff die Augen zusammen. »Euer Chef?«

»Ja, der ist oft noch um 23.00 Uhr im Büro.«

»Kann nicht sein«, gab er trocken zurück.

»Ist aber so!«

»Warum brennt dann nirgendwo mehr Licht, wenn ich um 21.00 Uhr auf dem Hof mal eine rauchen geh – auch im Büro eures Chefs nicht?«

»Aber er muss in der Firma sein, er mailt mir oft noch kurz vor Mitternacht.«

Der IT-Kollege bat mich, ihm Tage zu nennen, an denen mir mein Chef spät gemailt hatte. Diese Daten glich er mit den registrierten Zeiten ab, zu denen mein Vorgesetzter seinen Computer heruntergefahren hatte. Mein Chef hatte es fertiggebracht, um 18.45 Uhr Feierabend zu machen, aber noch vier Stunden später von seinem Firmen-PC aus zu mailen. Wie war das möglich?

Dem IT-Kollegen kam ein Geistesblitz: »Klar doch, dein Chef verstellt an seinem PC die Uhr. Dann wird aus 18.15 Uhr mal eben 23.15 Uhr – und ihr seid alle von seiner Nachtarbeit beeindruckt …«

Jedes Mal, wenn ich danach eine »Nachtmail« meines Chefs bekam, hatte ich ein breites Grinsen auf dem Gesicht. Vielleicht hätte ich meinen Computer mal auf 0.15 Uhr zurückstellen und antworten sollen: »Bin auch noch im Haus. Komme gleich zu Ihnen rüber!«

Uli Schipanski, Fremdsprachenkorrespondent

 Betr.: Wie ich die Liebe meines Vorgesetzen verlor

Mein Chef ist ein launischer Mensch. Es gibt nur einen Seismographen, der seine Stimmung zuverlässig anzeigt: die Anreden in seinen Mails. Wenn alles in seinem Sinne läuft, wenn ich bis zum Umfallen schufte und meine Projekte deutlich vor Termin abschließe, dann beginnen seine Mails an mich mit: »Lieber Herr Richert …« Solche Nachrichten kann ich gelassen lesen. Der Chef teilt Lob aus, gibt Anregungen, bleibt freundlich und wertschätzend. Solche Mails sind die Ausnahme.

Die typische Mail beginnt mit: »Hallo Herr Richert …« Damit weiß ich schon, dass eine Laus über seine Leber gelaufen sein muss. Seine Vorschläge fühlen sich an wie Nackenschläge. Und die Worte, mit denen er mich an offene Aufgaben erinnert, sind lupenreine Mahnungen. Solche Mails sind der Normalfall. Ich mag sie nicht.

Alarmstufe Gelb bedeutet die Anrede: »Sehr geehrter Herr Richert …« Sein Ton ist eisig wie ein Polarwind. Und jedes Wort klingt nach einer Drohung. Zum Beispiel heißt es: »Welche Veranlassung hatten Sie, dem Kunden diesen Rabatt zu gewähren?« Mit knappen Worten macht er mir klar, dass ich ein unnützer Trottel bin.

Alarmstufe Rot setzt ein, wenn er loslegt mit: »Herr Richert, …« Dann könnte ich mir, ehe ich weiterlese, schon mal einen Termin bei der Arbeitsagentur geben lassen. Bislang hat mich erst eine solche Mail erreicht, als mir ein schwerer Fehler passiert war. Er schlug mir eine Abmahnung um die Ohren.

Aber die Wut kühlte auch wieder ab: Ein paar Tage später bekam ich meine Ehre zurück (»Sehr geehrter …«). Einen Monat später war ich in die »Hallo«-Liga aufgestiegen. Und eines schönen Tages traf mich sogar seine Liebe wieder (»Lieber …«).

Meine Freude darüber hielt sich in Grenzen, denn ich wusste: Schon aus der nächsten Mail konnte wieder der Polarwind wehen!

Siggi Richert, Kundenbetreuer

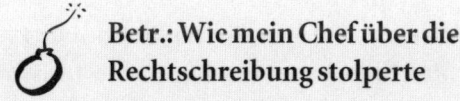

Betr.: Wic mein Chef über die Rechtschreibung stolperte

Wäre mein Zeugnis ein Schuldiktat gewesen, der Verfasser hätte eine Sechs dafür bekommen. Jedes Mal, wenn von Herrn Haupts – also meinen – Eigenschaften die Rede sein sollte, stand dort: »Herrn Haupt's …«. Mein Chef, Leiter der Versandabteilung, hatte einen Idioten-Apostroph angehängt. Im Englischen wäre das richtig gewesen – im Deutschen war es grottenfalsch. Statt »anders« hieß es in meinem Zeugnis: »anderst«. Die »Loyalität« war zur »Lojalität« mutiert. Und meine »Einsatzfreude« kam als »Ein-Satz-Freude« daher – als wäre ich ein tumber, wortkarger Tor gewesen, der im ganzen Jahr nur einen Satz über die Lippen brachte (womöglich: »Kann ich mehr Gehalt haben?«). Insgesamt zählte ich auf eineinhalb Seiten zwölf Rechtschreibfehler.

Ein Jahr zuvor hatte eine Sparwelle jene Sekretärin weggeschwemmt, die auch für den Versandleiter wichtige Dokumente geschrieben hatte. Seither tippt er, schulisch recht ungebildet, alle Dokumente selbst. Man merkt es!

Aber wie sollte ich diese Fehler korrigieren lassen, ohne meinen Chef zu blamieren? Mir kam eine pfiffige Idee: Ich sagte ihm, dass ich das Zeugnis gerne um einige Punkte ergänzen und ihm zumailen würde. »Einverstanden«, sagt er. Und wie nebenbei korrigierte ich alle Rechtschreibfehler.

Umso verblüffter war ich, als das Zeugnis wieder auf meinem Tisch landete: Einige Fehler, unter anderem der Idiotenapostroph und die »Ein-Satz-Freude«, waren zurück in den Text gewandert. Offenbar hatte mein Chef die schlechte Rechtschreibung nicht bei sich, sondern bei mir gesucht – und sie flugs korrigiert!

Jetzt blieb mir nur der direkte Weg: Ich strich die Fehler an und bat um Korrektur. Er zog ein beleidigtes Gesicht. »Das sind keine Fehler. Ich kann Ihnen das beweisen.« Er zerrte mich vor seinen Computer. »Schauen Sie mal, das Wort ›Ein-Satz-Freude‹ ist in Word nicht unterkringelt – also kann es nicht falsch sein. Und auch dieser Apostroph wird angenommen. Ich nehme mal an, das ist Geschmackssache.«

Ich ließ ihn in diesem Glauben. Aber setzte meinen Geschmack durch! Sonst hätte jeder bei der Lektüre meines Zeugnisses gedacht: »Wenn schon sein Chef ein Rechtschreib-Trottel ist, wie dumm muss dann erst der Mitarbeiter sein?«

Andreas Haupt, Versand-Mitarbeiter

7.
Zumutung Zeitarbeit:
Die Tricks der Sklavenhändler

Bumm ... Bumm ... Bumm ...

Früher legte man Sklaven in Ketten, um ihnen ihre Rechte zu rauben. Heute geht das einfacher: per Leiharbeiter-Vertrag. Dieses Kapitel verrät Ihnen ...

- wie die Caritas, ein kirchlicher Arbeitgeber, billige Leiharbeiter in den Weinberg des Herrn schleust,
- wie ein Busbetrieb eine eigene Personalvermittlung gründete, um Mitarbeiter am Tarif vorbeizulotsen,
- warum ein geliehener Paketbote zwar DHL-Kleidung trägt, aber nicht mal ein halbes DHL-Gehalt verdient
- und wie ein Vorgesetzter seine Leiharbeiter so lange erpresste, bis sie pausenlos Brötchen spendierten und ihm beim Umzug halfen.

Die Uniklinik als Westernheld

Die Krankenschwester Petra Geiß (32) hätte vor Freude einen Salto drehen können: Ihren alten Arbeitsplatz sollte sie wiederbekommen. Vor drei Jahren hatte sie die renommierte Uniklinik verlassen. Doch alle Krankenhäuser, in denen sie danach gearbeitet hatte, waren ihr wie Stimmungs-Hospize vorgekommen. Nie wieder war sie auf ein Schwesternzimmer gestoßen, in dem so viel gelacht wurde.

Und nun hatte sich auf ihre Bewerbung die Stationsleiterin gemeldet und fröhlich gesagt: »Na klar nehmen wir dich wieder!«

Etwas formaler fügte sie hinzu: »Allerdings werden unsere neuen Mitarbeiter nur noch über die Personalservice GmbH eingestellt. Du schließt deinen Arbeitsvertrag nicht mit dem Krankenhaus direkt, sondern mit dieser Leiharbeits-Firma.«

»Warum Leiharbeit? Ich denke, es ist ein dauerhafter Arbeitsplatz?«

»Ist es auch. Aber der Klinikbetreiber hat festgelegt, dass die neuen Arbeitsverträge über diese GmbH geschlossen werden.«

Petra Geiß zögerte. Warum trat der Arbeitgeber, der sie einstellen wollte, nicht direkt in Erscheinung? Warum schob er einen Strohmann nach vorne?

Ihr Unbehagen wuchs, als sie vor ihrem Arbeitsvertrag saß. Entgeistert blickte sie auf eine Zahl: »Das Gehalt kann aber nicht stimmen! Da habe ich ja schon vor drei Jahren deutlich mehr verdient.«

»Doch, doch«, sagte die Personalerin der Personalservice GmbH, »das entspricht genau dem Tarif.«

»Aber der Tarif für den öffentlichen Dienst sieht einen Stundenlohn von 13 Euro vor. Da käme ich mit Zuschlägen auf ein Monatsgehalt von etwa 2500 Euro. Das hier ist ein Viertel weniger!«

»Da begehen Sie einen Denkfehler. Zwar werden Sie im öffentlichen Dienst arbeiten, aber nicht für einen Arbeitgeber des öffentlichen Dienstes.«

»Aber das macht in der Praxis doch keinen Unterschied!«

»Doch. Ihr Gehalt richtet sich nach dem Zeitarbeits-Tarif.«

Petra Geiß erstarrte: Eine Uniklinik, die einen vorzüglichen Ruf genoss, schmuggelte sie durch die Hintertür zurück ins Unternehmen, nur um ihr ein Viertel ihres Tarifgehalts zu verweigern. Am liebsten hätte sie den Deal platzen lassen. Aber hatte sie als Bewerberin nicht schon etliche Absagen kassiert? Und war es nicht ihr Herzenswunsch gewesen, wieder mit den alten Kolleginnen zu arbeiten?

So kehrte sie an ihren alten Arbeitsplatz zurück. Doch die Fröhlichkeit war aus dem Schwesternzimmer gewichen. Die meisten neuen Mitarbeiter waren über die Personalservice GmbH beschäftigt. Diese Leiharbeiterinnen waren schlecht drauf, denn ihr Gerechtigkeitsgefühl wurde jeden Tag gefoltert: Sie wussten, dass sie genauso viel wie ihre Kolleginnen leisteten, aber 25 Prozent weniger verdienten. Eine Zeitarbeiterin klotzte nach Feierabend noch für einen Pflegedienst ran, nur um mit ihrem Geld hinzukommen.

Die Wut auf den Arbeitgeber mischte sich mit Neid auf die Kolleginnen. Zwischen den Zeitarbeitskräften und dem Stammpersonal verlief eine unsichtbare Mauer. Auch Petra Geiß kam sich nicht mehr wie eine vollwertige Kollegin vor.

An dieser Mauer baute die Uniklinik kräftig mit: Wenn Geiß in der Kantine dasselbe wie ihre Kolleginnen aß, kostete die Lasagne für das Stammpersonal 4,00 Euro, während sie 5,20 Euro bezahlen musste. Wenn spannende Fortbildungen anstanden, fuhren die Stammkolleginnen für zwei Tage zum Seminarort – während ihr Antrag vom Arbeitgeber abgelehnt wurde. Und während die Stammarbeitskräfte ihre Überstunden abrechnen konnten, war sie aufgefordert, mit dem regulären Stundensatz auszukommen (was inoffiziell hieß, dass die Mehrarbeit zu ihren Lasten ging); offenbar konnte die Personalservice GmbH das nicht mit der Klinik abrechnen.

Es war wie in einem Western: Es gab einen Guten, die Uniklinik, und einen Bösen, die Zeitarbeitsfirma. Aber dass der Schuft nur der verlängerte Arm des Helden war, dass es sich um eine Tarnkonstruktion handelte, die Tarifverträge umgehen, Arbeitskräfte ausbeuten und kurzfristige Entlassungen ermöglichen sollte – das durfte der Kinozuschauer (die Öffentlichkeit) nicht erfahren.

Wo blieb das, was der Management-Vordenker Peter F. Drucker von Arbeitgebern immer wieder einforderte: die soziale Verantwortung? Hatte Drucker nicht geschrieben: »Das freie Unternehmertum kann nicht damit gerechtfertigt werden, dass es gut für die Unternehmen ist. Seine einzige Rechtfertigung besteht in seinem gesellschaftlichen Nutzen.«[57] Diese soziale Verantwortung gegenüber den Mitarbeitern hatte die Uniklinik offenbar vom Beatmungsschlauch abgehängt.

Petra Geiß war an denselben Arbeitsplatz zurückgekehrt. Aber sie kam dort als menschliche B-Ware an. Das Gefühl, ungerecht behandelt zu werden, nur noch wandelndes Sparmodell zu sein, nagte an ihrer Stimmung wie ein Biber am Baum.

Vielleicht würde das nahende Weihnachtsfest sie auf bessere Gedanken bringen! Auf die Feier mit ihrer Familie freute sie sich schon. Vom Weihnachtsgeld wollte sie die Geschenke kaufen. Eine »Sonderzahlung«, deren Höhe nicht näher definiert war, stand ihr laut Arbeitsvertrag zu. Früher hatte sie ein volles Gehalt bekommen.

Doch ihre Gehaltsabrechnung traf sie wie eine Faust: Ganze 175 Euro bekam sie als »Gratifikation«. Da war ihre Freude aufs Christkind dahin. Und der Wald glänzte auch nicht mehr weihnachtlich.

Der Biber hatte den Weihnachtsbaum gefällt.

> **§ 25 Irrenhaus-Ordnung:** Es stimmt nicht, dass Leiharbeiter immer weniger bekommen als das Stammpersonal. Zum Beispiel werden sie in der Kantine mit den höheren Preisen verwöhnt!

Der Diener Gottes – ein Leiharbeiter!

Wo soll die Nächstenliebe wohnen, wenn nicht hier: in der Caritas, dem »Wohlfahrtsverband der katholischen Kirche«? Wo, wenn nicht hier, sollten Mitarbeiter fair und menschenwürdig behandelt werden? Wer, wenn nicht ein kirchlicher Arbeitgeber, könnte der profitgierigen Wirtschaft, die nur den Namen des schnellen Gewinns heiligt, als moralisches Vorbild dienen?

In der Tat beherzigt die Caritas das Gebot »Liebe deinen Nächsten wie dich selbst!« – aber nur, was die letzten beiden Wörter angeht: »sich selbst«! Mit der Raffinesse eines Schmugglers geht der kirchliche Arbeitgeber beim Anheuern vor. Eine eigene Leiharbeitsfirma, die »Caritas Verein Altenoythe Dienstleistungsgewerkschaft«, schleust die Arbeiter zu Schnäppchenpreisen in den Weinberg des Herrn. Diese Geliehenen verrichten für den Caritas-Verein Altenoythe die gleiche Arbeit wie ihre stammbeschäftigen Kollegen, sind aber in höherem Maß auf den »Lohn Gottes« angewiesen; das irdische Gehalt lässt zu wünschen übrig.

Das bekam der Diplom-Psychologe Uwe Bening zu spüren.[58] Als Stammmitarbeiter hatte er bei der Caritas 3600 Euro brutto im Monat verdiente, dieses Gehalt entsprach seiner Ausbildung. Später wurde ihm dieselbe Tätigkeit erneut angeboten – diesmal jedoch über einen Vertrag als Leiharbeitskraft. Zu 800 Euro weniger Gehalt!

Ein Drittel der rund 750 Mitarbeiter steht mittlerweile nicht mehr direkt bei dem Caritas-Verein unter Vertrag, sondern legt sich als Zeitarbeiter ins Zeug. Über diesen Hintereingang werden die meisten neuen Mitarbeiter ins Unternehmen gelotst. Das senkt die Personalkosten und sorgt dafür, dass der Anteil der Stammbelegschaft immer mehr abnimmt.

Der Diener Gottes – nur noch ein Leiharbeiter!

Ursprünglich sollten Zeitarbeiter Auftragsspitzen abfangen. Wenn eine Fabrik einen Sonderauftrag bekam, benötigte sie *vorübergehend* zusätzliches Personal. Die Zeitarbeiter kamen und gingen mit der Arbeitsflut. Solche Einsätze unterstützten die Stammbelegschaft, sonst wären die Auftragsspitzen kaum zu schaffen gewesen.

Bis 1985 trug die Leiharbeit ein enges gesetzliches Korsett: Maximal drei Monate durften Zeitarbeiter beschäftigt werden. Dieses Korsett franste in den nächsten beiden Jahrzehnten durch geschickte Lobbyarbeit der Firmen aus: auf 6, 9, 12 und 24 Monate – bis es 2003 komplett gesprengt wurde.[59]

Wolfgang Clement, der als »Super-Minister« dieses Korsett aufgerissen hatte, machte drei Jahre später als Lobbyist den Sack zu: Für Adecco, einen der Global Player der Zeitarbeit, trat er als Vorsitzender des Adecco-Instituts zur Erforschung der Arbeit an. Als Ziel gab Clement an, er wolle den Anteil der Zeitarbeiter in Deutschland verdreifachen.[60] Ob er seine Einkünfte als Lobbyist wohl auch verdreifacht hat?

Heute ist die Zeitarbeit zu einem juristischen Schlupfloch verkommen, durch das sich qualifiziertes Personal *dauerhaft* zum Spottpreis heuern lässt. Die Leihmitarbeiter sind von der Stammbelegschaft nicht zu unterscheiden: Sie machen dieselben Jobs. Sie bleiben über Jahre in der Firma. Nur sind sie billiger, williger, leichter loszuwerden. Moderne Irrenhaus-Sklaven.

Ob Krankenhäuser oder Zulieferer, Konzerne oder Busbetriebe, Fabriken oder Botendienste: Immer mehr Firmen gründen Zwillingsunternehmen in der Zeitarbeitsbranche. Bereits 2007 fand eine Verdi-Studie heraus: Nahezu jeder fünfte Leiharbeiter war über eine Tochterfirma im eigenen Betrieb tätig.[61] Das Prinzip ist einfach: Die linke Hand reicht der rechten Hand das Personal kostengünstig rüber, und am eigentlichen Tarif vorbei.

Ein Busfahrer aus Schleswig-Holstein schilderte mir, dass sein Verkehrsbetrieb neue Fahrer nur noch über eine hauseigene Personalagentur anheuert. Diese Agentur – nennen wir sie »Transport-Personal KG« – verfügt über einen eigenen Firmensitz, einen eigenen Briefbogen und einen eigenen Geschäftsführer. Allerdings sitzt ihr einziges Büro, ein 20-Quadratmeter-Raum, direkt gegenüber dem Busbetrieb.

Der Mann, der als »Geschäftsführer« eingetragen ist, war zuvor Personaler der Busfirma. Noch heute hat er sein Büro im Hauptgebäude. Doch immer, wenn er ein Einstellungsgespräch für die »Transport-Personal KG« führt, spaziert er mal eben über die Straße. Nur ein paar Meter für ihn – aber Zehntausende von Euro, die sein Irrenhaus durch dort abgeschlossene Verträge spart.

Wer als Busfahrer über die Agentur eingestellt wird, bekommt ein gutes Drittel weniger Gehalt, hat nur 25 statt 30 Urlaubstage und kann, sobald es der Geschäftsführung passt, wieder vor die Tür gesetzt und durch billige Nachrücker ersetzt werden.

Die Stammbusfahrer sehen diese Entwicklung mit größter Skepsis. Früher konnten sie ihre vertraglichen Arbeitszeiten einhalten. »Doch heute«, erzählt mein Informant, »muss ich öfter mal zehn oder elf Stunden am Tag machen – ohne finanziellen Ausgleich. Wie sollte ich meinem Arbeitgeber erklären, dass ich 40 Prozent mehr als der junge Zeitarbeits-Kollege verdiene, aber nicht mal dieselben Arbeitszeiten wie er leisten will?«

Wer als Stammmitarbeiter auf seinen Rechten besteht, lebt gefährlich: »Ein Kollege hat dem Chef mit der Gewerkschaft gedroht. Danach bekam er eine Abmahnung nach der anderen. Immer wieder gingen unzutreffende Beschwerden von Fahrgästen bei der Firma ein, offenbar vom Chef arrangiert.«

Je mehr Stammmitarbeiter rausgeekelt werden, desto mehr Geld bleibt hängen: Wenn ein Stamm-Busfahrer mit 2800 Euro pro Monat ausscheidet, rückt ein Leih-Busfahrer mit 2000 Euro nach – das macht eine Ersparnis von weit über 10 000 Euro im Jahr, da auch das Weihnachtsgeld und der Urlaubsanspruch deutlich geringer sind.

Stellt sich der Gesetzgeber diesen Wild-West-Methoden in den Weg? Nein, er faucht die Firmen nur als Papiertiger an. Zwar hat er mittlerweile verboten, dass Mitarbeiter vom Stammbetrieb entlassen und über eine Zeitarbeitsfirma wieder eingeschleust werden, wie es einst Schlecker tat (diesen Fall können Sie im ersten Irrenhaus-Band nachlesen). Auch wurde ein Mindestlohn für die Zeitarbeitsbranche eingeführt, von 7,79 Euro im Westen und 6,89 Euro im Osten.[62]

Aber das eigentliche Problem wurde von der Politik nicht angefasst: dass für dieselbe Tätigkeit bei gleicher Qualifikation im selben Betrieb unterschiedliche Löhne gezahlt werden dürfen. Was hilft ein Mindestlohn von 7,79, wenn eine qualifizierte Arbeitskraft eigentlich 15 Euro bekommen müsste?

Hier ein Vorschlag, wie sich das Problem schnell lösen ließe: Wir sollten alle Bundestagsabgeordneten, die in den nächsten Jahren nachrücken, über eine »Volks-Personal AG« zu halben Diäten anheuern. Natürlich bekommen diese Leih-Abgeordneten, im Gegensatz zu ihren Stamm-Kollegen, keine Erste-Klasse-Freikarte für die Bahn, keine Mitarbeiter für ihr Abgeordnetenbüro und einen reduzierten Urlaubsanspruch.

Wie lange würde es wohl dauern, bis ein Gesetz über gleiche Löhne für Leiharbeiter erlassen wäre?

§ 26 **Irrenhaus-Ordnung:** Eine Firma, die Mitarbeiter an sich selbst verleiht, ist etwa so seriös wie eine Gelddruckerei, die nur das eigene Portemonnaie beliefert.

 **Betr.: Wie mich meine Zeitarbeitsfirma
zum Hausmeister-Gehilfen degradierte**

Ich war als Controller für eine Zeitarbeitsfirma im Einsatz, als
die Wirtschaft zu stottern begann. Der Konzern, an den ich ver-
liehen war, ließ meinen Einsatz auslaufen. Ich wartete auf neue
Aufträge. Bald rief die Filialleiterin der Zeitarbeits-Firma an:
»Kommen Sie bitte zu uns ins Haus, hier können Sie sich nützlich machen.« Tatsächlich war die Firma berechtigt, mich auch
bei sich einzusetzen. Ich freute mich auf eine Aufgabe. Vielleicht standen Bilanzierungsarbeiten an, bei denen ich mein
Fachwissen einbringen konnte?

Als ich die Firma dann betrat, empfing mich die Chefin mit
den Worten: »Also, das ist Ihre Aufgabe.« Grinsend drückte sie
mir eine alte Plastiktüte in die Hand. Die Tüte wog schwer, ihr
Inhalt klapperte. Neugierig lugte ich hinein. Ein rostiger Me-
tallhaufen grinste mich an: Hunderte von Schlüsseln.

»Und was soll ich damit?«

»Leider wurde bei unserem letzten Umzug versäumt, die
Schlüssel den richtigen Schränken wieder zuzuordnen …«

Wahnsinn! Ich sollte durch Versuch und Irrtum herausfinden, welcher Schlüssel zu welchem Schrank in dem vierstöcki-
gen Haus passte. Jeder Raum stand voll mit Aktenschränken.

Und so wanderte ich von Büro zu Büro und machte mich
wie ein Panzerknacker an den Schlössern zu schaffen. Ich pro-
bierte Schlüssel für Schlüssel für Schlüssel, drehend, fluchend,
bohrend, bis ich, oft erst nach einer Viertelstunde, den richtigen gefunden hatte.

Mehrere Stammmitarbeiter der Zeitarbeitsfirma, für die ich ein Unbekannter war, sprachen mich an: »Sind Sie der neue Gehilfe unseres Hausmeisters?«, fragte einer. Und eine ältere Sachbearbeiterin sagte: »Das finde ich richtig gut, dass Sie in Ihrem Alter noch ein Praktikum machen. Sie sollten meinen Sohn sehen! Der ist auch schon 35, aber hängt nur rum!«

Hatte ich wirklich Betriebswirtschaft studiert und mich im Auftrag dieser Zeitarbeitsfirma bei Weltkonzernen bewährt – was übrigens viel Geld in die Kasse geschwemmt hatte! –, nur um jetzt eine Idiotenarbeit zu verrichten?

Hat sich mal jemand überlegt, als welche Demütigung ich diese Aktion empfinden musste? Meine Motivation legte einen Sinkflug hin.

Nach zwei Arbeitstagen steckte jeder Schlüssel wieder dort, wo bei dieser Firma ein paar Tassen fehlten: im Schrank.

Dirk Vorhand, Controller

 **Betr.: Warum ich niemals übernommen wurde**

Eigentlich suchte ich nach einer Festanstellung. Doch die nette Dame von der Arbeitsagentur gab mir einen Tipp: »Versuchen Sie's doch mal als Leiharbeiter – dann haben Sie gute Chancen, dass Sie bald übernommen werden.«

Das klang gut! Ich stellte mich bei einer Leiharbeits-Firma vor. Der Chef erwartete einen ungelernten Arbeiter – umso begeisterter war er, als er hörte, dass ich meine Lehre als Zimmermann erst kurz vor der Gesellenprüfung abgebrochen hatte (damals hatte ich einen Todesfall in der Familie gehabt und war danach für längere Zeit in der Türkei geblieben). »Dann werden wir Sie bald vermittelt haben«, sagte er.

Ich schenkte ihm reinen Wein ein: »Die Leiharbeit stelle ich mir nur als Übergang vor. Es geht mir letztlich um eine Festanstellung. Wie groß ist die Chance, dass ich von einer Firma übernommen werde?«

»Das liegt an Ihnen! Wenn Sie zeigen, dass Sie wirklich was auf dem Kasten haben, dann können Sie schon nach ein paar Wochen einen Festvertrag angeboten bekommen. Die besten Leute sind immer am schnellsten weg.«

Wunderbar! Schon bei meinem ersten Einsatz klotzte ich ran. Der Vorarbeiter auf der Baustelle merkte gleich, dass ich ein Mann vom Fach war. Er lobte mich und sagte nach ein paar Tagen: »Solche Spitzenkräfte wie dich bekomme ich selten vermittelt.« Zur gleichen Zeit stellte die Firma neue Leute in Festanstellung ein. Dennoch zogen ein, zwei Monate ins Land, ohne dass der Vorarbeiter mir gegenüber je das Wort »Festvertrag« in den Mund nahm.

Doch dann fand ein Richtfest statt. Der Vorarbeiter saß neben mir am Tisch, wir prosteten uns zu. Zwei Flaschen Bier hatten meine Zunge gelockert: »Sag einmal, wäre es nicht möglich, dass mich deine Firma als feste Arbeitskraft übernimmt?«

»Das würde ich zu gerne«, sagte er. »Doch es geht nicht.«

»Aber warum? Ihr habt doch in den letzten Monaten zwei Leute fest eingestellt. Sind die so viel besser als ich?«

»Nein, du bist natürlich besser. Aber du wärst zu teuer.«

»Woher weißt du das? Wir haben doch noch gar nicht übers Gehalt verhandelt!«

Er nahm einen kräftigen Schluck Bier, als bräuchte er jetzt Mut. »In dem Vertrag mit deiner Firma steht: Wenn wir dich fest übernehmen wollen, müssen wir eine ›Übernahmegebühr‹ von fünf Monatsgehältern bezahlen – auf einen Schlag!«

»Fünf Monatsgehälter? Das zahlt doch kein Mensch!«

»Eben! Dein Chef verdient besser, wenn er dich dauerhaft verleihen kann.«

Durch diese überzogene »Headhunter-Gebühr«, im Handwerk ohnehin unüblich, verhinderte die Leiharbeits-Firma, was sie mir in Aussicht gestellt hatte: eine feste Übernahme. Mein Vorarbeiter reichte mir ein weiteres Bier: »Spül deinen Frust runter!« Ich trank mindestens noch drei Flaschen. Aber der Frust steckte noch immer wie ein Kloß in meinem Hals.

Abdul Buruk, Arbeiter

 **Betr.: Als ich für Mobbing einen Judaslohn bekommen sollte**

In den Medien heißt es immer: arme Zeitarbeiter! Schlecht bezahlt, schlecht behandelt, oft gemobbt! Das mit der schlechten Bezahlung kann ich unterschreiben. Aber was das Mobbing angeht, habe ich einmal das krasse Gegenteil erlebt. Wir waren drei Zeitarbeiter, alle Akademiker. Die Buchhaltung eines großen Autozulieferers hatte uns angefordert. Der Chef der Abteilung machte uns sofort Hoffnung: »Es liegt an Ihnen, ob Sie übernommen werden. Strengen Sie sich einfach an!«

Aber wie? Es gab fast nichts zu tun, die Mitarbeiter drehten Däumchen. Schon bald fragte ich mich: Warum zahlt eine Firma für Zeitarbeitskräfte, obwohl ihre eigene Belegschaft die Arbeit locker bewältigen könnte?

Die Antwort dämmerte mir, als wir Zeitarbeiter eine Besprechung mit unserem Abteilungsleiter hatten. Angesprochen darauf, dass nicht gerade viel zu tun sei, meinte er: »Kann schon sein, dass in meiner Abteilung ein paar Mitarbeiter zu viel sind. Jemand muss gehen – aber warum ausgerechnet Sie?« In Einzelgesprächen wurde er noch deutlicher: »Die älteren Mitarbeiter kassieren fette Gehälter und bringen magere Leistung. Sie dagegen sind jung und bezahlbar. Wie wäre es, den Älteren mal ein wenig Feuer unterm Hintern zu machen?«

»Wie meinen Sie das?«, fragte ich.

Er schob seinen Kopf nach vorne und flüsterte: »Helfen Sie einfach ein bisschen nach, damit den Alten die Lust vergeht. Meine Rückendeckung haben Sie. Und der erste feste Arbeitsplatz, der frei wird, gehört Ihnen.«

Ich saß da mit offenem Mund: Der Abteilungsleiter einer angesehenen Firma hatte mich zum Mobben aufgefordert und mit einem Judaslohn gewinkt. Am Monatsende habe ich mich von meiner Zeitarbeitsfirma abziehen und in eine andere Firma vermitteln lassen.

Später hörte ich: Die Rechnung des Chefs war aufgegangen. Angestachelt von einem Zeitarbeiter, war die ganze Abteilung über einen älteren Kollegen hergefallen. Dieser bekam psychische Probleme und ging schließlich in Frührente.

Einzige Genugtuung: Nachdem die Stammbelegschaft noch weiter zusammengeschmolzen war, bestellte man alle Zeitarbeiter ab. Keiner bekam einen der frei werdenden Arbeitsplätze. Mitarbeiter auf die billigste Weise abzuservieren und sie niemals zu ersetzen, darum war es gegangen.

Echte Sparfüchse sparen an allem – sogar am Judaslohn!

Claas Schön, Betriebswirt

Der Schlosser und die Sklavenhändler

Es schien dem Schlosser Emanuel Klein wie ein Sechser im Lotto, als ihm ein Stellenangebot der Essener Firma Gamatec Personaldienste auf den Tisch flatterte. Ausgerechnet vor seiner Tür, in Dresden, suchte die Zeitarbeitsfirma aus dem Westen einen Mitarbeiter. Bislang war er als Leihgabe fast immer in die alten Bundesländer kommandiert worden. Das bedeutete: endlose Fahrten. Und teure Rückfahrten an den Wochenenden.

Hoffnungsvoll bewarb er sich, auch weil er gerade eine begehrte Qualifikation erworben hatte: den Schweißerpass. Seine Bewerbung stieß auf Gegenliebe. Ein Gamatec-Mitarbeiter rief an und versprach, den Arbeitsvertrag zu mailen.

Emanuel Klein erinnert sich: »Ich druckte alle Seiten aus, und schon bei Paragraph eins des Vertrags packte mich die Wut.« In dem Vertrag hieß es:

Vereinbarung über ein Einfühlungsverhältnis
Der Mitarbeiter erklärt sich bereit, zur Überprüfung seiner Qualifikation zwei Tage unentgeltlich eingesetzt zu werden (...) Für die Zeit der Eignungsprüfung (...) ist der Mitarbeiter nicht über die Gamatec GmbH versichert. Die nötige Arbeitsschutzausrüstung stellt der Mitarbeiter persönlich zur Verfügung.

Zu diesem Zeitpunkt war Klein kein Irrenhaus-Novize mehr. Für sechs andere Zeitarbeitsfirmen hatte er schon gearbeitet, eine schlimmer als die andere. So fuhr er zum Gewerkschaftshaus. Sein Betreuer »Wolle«, mittlerweile ein guter Bekannter, las mit finsterer Miene den Vertrag. Dann schimpfte er: »Einfühlungsverhältnis? Was ist denn das für ein Blödsinn! Das klingt ja, als würdest du im Puff arbeiten. Du willst doch aber auf den Bau oder in die

Fabrik. Und zur Überprüfung deiner Qualifikation ist doch die Probezeit da.«

Der Gewerkschafter witterte: »Na klar, du sollst dort zwei Tage kostenlos arbeiten, und wenn du wieder weg bist, kommt der Nächste. Und bei den vielen Arbeitslosen, die wir in Dresden haben, findet dein Chef genug Leute für einen ganzen Monat.«

Außerdem war eine wichtige Frage offen: »Wenn du da nicht über Gamatec versichert bist – über wen dann?« Am liebsten hätte Emanuel Klein den Vertrag in Stücke gerissen. Doch der Kontakt war von der Arbeitsagentur vermittelt worden. Dieses Jahr hatte er schon zwei ähnliche Angebote abgelehnt und stand unter Zugzwang; die Behörde drohte, sein Hartz IV zu kürzen.

Wo die Baustelle eigentlich liege, fragte »Wolle«. »Im Stellenangebot stand Dresden als Arbeitsort«, sagte Emanuel Klein. Aber warum war das Einsatzgebiet im Vertrag dann als »Deutschland und Europa« definiert? »Am Ende schicken die dich vielleicht nach Straßburg«, meinte Wolle. Er rief in der Hauptverwaltung in Frankfurt an, um herauszufinden, was ein »Einfühlungsverhältnis« sei? Niemand wusste Antwort. Es war kein juristischer Begriff, sondern ein Taschenspieler-Trick des Irrenhauses.

Schließlich bekam Klein doch einen Vertrag ohne »Einfühlungsverhältnis«. Dennoch wurde er über den Tisch gezogen: Die Baustelle in Dresden hatte als Köder gedient. Nun, da er am Haken zappelte, wurde ihm der wahre Einsatzort offeriert: eine Baustelle bei Nordhorn, schlappe 600 Kilometer entfernt.

Diese Episode stammt aus dem erschütternden Tatsachenbericht »Die Sklavenhändler«, den der Schlosser Emanuel K. – der seinen vollen Namen nicht preisgibt – 2008 bei Books on Demand veröffentlich hat.[63] Der junge Mann beschreibt, wie er als menschliche Ware durch den ganzen deutschsprachigen Raum verschoben wurde, von Baustelle zu Baustelle, von Zeitarbeitsfirma zu Zeitarbeitsfirma. Er deckt auf, wie diese Firmen ihre Mitarbeiter über den Tisch ziehen, sich einen Dreck um deren Rechte, deren Gesundheit und deren Würde scheren.

Einmal wurde der Zeitarbeiter Klein mit Kollegen in das österreichische Linz abkommandiert, um dort in einer Papierfabrik Rahmen und Stützen zu bauen. In der Fabrik hing feuchte Luft wie in den Tropen. Klein und seine Kollegen klotzten wie die Berserker. Obwohl es höllisch laut war, bekamen sie keine Ohrenschützer. Und obwohl sie mit funkensprühenden Schweißgeräten und messerscharfen Blechen arbeiten mussten, bekamen sie keine Schutzhandschuhe. Selbst über die größten Risiken ihres Arbeitsplatzes hatte sie niemand informiert, so dass es fast zu einer Katastrophe gekommen wäre:

»Eines Abends kamen wir zur Nachtschicht. Die Männer von der Werksfeuerwehr liefen überall herum. (Mein Kollege) Ronny stand auf einem Gitterrost. In dem Kanal unter ihm waberte eine bunt schillernde, ölige Flüssigkeit. Als er sich über dem Rost eine Zigarette anzünden wollte, stieß ihn ein anderer Leiharbeiter zur Seite und brüllte: ›Bist du noch ganz dicht?! Willst du uns alle in die Luft jagen?‹« Offenbar handelte es sich um eine explosive Flüssigkeit.

Die Männer schufteten im Akkord, nachts, an Sonntagen, rund um die Uhr. Doch als es an die Lohnabrechnung ging, war ihre Irrenhaus-Direktorin von dieser Einsatzfreude wenig erbaut: Sie rügte ihre Insassen, wie Klein berichtet, »weil wir unsere Stunden am Sonntag eingeschrieben haben und sie das jetzt ändern müsse. Die Firma hatte nämlich keine Sonntagsbaugenehmigung. Also wurden die Arbeitsstunden auf die Werktage umgeschrieben, und ich bekam keinen Sonntagszuschlag.«

Dieselbe Chefin hatte sich schon früher als Miss Dagobert erwiesen. Als Ronny, der Kollege, sich vor einem Einsatz in Belgien erkältete, schickte sie ihm keine Besserungswünsche, sondern eine fristlose Kündigung. Damit war er arbeitslos, und das Krankengeld wurde vom Staat übernommen. Als die Erkältung auskuriert war, wurde er sofort wieder eingestellt.

Die Zeitarbeits-Branche, in die Emanuel Klein eintauchte, ist ein zum Himmel stinkender Sumpf, der Menschen verschlingt. Die Irrenhäuser scheuchen ihre Insassen durchs Land, schubsen sie von einer Baugrube in die nächste, immer kurzfristig, immer willkürlich.

Da werden Pausen, die den Arbeitern zustehen, einfach verweigert. Da werden Fahrtkosten, die laut Gesetz zu erstatten sind, eben nicht erstattet. Es fehlt an Schutzkleidung, an Arbeitsmitteln, an vernünftigen Unterkünften, an so ziemlich allem, was es für menschenwürdige Arbeit braucht. Und wer seinen Knebelvertrag kündigt, muss als Dankeschön auch noch mit einer saftigen Vertragsstrafe rechnen.

Dass dies alles nicht legal und damit juristisch anfechtbar ist, hilft den Zeitarbeitern wenig: Viele fürchten Arbeitslosigkeit mehr als unwürdige Arbeit. Viele haben nicht die Kraft, nicht das Wissen und schon gar nicht das Kapital, um sich auf juristische Schlachten mit vermögenden Firmen einzulassen.

Denn der fette Profit landet bei den Zeitarbeits-Irrenhäusern. Sie geben nur einen Bruchteil jener Summen, die sie ihren Auftraggebern abknöpfen, an die Zeitarbeiter weiter. Emanuel Klein hat meist um die 6 Euro pro Stunde bekommen, immer wieder musste er sich privat Geld leihen, obwohl er fleißig malochte.

Wer der Meinung war, die Sklaverei sei abgeschafft, sollte auf der nächsten Baustelle mal mit einem Zeitarbeiter sprechen. Die Abgründe, die sich da auftun, klaffen tiefer als jede Baugrube.

---

§ 27 Irrenhaus-Ordnung: Wer den Leiharbeiter mit einem Boxsack vergleicht, der sich schlagen lässt, aber niemals zurückschlägt, übersieht einen wichtigen Unterschied: Der Boxsack ist teurer!

Der große Paket-Schwindel

Der Paketbote Reinhard Schädler würde am liebsten gegen die Haustür treten: Mehrfach hat er den Klingelknopf gedrückt. Doch an der Tür rührt sich nichts. »Wo sind die alle?«, fragt er aufgebracht. Die Freisprechanlage antwortet ihm – mit Schweigen. »Heute ist echt eine Katastrophe«, schimpft er. »Das nervt, nervt, nervt!« Er schleppt das Paket zurück zu seinem Wagen. Wie so oft an diesem Tag.

Starke Nerven braucht ein Zusteller. Und starke Muskeln: Drei bis fünf Tonnen bewegt er im Laufe eines Tages – ein echter Knochenjob. Ein Blick in Reinhard Schädlers Lieferwagen: Der Laderaum ist bis unter die Decke vollgestopft mit über 200 Paketen. Sogar auf dem Beifahrersitz stapeln sie sich hoch.

Für welchen Arbeitgeber Schädler seine Pakete zustellt, ist nicht zu übersehen: Auf der Rückseite seiner Jacke, im Firmendesign gehalten, steht »DHL«. Mit einem DHL-Wagen fährt er vor, in einem DHL-Zentrum holt er seine Pakete, und seine Tätigkeit entspricht exakt der eines DHL-Zustellers. Und doch: Er ist keiner! Über »DHL« steht auf der Jacke ein Zusatz: »Servicepartner«.

Ein einziges Wort – ein riesiger Unterschied! Schädler bekommt keine elf Euro pro Stunde (oder mehr), wie ein Post-Mitarbeiter, er muss sich als Mitarbeiter eines Subunternehmens mit weniger als der Hälfte begnügen: Fünf Euro brutto tröpfeln in seine Lohntüte.

Genauso unwürdig wie dieser Hungerlohn war der Start seines Arbeitsverhältnisses: Schnurstracks, ehe es einen Arbeitsvertrag gab, kommandierte ihn sein Chef an die Zustell-Front. Der Vertrag kam später – und mit ihm eine böse Überraschung: »Überstunden werden nicht vergütet«, hieß es dort. Die Arbeitszeit wurde auf »mindestens 40 Stunden« festgelegt. »Mindestens« klang, als wären Überstunden einkalkuliert. So war es! Der Paketbote musste sechs Tage die Woche ranklotzen, zehn bis zwölf Stunden. Mehr als ein Drittel seiner Arbeitszeit stiftete er einem wohltätigen Zweck: in die Tasche seines Arbeitgebers.

Doch von Dankbarkeit keine Spur! Der Schichtleiter trommelte seine Leute zusammen und tobte: Die Mitarbeiter brächten zu viele Pakete zurück, erfüllten die Vorgaben der Post nicht. Aber was sollten sie tun, wenn sie vor verschlossenen Türen standen? Dem Schichtleiter war das egal. Er drohte mit Rauswurf. Reinhard Schädler ließ sich nicht einschüchtern: Er suchte ein Gespräch mit seinem Chef. Dabei sagte er deutlich, wie er die vielen Überstunden empfand – als Zumutung.

Der Chef antwortete: »Wir rechnen nicht nach Stunden.«

»Aber ich rechne nach Stunden«, sagte Schädler.

»Den Fehler sollte man nicht machen!«

Dann tat Schädler etwas Ungeheuerliches: Er dachte laut über einen Betriebsrat nach. Sein Chef zog prompt die Notbremse: »Herr Schädler, wir kommen doch auf keinen Nenner, wir lösen das Arbeitsverhältnis auf.«

Pech für den Mitarbeiter? Nein, Pech für den Chef! Sein Paketfahrer war in Wirklichkeit ein NDR-Reporter, der undercover als Bote angeheuert hatte, um die unmenschlichen Arbeitsbedingungen mit der Kamera zu dokumentieren. Seine Reportage ist ein Lehrstück über eine Ausbeutung, die auf offener Straße geschieht, aber kaum durchschaut wird.[64]

Der Kunde nimmt nur sein Paket entgegen. Das andere Päckchen, das der Kurier zu tragen hat, nämlich die Zumutungen, die ihm sein Arbeitgeber aufbürdet, sieht er nicht.

In Sachen Ausbeutung geht die Post ab, in ganz Deutschland. Wolfgang Abel, bei der Dienstleistungsgewerkschaft Verdi für Postdienst zuständig, sagte dem NDR: »Es gibt mindestens 50 000 Paketzusteller bundesweit bei den fünf großen Playern, von denen sind mindestens 35 000 nach diesen Bedingungen beschäftigt.« Einige der großen Paketdienste – Hermes, DPD und GLS – arbeiten sogar zu 100 Prozent mit Subunternehmern.[65]

Was nützen Mindestlöhne, wenn sie keiner einhält? Was nützen Rechte, wenn sie keiner einklagt? Und was nützt es, wenn sich große Arbeitgeber wie DHL von den Praktiken ihrer Subunternehmer distanzieren, sie aber gleichzeitig zulassen und fördern, etwa durch die Vorgabe von Zustellquoten?

Die Würde des Leiharbeiters ist antastbar. Auch in anderen Branchen. Je schmutziger und gefährlicher eine Arbeit, desto eher greifen die Irrenhäuser auf Leihsklaven zurück. Dreimal dürfen Sie raten, wer in den deutschen Atomkraftwerken die Arbeit mit der höchsten Strahlendosis verrichtet? Die Leiharbeiter! Über 24 000 sind als Himmelfahrtskommando im Einsatz.[66] Sie wechseln die Brennelemente aus, schrubben die Böden der Abklingbecken und tauchen sogar in den Primärkreislauf ab, um Löcher zu stopfen.

Die Irrenhaus-Direktoren spielen Schweinchen Schlau: Kostengünstig lagern sie die Strahlenbelastung aus. Die Jahresdosis für das gesamte Eigenpersonal der Atomkraftwerke beziffert die Bundesregierung auf 1,7 Sievert (das ist die Maßeinheit für Strahlenbelastung). Dagegen kommen die Fremdbeschäftigten insgesamt auf 12,8 Sievert. Knapp 90 Prozent der Strahlenbelastung gehen am eigenen Humankapital vorbei und treffen zielsicher die menschliche Leihware.

Der AKW-Boss darf also sicher sein, dass seine eigenen Mitarbeiter, wenn sie in seinem Chefbüro vorsprechen, ihm nicht allzu viel Radioaktivität in den teuren Teppich treten. Der Geigerzähler schweigt. Der Betriebsrat bleibt friedlich. Der heilige Sankt Florian hat das eigene Haus verschont; nur die Zelte der Zeitarbeiter brennen.

Wenn der Leiharbeiter dann seine Schuldigkeit getan hat, wenn er wochenlang geschuftet und den gröbsten Dreck beseitigt hat, darf er als Nuklear-Nomade zum nächsten Kraftwerk weiterziehen. Mit hängenden Mundwinkeln. Aber doch strahlend.

§ 28 **Irrenhaus-Ordnung:** Ein Leihmitarbeiter wird entlassen, wenn er ein schweres Delikt begeht. Als schwere Delikte gelten: Körperverletzung, Diebstahl und das Einfordern der eigenen Rechte.

 **Betr.: Warum ich immer in Spelunken übernachten musste**

Anfangs hatte ich noch in romantischen Vorstellungen geschwelgt: Ich malte mir aus, als Zeitarbeiter im Handwerk würde ich viel von Deutschland sehen, in bequemen Hotelbetten schlafen, mich in heißen Badewannen räkeln und wenigstens nach der harten Arbeit zu einer guten Erholung finden. Laut Vertrag musste ich nur bis zu 20 Euro pro Übernachtung bezahlen, der Rest wurde von der Zeitarbeits-Firma übernommen.

Aber schon mein erster Einsatz riss mich aus den Träumen. Eine finstere Absteige im Bergischen Land war für mich gebucht worden, 30 Kilometer von der Baustelle entfernt (warum eigentlich so weit?). Das Zimmer war klein wie ein Schuhkarton. Die Tapete blätterte von den Wänden. Die Matratze war so durchgelegen, dass mein Rücken jede einzelne Latte im Rost spüren konnte. Schwarze Käfer krabbelten hinterm Bett herum, Spinnen seilten sich von der Decke ab.

Dusche und Toilette lagen auf dem Flur. Aber das Klo war rund um die Uhr von Typen besetzt, die geräuschvoll ihren Schnaps mit Beilage von sich gaben. Und aus dem Duschkopf kam nur Luft, bis ich mit der Faust gegen den Boiler schlug. Plötzlich prasselte dampfendheißes Wasser auf meinen Körper. Ich schrie. Meine Haut sah später aus wie nach einem Sonnenbrand.

Auf dem Rückweg zur Baustelle notierte ich mir die Anschriften von Hotels am Wegesrand. Diese Adressen gab ich der Sekretärin durch, nachdem ich über die Zustände in meiner Pension berichtet hatte. Doch schon Minuten später rief sie zurück: »Tut mir leid, Sie müssen in der Pension bleiben. Befehl vom Chef.«

Und so ging es weiter: Immer wenn ich auf eine neue Baustelle kam, wurde ich in die schlimmsten Spelunken der ganzen Region gebucht – die einheimischen Kollegen kondolierten mir zu meiner Unterkunft. Oft mutete man mir Fahrtwege von 20 oder 30 Kilometern zu. Das musste ich aus eigener Tasche bezahlen.

Warum war die Firma so blöd, mir Kraft und Motivation durch schäbige Unterkünfte und weite Fahrten zu rauben? Ein Kollege öffnete mir die Augen: »Was kostet die Übernachtung in solchen Absteigen? Rund 20 Euro. Und was darf man uns pro Nacht vom Lohn abziehen? Genau 20 Euro. Für ein Zimmer, das besser wäre, müsste die Firma ein paar Euro von ihrem fetten Gewinn rausrücken. Das will sie natürlich nicht – da lässt sie uns lieber weite Fahrten zu Kaschemmen mit unserem Benzingeld finanzieren.«

Ja, wir wurden stets in die schäbigsten Unterkünfte im Umkreis von 30 Kilometern gesteckt – auf unsere Kosten. Später habe ich meist in meinem Auto übernachtet und auf Campingplätzen geduscht. Luxus war das auch nicht. Aber wenigstens sauber.

Tom Krüger, Maurer

 **Betr.: Wie ich gekündigt wurde, ehe ich
meine Zeitarbeit begonnen hatte**

Der Mann beim Arbeitsamt schaute grimmig: »Tut mir leid,
aber wenn Sie dieses Angebot ablehnen, dann müssen wir Ihnen
die Leistungen kürzen.« Tatsächlich hatte ich bereits einige Angebote abgelehnt, weil sie mit meiner Qualifikation als Germanistin nichts zu tun hatten. Diesmal kam ich aus der Nummer
nicht raus. Ich sollte über eine Zeitarbeitsfirma als »Marktforscherin« einspringen. Meine »Forschung« sollte darin bestehen,
die Passanten in einer Fußgängerzone mit Fragen nach ihren
Einkaufsgewohnheiten zu belästigen. Mir graute davor.

Aber mein Sachbearbeiter nickte mir aufmunternd zu.
»Vielleicht haben Sie die Chance, von dieser Agentur übernommen zu werden und einen besseren Arbeitsplatz zu bekommen – bei Ihrer Qualifikation.«

Die Zeitarbeitsfirma war nicht wählerisch. Bereits am Telefon sagte man mir die Stelle zu. Allerdings sollte ich nicht im
heimischen München, sondern in Nürnberg für eine Marketing-Agentur eingesetzt werden. Am nächsten Montag, Punkt
acht Uhr, wurde ich erwartet. Die »Marketing-Agentur« saß in
einem schäbigen Hinterhaus. Ich klingelte. Durch die Sprech-
anlage knackte eine Frauenstimme: »Ja, bitte?«

»Ich bin Daniela Eilbert aus München. Ich soll im Auftrag
meiner Zeitarbeitsfirma heute bei Ihnen als Marktforscherin
anfangen.«

»Moment, da muss ich mal fragen.«

Schlotternd stand ich im Herbstwind und wartete, dass man
mich hereinbat. Das Schweigen währte so lange, dass ich schon
dachte, sie hätten mich vergessen. Dann knackte die Sprechan-

lage wieder: »Tut mir wirklich leid, aber diese Interviewer-Stelle haben wir am Freitag selbst vergeben.«

»Aber ich habe den Auftrag doch gerade erst erhalten!«

»Wir hatten Ihre Firma informiert, dass die Anfrage hinfällig geworden ist.«

»Und wofür bin ich dann extra aus München nach Nürnberg gefahren?!«

Ohne dass ich einen Vertreter dieser Firma gesehen, ja nur einen Fuß über die Türschwelle gesetzt hatte, musste ich wieder abziehen. Ich kam mir vor wie ein Paket, dessen Annahme verweigert worden war. Und so ging's zurück zum Absender: zu meiner Zeitarbeitsfirma.

Dort löste meine Geschichte hektische Aktivität aus. Meine Betreuerin sprach beiläufig von einem »bedauerlichen Missverständnis«, während sie auf ihrer Tastatur klimperte und einen Druckbefehl gab. Sie unterschrieb ein Dokument und drückte es mir in die Hand. Ich schaute zweimal hin: Es war meine Kündigung in der Probezeit! Ehe ich angefangen hatte, war ich schon wieder gefeuert.

Eine Umfrage darüber, welche Sitten in dieser Firma üblich waren, erübrigte sich!

Daniela Eilbert, Germanistin

 **Betr.: Wie mich mein Chef zum Privatsklaven macht**

Der Vorarbeiter hatte wieder mal einen Spezialauftrag für mich: »Am Samstag, 8 Uhr, brauche ich dich für meinen Umzug.« Es war Donnerstag, eigentlich hatte ich mein Wochenende schon verplant. Als er sah, dass ich zögerte, fügte er hinzu: »Du hängst doch an deinem Arbeitsplatz – oder?«

So ging das immer: Er setzte mir die Pistole auf die Brust, er erpresste mich. Wie oft schon hatte ich sein Auto durch die Waschstraße gefahren, war als Bote für seine Frau losgeflitzt oder hatte säckeweise Gartenerde besorgt. Am meisten hasste ich die Privateinkäufe: Immer hieß es, ich sollte das Geld nur »auslegen«. Doch wenn er die Einkäufe entgegennahm, ließ er sein Portemonnaie stecken.

Nun war ich also als Umzugshelfer gefragt. Meinen Leiharbeiter-Kollegen verschwieg ich diesen Einsatz – es war mir einfach peinlich, was ich alles mit mir machen ließ. Doch offenbar ging es den anderen nicht besser: Vor dem Haus des Chefs winkten mir schon zwei andere Leiharbeiter entgegen. Einer hatte seinen alten Kombi als Umzugsfahrzeug mitbringen müssen.

Der Vorarbeiter wusste, dass er uns in der Hand hatte. Er hätte nur einmal bei unserer Zeitarbeitsfirma anrufen müssen, schon wäre unser Einsatz beendet gewesen. Wir waren nur geliehen. Es brauchte keine Kündigungsgründe, um uns wieder loszuwerden.

Diese Macht nutzte der Vorarbeiter aus, auch in der Firma. Dort hatte er uns Leiharbeiter aufgefordert, einmal pro Woche ein »Semmeln-Frühstück« auszugeben. Erst hatten wir noch abgelehnt, weil das viel zu teuer war. Doch schließlich hatten wir einmal nachgegeben. Danach wurde sofort ein Gewohnheitsrecht daraus: Jeden Donnerstag hatten wir belegte Semmeln mitzubringen. Dass wir uns dieses Frühstück nicht leisten konnten, schien den festangestellten Kollegen ihren Appetit nicht zu verderben. Sie selbst luden uns nur an ihren Geburtstagen ein.

Der Umzug des Vorarbeiters dauerte bis zum späten Abend. Ich spürte jeden Knochen einzeln. In der Woche danach mussten wir noch beim Tapezieren helfen. Geld gab's dafür keines. Wir waren schon froh, dass wir keine Semmeln mitbringen mussten.

Jörn Siebert, Hilfsarbeiter

8.
Die Gehaltsdrücker-Kolonne:
»Wir geben nichts!«

Auch wenn die Gewinne wie Platzregen auf Ihre Firma einprasseln: Sobald Sie mehr Gehalt fordern, herrscht in der Kasse (angeblich) Ebbe. Dieses Kapitel verrät Ihnen …

- wie ein Maulwurf in einer Firma, die gerade Mitarbeiter entließ, 17 äußerst peinliche Chefgehälter ans Licht wühlte,
- was ein Mitarbeiter, der mehr Gehalt will, mit einem Bankräuber gemeinsam hat,
- welche Gehälter – oh Wunder! – sich in den letzten 20 Jahren verfünffacht haben
- und wie ein Mitarbeiter, der eine Gehaltserhöhung wollte, mit einer Gehaltskürzung aufwachte.

Ein Maulwurf im Irrenhaus

Der Maulwurf ist ein possierliches Tierchen. Doch was er ans Licht bringt, sorgt oft für Ärger. Das gilt im Vorgarten, aber auch in Irrenhäusern. Erst recht, wenn der Maulwurf einen brisanteren Stoff als Erde schaufelt: Gehaltszahlen. Dann kann's peinlich für die Irrenhaus-Direktoren werden.

Beim Fußball sind die wichtigen Zahlen eigentlich öffentlich: Punkte und Tore. Sie stehen in der Tabelle. Manchmal stehen sie auf der falschen Seite der Spalte. Dann krebst ein Verein im Tabellenkeller. So war das beim Zweitligisten SV Wehen Wiesbaden in der Saison 2008/2009.

Das eigene Tor wurde schlecht gehütet. Anders die Spielerge-hälter! Sie galten als »streng vertraulich«, was übersetzt stets heißt: »Wir haben was zu verbergen!« Wenn ein Irrenhaus-Mitarbeiter nicht wissen darf, was der andere verdient, ist der Grund immer derselbe: Ungerechtigkeit. Lägen die Gehaltsunterschiede in der Leistung begründet, könnte man sie erklären und müsste kein Ge-heimnis daraus machen.

Der Maulwurf ging beim SV Wehen rabiat ans Werk: Er schau-felte die Gehaltszahlen aller Spieler auf den Tisch eines »Bild«-Redakteurs. Der nutzte die Steilvorlage für ein publizistisches Tor.[67] Am nächsten Tag wusste die halbe Nation, wie ungleich die Gehälter bei jenem Verein verteilt waren, dessen treuster Stadion-besucher in den letzten Monaten das Abstiegsgespenst war.

Wie konnte es sein, dass der Fußballer Sanibal Orahovac im Monat 17 000 Euro in seine Gehaltstüte gestopft bekam und noch 1500 für jeden Punkt dazu? Welche sachlichen Gründe gab es da-für, dass der Verein ihn mitten im Abstiegskampf mit einer fünf-stelligen Prämie bei Laune gehalten hatte?

Die anderen Spieler des Irrenhaus-Vereins waren sauer. Hatte man einige nicht mit Gehältern der halben Höhe abgespeist, un-ter Hinweis darauf, mehr Geld sei nicht da? Und warum gab es für sie keine so fetten Punkteprämien und Sonderzahlungen?

Niemand wusste darauf eine Antwort, am wenigsten Teamchef Sandro Schwarz. »Das ist eine Vollkatastrophe«, gab er unum-wunden zu. Auch Vizepräsident Markus Hankammer schimpfte: »Das ist eine Schweinerei.« Und blies zur Maulwurfs-Jagd. Dabei wäre der Weg zu demjenigen, der diese besoffenen Gehälter ge-nehmigt hatte, kürzer gewesen – vielleicht hätte ein Blick in den nächsten Spiegel einen sachdienlichen Hinweis geliefert?

Doch nicht nur in Fußballstadien, auch in Medienhäusern fühlen sich Maulwürfe wohl. Zum Beispiel bei Spiegel TV. Deren Rechercheure wühlen gern im öffentlichen Leben, bis sie einen

Skandal ausgegraben haben. Aber was, wenn der Maulwurf in der eigenen Firma buddelt und schlagzeilenträchtige Fakten ans Licht bringt?

2011 herrschte bei Spiegel TV eine Stimmung, neben der jede Trauerprozession wie ein Faschingsumzug gewirkt hätte: Ein radikaler Stellenabbau war angekündigt und mit harter Hand begonnen worden, 35 Arbeitsplätze sollten gestrichen werden.[68] Dabei schoss das mediale Irrenhaus seine giftigen Kündigungs-Pfeile in letzter Sekunde ab – und die Mitarbeiter duckten sich, wo sie konnten; einige montierten sogar die Klingelschilder ab, damit sie nicht getroffen wurden. Der Personalchef, der für diese irren Manöver verantwortlich war, nahm später seinen Hut. Der Grund für die Entlassungen? Geld fehlte. Lukrative Produktionen waren angeblich weggefallen. Dass auf Teufel komm raus gespart werden musste, stand für das Irrenhaus fest. Und zu wem der Teufel kam, war ebenfalls klar: zu den Insassen, nicht zu den Direktoren.

Und während alle vom Gürtel sprachen, der enger geschnallt werden müsse, während die Schreibtische der frisch entlassenen Kollegen verwaist blieben, während sich mehr Arbeit auf weniger Schultern stapelte, flatterte der kompletten Belegschaft eine anonyme Mail ins Postfach. Sie wandte sich an die »Liebe(n) Kolleginnen und Kollegen«, war um 9.30 Uhr abgeschickt worden und, wie es sich für Spiegel TV gehört, druckreif und pointiert formuliert:

> *»Weil sich schon jetzt abzeichnet, dass der Etat 2011 in sich zusammenfällt und trotz aller Dementis die nächste Entlassungswelle vorbereitet wird, haben wir folgenden Vorschlag: Schmeißt endlich diejenigen raus, die Spiegel TV in die Grütze reiten.«*

Mit offenem Mund starrten die Mitarbeiter auf den Anhang, die eingescannten Gehaltszahlen der Führungskräfte. Darin spiegelte sich, vorsichtig gesagt, nicht gerade eine Krise. Nicht weniger als 17 (!) Irrenhaus-Direktoren kassierten jeweils zwischen 160 000 und 350 000 Euro pro Jahr. Zur gleichen Zeit kegelten sie Mitarbeiter vor die Tür, die nicht mal ein Viertel davon verdienten, und sangen das hohe Lied des Sparens.

Alle, Mitarbeiter wie Direktoren, waren sich einig: ein »ungeheuerlicher Vorgang«. Nur meinte die Irrenhaus-Direktion mit dieser Formulierung etwas anderes als die Angestellten: Sie dachten ausschließlich an die Veröffentlichung der Zahlen. Nicht die Höhe der eigenen Gehälter, nicht die würdelose Entlassungs-Treibjagd auf Mitarbeiter fanden sie unmoralisch, sondern nur die Tatsache, dass ein Maulwurf es gewagt hatte, in ihre »Privatsphäre« einzudringen.

Vorschlag fürs Tierlexikon: Als idealer Lebensraum des Maulwurfs kann das Irrenhaus hinzugefügt werden. Aktiv wird er vor allem dann, wenn seine feine Nase einen beißenden Geruch wahrnimmt: den von Ungerechtigkeit.

§ 29 **Irrenhaus-Ordnung:** Wenn ans Licht kommt, dass ein Manager unsittlich viel verdient, ist nicht der Manager schuld daran, sondern das Licht.

Der Gehalts-Überfall

Wer zu seinem Chef geht, um mehr Gehalt zu fordern, fühlt sich wie ein Bankräuber auf dem Weg zum Schalter. Gleich geht ein großes Geschrei los! Gleich heult der Alarm! Gleich verriegeln sich alle Tresore automatisch! Es läuft auf ein einsames Duell hinaus zwischen dem Insassen und seinem Irrenhaus-Direktor.

Beide Hauptdarsteller, Räuber und Direktor, maskieren sich für die Verhandlung. Anstelle eines Schlapphutes trägt der Mitarbeiter ein demonstratives Selbstbewusstsein, auch wenn seine Stimme so dünn ist, dass er Mickey Mouse synchronisieren könnte. Und der Irrenhaus-Direktor, mag er auch auf vollen Kassen sitzen, schlüpft in die Rolle des Mannes mit den leeren Taschen.

Sparen, sparen, sparen: Nach diesem Motto agieren die Irrenhäuser in den Gehaltsverhandlungen. Die Frage ist nicht: Wie gut macht ein Mitarbeiter seinen Job, was bringt er der Firma, wo liegt sein fairer Gegenwert? Nicht: Was müssen wir dem Mitarbeiter bieten, damit er motiviert bleibt, Fortschritte machen und eine Perspektive sehen kann? Die Frage ist nur: Wie können wir ihn drücken?

Kein anderes Thema ist mit so vielen Tabus behaftet wie das Gehalt. Etliche Irrenhäuser verbieten den Austausch über die Vergütung per Vertrag, obwohl das juristisch nicht statthaft ist.[69] Die Gehaltsstrukturen sind schief wie der Turm von Pisa. Dass sich zwei Kollegen ein Büro und eine Arbeit teilen, aber einer bekommt im Monat 2000 Euro, der andere 3000, solche Fälle erlebe ich immer wieder. Schweigeklauseln in Verträgen sollen als Augenbinde wirken. Doch sie schärfen den Blick der Mitarbeiter, als würde ein Ehepartner in den Ehevertrag schreiben: »Die Recherche über Seitensprünge ist verboten!«

Was tut ein Gehaltsräuber, wenn er schon weiß, wie unerwünscht sein Besuch ist? Er setzt auf den Überraschungseffekt. Mit einem Schlag steht er vor seinem Direktor, hält ihm die Verbal-Pistole an den Kopf und zischt: »Mehr Gehalt oder ich bin weg!« In ungeübten Ohren mag das wie eine Erpressung klingen (weil es Erpressung ist), doch auf Samtpfötchen läuft hier gar nichts. Chefs sind trainiert darin, Spielzeugpistolen von echten Waffen zu unterscheiden. Ein sicheres Zeichen dafür, dass der

Gehaltsräuber nicht scharf schießen wird, ist zum Beispiel der Konjunktiv. Wer zu seinem Chef sagt: »Es wäre schön, wenn ich mal wieder eine Gehaltserhöhung bekommen könnte«, hat gleich vier Fehler in einem Satz begangen.

Der erste Fehler heißt »wäre«, der zweite heißt »könnte« – diese Konjunktive verraten: Der Gehaltsräuber meint es nicht ernst! Mit seinen Spielzeug-Worten fuchtelt er vor der Nase des Direktors herum, doch er deutet bereits an: Zur Not zieht er unverrichteter Dinge ab. War ja nur ein Versuch! Danach wird er seine Arbeit genauso treu, genauso fleißig und vor allem genauso billig verrichten wie vor dem Überfall. Warum sollte der Irrenhaus-Direktor einem so unentschlossenen Gehaltsräuber nachgeben?

Der dritte Fehler des Räubers: Durch die Aussage, er wolle »mal wieder« eine Gehaltserhöhung, kratzt er beim Direktor eine alte Wunde auf: Kann es sein, dass dieser Mitarbeiter in der jüngsten Vergangenheit, sagen wir vor 15 Jahren, schon mal bei einem Gehaltsraub erfolgreich war? Dass er nun, immer noch übermütig, an den Ort seiner Untaten zurückkehrt? Und dass er, wenn er jetzt erfolgreich wäre, jeden zweiten Tag mit einer neuen Forderung käme?

Der Irrenhaus-Direktor macht dicht wie ein Tresor. Diese Wiederholungstat will er mit allen Mitteln verhindern! Erst recht, weil der Räuber noch einen vierten Fehler begangen hat: Er sprach von einer »Gehaltserhöhung«. Dieses Wort hat in den Ohren seines Direktors denselben Klang wie »11. September« beim New Yorker. »Gehaltsanpassung« wäre klüger gewesen.

Warum ist es nicht möglich, dass zwei erwachsene Menschen vernünftig über eine ganz normale Sache sprechen: dass ein Mitarbeiter, wenn er mehr leistet, auch mehr Gehalt bekommen muss? Warum ist diese Verhandlung so peinlich, obwohl sich in der Geschäftswelt doch alles ums Geld dreht? Und warum braucht es so viel Theaterdonner, bis dann am Ende, wenn überhaupt, ein fauler Kompromiss steht?

Weil die Irrenhäuser ihre Mitarbeiter immer noch als Lohnsklaven sehen. Ihr Motto ist: je billiger, desto besser. Mitarbeiter am Gewinn beteiligen? Sie über Geschäftsergebnisse informieren? Sie gar wie Mitunternehmer behandeln? Solchen Quatsch spart man sich für die Weihnachtsrede, im Alltag regiert der (geile) Geiz.

Die Irrenhaus-Direktoren agieren als Gehaltsdrücker-Kolonne. Jede Gehaltsforderung, die sie abschmettern, verbuchen sie als Erfolg – selbst wenn die Forderung berechtigt war und die Motivation des Mitarbeiters gleich mitzertrümmert wird. Bei ihrer Sparpolitik übersehen sie, dass die schlechtesten Gehälter auf Dauer nur die schlechtesten Mitarbeiter halten. Dagegen wandern die guten, die ambitionierten, die talentierten Mitarbeiter dorthin ab, wo mehr gezahlt und weniger gefeilscht wird – zu Nicht-Irrenhäusern.

Merke: Ein Mitarbeiter, der mehr Gehalt will, ist kein Räuber – auch wenn er von den Irrenhäusern so behandelt wird!

§ 30 **Irrenhaus-Ordnung:** Was der Mond für einen Werwolf ist, ist die Gehaltsforderung des Mitarbeiters für einen Chef: ein Grund, aus der Haut zu fahren und zu heulen.

 **Betr.: Wie sich Führungskräfte an Mitarbeitern bereichern**

Nachdem ich zum Abteilungsleiter befördert worden war, interessierte mich brennend, welcher Etat mir pro Jahr für Gehaltserhöhungen zur Verfügung stand. Mein Chef erklärte mir: »Sie bekommen jedes Jahr eine Summe, die Sie nach eigenem Ermessen unter Ihren Mitarbeitern verteilen können. Der Gesamtetat steigt jährlich um etwa zwei Prozent.«

»Das heißt, ich kann frei entscheiden, wer von diesem Kuchen ein großes Stück bekommen soll? Und wer ein kleineres?«

Der Chef nickte, besonders eifrig bei dem Wort »kleineres«: »Genau! Nicht jeder Mitarbeiter muss eine Gehaltserhöhung bekommen, nur weil er ein Jahr bei uns abgesessen hat. Das sollte wirklich nach Leistung gehen. Und es ist zweckmäßig, dass Sie nicht den kompletten Etat ausbezahlen.«

»Aber zwei Prozent pro Mitarbeiter sind ja nicht die Welt. Wenn ich den Leistungsträgern zum Beispiel fünf oder sechs Prozent geben möchte, bleibt für die anderen ja kaum was übrig.«

Er neigt sich zu mir und raunte: »Es gibt auch einen Anreiz für Sie persönlich, den Etat zu schonen.« Dann legte er eine kunstvolle Pause ein, als hätte er gerade einen Lottogewinner gezogen und würde ihn nun bekanntgeben: »Von dem Teil des Etats, den Sie nicht beanspruchen, steht Ihnen die Hälfte als außerordentliche Prämie zu. Angenommen, Sie verzichten auf die Auszahlung von insgesamt 6000 Euro – dann gehen am Jahresende 3000 Euro an Sie. Eine Win-win-Lösung, für die Firma und für Sie.«

Wer die Verlierer waren, erwähnte er nicht: die fleißigen Mitarbeiter, die mit Mini-Beträgen abgespeist wurden. Jede Erhöhung, die eine Führungskraft gewährte, bezahlte sie gewissermaßen zur Hälfte aus dem eigenen Portemonnaie. Aus Sicht der Firma hätte es keine bessere Sparbremse geben können.

Schlagartig ging mir auf, warum die Gehaltsverhandlungen mit meinem alten Chef in derselben Firma immer dem Anrennen gegen eine Panzerschrank-Tür geglichen hatten.

Ronald Barnes, Abteilungsleiter (Anlagenbau)

 **Betr.: Wie meine Firma als Stundendieb zuschlägt**

Die Zahl auf meiner Abrechnung gefiel mir nicht: Mein Gehalt lag fünf Prozent niedriger als vereinbart. Es war mein erster Monat bei der bekannten Handelsfirma. Das Kleingedruckte auf der Abrechnung erklärte mir die Differenz: Mein Stundenkonto für den letzten Monat wies ein Defizit von sieben Stunden auf.

Wie konnte das sein? Bei meinem letzten Arbeitgeber hatte ich meine Regelarbeitszeit von 40 Wochenstunden niemals unterschritten. Ganz automatisch blieb ich pro Tag mindestens acht Stunden in der Firma. Genauso hatte ich es an meinem neuen Arbeitsplatz gehalten. Die Arbeitszeiten wurden per Chipkarte erfasst. Konnte sich das Computersystem verrechnet haben?

Im nächsten Monat schrieb ich mir täglich meine Zeiten auf. Das Ergebnis am Monatsende beruhigte mich: Ich hatte es auf 41 Stunden gebracht. Gelassen sah ich der neuen Gehaltsabrechnung entgegen. Böse Überraschung: Wieder war das Gehalt gekürzt, wieder fehlten Arbeitsstunden. Diesmal angeblich sechs.

Ich nahm eine der neuen Kolleginnen zur Seite, schilderte ihr den Vorgang und fragte: »Wie soll ich das unserem Chef verklickern?«

»Besser gar nicht«, sagte sie. »Das System arbeitet gegen dich.«

»Gegen mich?«

»Gegen alle Arbeitnehmer. Die Zeiterfassung wird gerundet. Wenn du um 7.01 anfängst, rundet das System auf 7.15 Uhr. Es stiehlt dir also 14 Minuten.«

»Ist ja eine Sauerei!«, sagte ich. »Auf der anderen Seite: Wenn ich abends um 16.01 gehe und das System 16.15 registriert, bekomme ich wieder 14 Minuten zurück.«

Sie lachte bitter. »Schön wär's! Am Nachmittag rundet das System in die andere Richtung. Wenn du um 16.14 Uhr gehst, wird 16.00 Uhr erfasst.«

»Das ist doch Betrug! Warum lasst ihr euch das gefallen?«

»Frag mal die Kollegen, die dagegen protestiert haben! Einer wurde entlassen, einer aus der Firma gemobbt, und einer macht jetzt die Drecksarbeit im Lager. Es hat schon seinen Grund, warum wir bei uns keinen Betriebsrat durchsetzen können!«

Jeder Mitarbeiter unserer Firma weiß, dass diese Zeiterfassung ein großer Schwindel ist. Aber wer sein Recht durchsetzen will, holt sich eine blutige Nase.

Meine Gegenwehr sieht so aus: Morgens tue ich alles, um kurz vor der vollen Viertelstunde in der Firma aufzutauchen – und abends alles, um kurz nach der vollen Viertelstunde zu gehen. Meine Kolleginnen halten es ebenso. Das ist der Grund, warum in der letzten Viertelstunde kaum mehr gearbeitet, sondern nur noch auf die Uhr geschaut wird.

Unterm Strich verliert die Firma Arbeitszeit. Aber um das zu erfassen, bräuchte man nicht nur Chipkarten, sondern gesunden Menschenverstand. Und daran mangelt es offenbar!

Bianca Lange, Einzelhandelskauffrau

 **Betr.: Warum ich mit Prämie weniger verdiene als ohne**

Was die Geschäftsleitung ankündigte, klang vorzüglich: Jeder Mitarbeiter sollte ab dem kommenden Jahr eine »Erfolgsprämie« ergattern können, in Höhe des eigenen Monatsgehalts. In Gedanken rechnete ich mir schon aus, was ich mit dem zusätzlichen Geld anstellen würde. Vielleicht eine Winterwoche im Süden?

Der Pegel meiner guten Laune sank, als mein Chef die drei Prämien-Ziele definierte: das für die 100-Prozent-Prämie war nahezu unerreichbar und das für 50 Prozent war nur mit Glück zu erreichen. Das für 25 Prozent aber traute ich mir zu.

Immerhin stand fest: Ich würde mehr als im Vorjahr verdienen. Diese Aussicht motivierte mich. Ich stürzte mich in die Arbeit und schaute abends nicht auf die Uhr – schließlich war die Firma auch großzügig zu mir. Dachte ich.

Gegen Jahresende kam eine Mitteilung der Geschäftsleitung: Dieses Jahr müsse das Weihnachtsgeld, eine freiwillige Zahlung, »leider entfallen«. Man jammerte uns vor, wie schlecht die Geschäfte liefen. »Außerdem haben Sie durch Ihre individuellen Prämien die Chance, dennoch Ihren alten Verdienst zu erhalten.«

Völliger Quatsch! Die Ziele waren so hoch gesteckt worden, dass kein Mitarbeiter mehr als 50 Prozent davon erreichte. Den meisten ging es wie mir: Anstelle eines ganzen Monatsgehalts als Weihnachtsgeld bekamen sie nur ein Viertel davon – als »Erfolgsprämie«. Offenbar war diese Radikalkürzung von langer Hand beschlossen und uns Trotteln auch noch als Gehaltschance verkauft worden.

In den folgenden Jahren zog das Geschäft wieder an. Doch das Weihnachtsgeld haben wir nie wieder gesehen. Meine Lehre: Glaub niemals an den Weihnachtsmann – und noch weniger an freiwillige Gehaltserhöhungen!

Tobias König, Fachinformatiker

 **Betr.: Warum ein Drittel meiner Arbeitszeit nicht bezahlt wird**

Ich bin überzeugter Familienvater und lege großen Wert darauf, dass ich genug Zeit mit meiner Frau und meinen Kindern verbringe. Ehe ich meinen Vertrag als Software-Berater unterschrieb, habe ich gefragt: »Welche Arbeitszeit pro Woche erwartet mich?« Antwort: »40 Stunden. Das ist vertraglich geregelt. Überstunden sind freiwillig.«

Doch schon in meiner Probezeit merkte ich, dass die meisten Einsätze bei Kunden ein bis zwei Tage dauerten. Deshalb musste ich pro Woche den Einsatzort etwa dreimal wechseln. Aber wie schafft man es, um 17.00 Uhr noch in Frankfurt zu sein (und Feierabend zu machen) und am nächsten Morgen um 8.00 Uhr in München einen neuen Auftrag anzunehmen? Richtig, indem man mit seinem Dienstwagen nach Feierabend über die Autobahn brettert, dass die Kilometer auf dem Tacho nur so purzeln.

Im Schnitt bin ich pro Woche inklusive Fahrtzeiten 60 Stunden auf Achse. Nicht einmal ins Wochenende komme ich pünktlich, denn oft liegen zwischen meinem Einsatzort und meinem Heimatort mehrere Hundert Kilometer stauverseuchter Autobahnen.

Als ich meinen Vorgesetzten bat, meine Fahrtzeit als Arbeitszeit anzuerkennen, bekam er einen Lachanfall. »Dann müsste ich allen Mitarbeitern hier in der Zentrale auch ihre Anfahrt bezahlen. Viele sind morgens ein bis zwei Stunden unterwegs!«

»Aber diese Mitarbeiter suchen sich ihren Wohnort und die Entfernung zur Firma selbst aus. Ich habe auf meine Einsatzorte keinen Einfluss.«

Er schwang väterlich den Zeigefinger. »Dafür stellt Ihnen die Firma ein Dienstfahrzeug. Ihre Fahrten kosten Sie keinen Cent.«

Ich atmete tief durch. »Sie kosten mich ein Drittel meines Gehalts – so viel Zeit brauche ich zusätzlich, um meine Vergütung zu bekommen.«

»Das ist doch Quatsch«, schimpfte er, »wenn Sie auf der Autobahn Musik hören oder mit Ihrer Frau telefonieren, kann man das nicht als Arbeitszeit bezeichnen.«

»Und wenn ich im Stau stehe, den Elternabend meiner Tochter verpasse und mal wieder bei einem Treffen meiner Freunde fehle – wie bezeichnen Sie das?«

Am Ende rang ich ihm das Versprechen ab, meine Einsatzorte künftig dichter an meinen Wohnort zu legen. Was er unter »dichter« verstand, wurde beim nächsten Auftrag klar: 300 Kilometer Autobahn!

Eike Ober, Software-Berater

Die Untreue-Prämie

Wie gelingt der perfekte Gehaltsraub? Der Mitarbeiter steuert nicht seine Hausfiliale an, die aktuelle Firma, sondern ein Konkurrenz-Unternehmen – als Bewerber. Was jetzt passiert, gleicht einem Wunder: Dieselben Irrenhaus-Direktoren, die ihren eigenen Mitarbeitern jeden Cent verwehren, springen fröhlich an den Tresor und lassen die Scheinchen regnen. Ein Gehaltsplus von 10, 15 oder 25 Prozent – bei einem Wechsel kein Problem.

Ist das nicht ein Witz? Wer sich über Jahre in einer Firma bewährt hat, wer ihr viel Geld gebracht hat und perfekt ins Team passt, der muss in der Gehaltsverhandlung um jeden Cent kämpfen. Hat er Pech, bekommt er eine völlige Abfuhr.

Aber nun kommt jemand von außen gesprungen, ein Fremder. Nicht einen Kunden hat er für die Firma gewonnen, nicht einen Cent umgesetzt, nicht eine Aufgabe bewältigt. Niemand weiß, ob er ins Team passt. Niemand weiß, ob er gut in der Arbeit ist – oder nur darin, sich als Bewerber zu verkaufen. Und was tun die Irrenhaus-Direktoren? Sie sehen den Einsteiger als Erlöser. Sie werfen ihm Summen hinterher, von denen ihre etablierten Mitarbeiter nur träumen können.

Ehe der neue Mitarbeiter das kleine Einmaleins der Firma, die Namen der Kollegen, geschweige denn seine tägliche Arbeit beherrscht, zieht sein Gehalt auf der Überholspur an den Alteingesessenen vorbei. Ich kenne Fälle, in denen langjährigen Mitarbeitern eine Gehaltserhöhung mit Verweis auf die »Gehaltsstruktur« verweigert wurde: »Das wäre ungerecht gegenüber Ihren Kollegen!« Doch als ein neuer Mitarbeiter anfing, kam durch eine Indiskretion der Personalabteilung heraus: Er bekam 25 Prozent mehr als die langjährigen Angestellten. Neuer Mann – neue Struktur!

Wie irrational die Irrenhäuser ticken, zeigt Ihnen dieses Gedankenspiel: Nehmen wir an, Sie würden von Ihrem Chef fordern, er solle Ihr Gehalt bis in zehn Jahren verdoppeln – welche Reaktion wäre wahrscheinlich? Er würde Sie auslachen, ausschimpfen, für verrückt erklären! Aber wenn Sie alle zwei Jahre Ihren Arbeitgeber wechseln und dabei Ihr Gehalt jedes Mal um 20 Prozent steigern, haben sich Ihre Bezüge in zehn Jahren verdoppelt. Das erscheint den Irrenhäusern »ganz normal«.

Dieselben Firmen, die von ihren Insassen »ewige Treue« fordern (es selbst damit bei Entlassungswellen aber nicht so genau nehmen!), belohnen das Gegenteil: die Untreue. Sie machen ihren Mitarbeitern vor, was sich wirklich rechnet: die Sprunghaftigkeit, der ständige Wechsel. Wer lange in derselben Firma bleibt, bleibt lange auf demselben Gehalt sitzen; wer rasch wechselt, erklimmt Gehaltsgipfel.

Die Irrenhäuser verhalten sich nach Art des Hauses: völlig irrational. Ihr kostbarstes Gut, den langjährigen Mitarbeiter, treiben sie in die Flucht. Sein Wissen und seine Erfahrung, seine Kontakte und seine (von der Firma bezahlten) Fortbildungen: All das kommt jetzt der nächsten Firma zugute. Man spart ein paar Cent – und verschleudert ein Vermögen!

Zumal der Sparvorsatz doppelt scheitert. Denn was muss das Irrenhaus tun, um die vakante Stelle zu besetzen? Einen neuen Mitarbeiter einstellen. Je besser der alte Mitarbeiter war, desto höher die Ansprüche. Und wie gelingt es, einen Erst-Liga-Spieler aus einem bestehenden Vertrag zu locken? Richtig, man muss ihm den Wechsel durch ein Spitzengehalt versüßen!

Gerade vor ein paar Monaten habe ich diesen Fall erlebt: Ein qualifizierter Ingenieur verließ seine Firma, als er zum wiederholten Male damit gescheitert war, sein Gehalt von 3750 auf 4000 Euro erhöhen zu lassen. Doch bei der Suche nach einem Nachfolger stellt die mittelständische Firma fest: Unter 4500 Euro war niemand mit entsprechender Erfahrung zu bekommen.

Der neue Mitarbeiter kassierte an seinem ersten Arbeitstag ein Gehalt, mit dem man seinen Vorgänger auf Jahre hätte halten können. Die Sache erwies sich als schlechter Tausch: Schon nach sechs Wochen hatte sich der Neue mit dem halben Team verkracht. Außerdem war er im wahrsten Sinne ein Anfänger: Er musste eingelernt werden wie ein Praktikant, begriffen aber nichts. Nach drei Monaten wurde er entlassen.

Nun kam dem Irrenhaus-Direktor eine grandiose Idee: Er rief seinen Ex-Mitarbeiter an und fragte, ob dieser sich vorstellen könne, in seine alte Firma zurückzukehren – schließlich sei er ja noch in der Probezeit. Der Mitarbeiter erklärte, er verdiene jetzt 4400 Euro. »Kein Problem«, meinte der Direktor, »wir legen Ihnen da noch etwas drauf.«

Der Ingenieur, der als Mitarbeiter vergeblich 4000 Euro gefordert hatte, war plötzlich als Nicht-mehr-Mitarbeiter knapp 5000 Euro wert. Gottlob hat er dieses Angebot abgelehnt – ihm war völlig klar, wie ihn das Irrenhaus als Angestellten bei neuen Gehaltswünschen behandelt hätte.

> **§ 31 Irrenhaus-Ordnung:** Langjährige Mitarbeiter sind bei Gehaltserhöhungen bevorzugt zu behandeln – indem man das, was ihnen zustünde, *bevorzugt* an Bewerber ohne Firmenkenntnis weiterreicht.

Das Abwehrfeuer der Großverdiener

Was schießt nach oben, höher und höher? Die Gehälter in Deutschland! Nichts auf der Welt ist in den letzten drei Jahrzehnten so schnell gewachsen wie diese Vergütungen. Nicht verdoppelt, nicht verdreifacht, nein: fast verfünffacht haben sich die Bezüge![70] Allein der Gehaltssprung von 2009 zu 2010 lag bei satten 19 Prozent.[71]

Nun könnten Sie behaupten, bei Ihnen sei von diesem Gehaltssegen nichts angekommen. Und Sie könnten meckern, das verfügbare Nettoeinkommen der deutschen Arbeitnehmer sei zwischen 2001 und 2011 um 2,5 Prozent gesunken.[72] Dann kann ich nur antworten: Sie haben recht. Aber das gilt nicht für alle!

Die Gehaltssteigerungen, von denen ich spreche, beziehen sich nicht auf den Bodensatz der Tasse, sprich die einfachen Arbeitnehmer, sondern auf die Sahne, die ganz oben schwimmt: die Top-Manager. Was die Vorstandsvorsitzenden der Dax-Konzerne einfahren, sind die höchsten Vergütungen aller Zeiten. So ging VW-Boss Martin Winterkorn 2011 mit einem Gehalt von 16,6 Millionen nach Hause, 63 Prozent mehr als im Vorjahr. Das entspricht 553 Arbeiter-Gehältern von 30 000 Euro im Jahr. Um elf Winterkorns auf dem Fußballplatz zu schlagen, bräuchte es 6087 Arbeiter. Geht's noch?

Natürlich wird jeder Irrenhaus-Direktor, der dieses Buch zu Spionage-Zwecken liest, mit einem triumphalen Grinsen sagen: »Unsere Gehälter sind explodiert, weil *wir* die Gewinne unserer Unternehmen enorm gesteigert haben.« Dieses Märchen ist schön, aber nicht wahr. Aus einer Studie der Ökonominnen Dalia Marin (München) und Francesca Fabbri (Norwich) geht hervor, dass die Gewinnentwicklung eines Unternehmens und die Gehaltsentwicklung des Top-Managements so viel miteinander zu tun haben wie die Lottozahlen mit einem Taschenrechner – so gut wie nichts![73]

Und selbst dann, wenn die Gewinne einer Firma steigen, stellt sich die Frage: Steigen sie wegen oder *trotz* des Managements? Über Jahre habe ich eine Immobilienfirma in einer mittelgroßen Stadt beobachtet, die miserabel gemanagt wurde. Jede Schrottimmobilie, die sonst keiner haben wollte, wurde von den Managern aufgekauft. Das Unternehmen raste auf eine sichere Pleite zu.

Doch eine Millisekunde, ehe die Firma zerschellt wäre, zauberte das Schicksal eine Überraschung aus dem Hut: Ein Großkonzern kündigte an, eine Niederlassung in dieser Stadt zu eröffnen. Die Immobilienpreise zogen schlagartig an. Nun galten Häuser, für die sich zuvor nur Abrissbirnen interessiert hatten, auf einmal als begehrte Renovierungsobjekte, denn Tausende von Konzern-Mitarbeitern suchten nach neuem Wohnraum.

Zu diesem Zufall hatte das Management nichts beigetragen. Und während die anderen Immobilienfirmen der Region ihre Gewinne um 75, 100 und 150 Prozent steigern konnten, brachte es diese Gurken-Firma auch nur auf schlappe 25 Prozent. Und doch waren die Manager an diesem Gewinn beteiligt und konnten ihre Gehälter um ein Viertel steigern. Man maß sie nicht – wie es logisch gewesen wäre! – am Markt, der sie um das Drei-, Vier-, ja Sechsfache abhängte; man maß sie an ihrer eigenen Leistung, die bis dahin so dürftig ausgefallen war, dass eine Steigerung mit dem Rückenwind des Marktes spielend gelang.

Der Erfolg eines Managers: kein Leistungs-, sondern ein Zufallsprodukt? Zwei amerikanische Ökonomen, Marianne Bertrand (Chicago) und Sendhil Mullainathan (Harvard), untermauern diese These.[74] Wie ein Weinbauer wenig dazu beiträgt, ob ein guter oder schlechter Jahrgang auf seinem Berg reift – denn dies hängt vom Wetter ab –, so trägt ein Manager oft wenig dazu bei, ob sein Unternehmen Gewinne oder Verluste macht – denn das hängt von der Konjunktur ab.

Der Boss eines Ölkonzerns ist ein gutes Beispiel. Wenn mal wieder ein Krieg in der Golfregion droht, dann schießen die Ölpreise nach oben – und mit ihnen die Gewinne der Ölkonzerne. Aber was hat der Manager eigentlich zur Kriegsgefahr beigetragen? Nichts (hoffe ich wenigstens)! Und was kann der Öl-Manager dafür, wenn der Motor der Weltkonjunktur anzieht und Öl wie ein Verrückter säuft? Wieder: nichts!

Die Irrenhaus-Direktoren erklären die Unternehmenskasse zum Selbstbedienungsladen – für sich selbst. Aber wehe, ein Mitarbeiter will mal zulangen! Dann klopfen sie ihm in der Gehaltsverhandlung auf die Finger. Dabei kommen raffinierte Tricks zum Einsatz.

Zum Beispiel sagt der Irrenhaus-Direktor: »Ja, Sie haben es verdient – trotz aktueller Gehaltssperre. Weil Sie so fleißig sind, konnte ich 50 Euro im Monat durchsetzen.«[75] Der Mitarbeiter wollte zwar das Zehnfache. Aber muss er nicht hochzufrieden sein, trotz der »Sperre« überhaupt eine Erhöhung zu bekommen?

Er denkt, er könne bald nachverhandeln. In Wirklichkeit wurde er Opfer eines Trickbetrugs, denn für Gehaltsverhandlungen gilt eine ungeschriebene Schamfrist von knapp zwei Jahren. Wann immer er vor Ablauf dieser Zeit bei seinem Irrenhaus-Direktor anklopft, um die offenen neun Zehntel einzufordern, wird er hören: »Sie haben doch gerade erst eine Gehaltserhöhung bekommen!« Die Mini-Erhöhung knebelt ihn.

Andere direkte Vorgesetzte lassen die Energie des Angreifers ins Leere laufen. Statt Widerstand zu leisten, sagen sie: »Ja, Sie haben eine ausgezeichnete Leistung erbracht. Und ich habe mich für Sie stark gemacht. Doch leider blockiert mein eigener Chef Ihr Anliegen.«

Der direkte Vorgesetzte spielt sich zum Freund und Helfer auf. Der Mitarbeiter soll vor lauter Dankbarkeit im nächsten Jahr noch ein paar Arbeitsgänge hochschalten. Der Schwarze Peter wandert eine Hierarchiestufe nach oben – auch dann, wenn sich der direkte Chef höchstpersönlich *gegen* die Gehaltserhöhung ausgesprochen oder den eigenen Vorgesetzten nicht einmal angesprochen hat.

Eine Gehaltserhöhung sanft ablehnen – das geht auch mit der sozialen Masche: »Das wäre ungerecht gegenüber Ihren Kollegen!« Die Firma, die sich sonst einen feuchten Kehricht um Gerechtigkeit kümmert, spielt sich zur Mutter Teresa auf. Frühestens dann, wenn er die Gehaltsverhandlung wieder verlassen hat, geht dem Mitarbeiter auf: Dass man ihn mit einem Hungerlohn abspeist, weil seine Kollegen angeblich auch Hungerlöhne bekommen, macht weder ihn noch seine Kollegen satter! Die Firma hat nicht Gerechtigkeit, sondern nur den eigenen Gehaltsetat verteidigt.

Und wenn alles nichts mehr nützt, zahlen die Irrenhäuser eine Gehaltserhöhung in einer Währung aus, die von keiner Bank anerkannt wird: in Lob. Der Chef tritt wie eine Ein-Mann-Fankurve auf und bejubelt die Leistung des Mitarbeiters. Er malt ihm eine Zukunft aus, in der die Gehaltsbäume in den Himmel schießen werden und in der eine Beförderung sicher ist.

Benebelt von dieser Lob-Narkose sieht der Mitarbeiter darüber hinweg, dass der Irrenhaus-Direktor seine aktuelle Gehaltserhöhung, um ihn nicht mit winzigen Beträgen wie 500 oder 750 Euro zu belästigen, bis zu einer »angemessenen Erhöhung« aufschieben will. Bis dahin, sprich: bis zum Sankt-Nimmerleins-Tag, erfolgt die Bezahlung in Lob.

Warum sich die Gehälter der Mitarbeiter in den letzten drei Jahrzehnten eben nicht verfünffacht haben – jetzt wissen Sie's!

§ 32 **Irrenhaus-Ordnung:** Es ist nur ein Gerücht, dass Vorgesetzte sämtliche Gehaltsforderungen mit fadenscheinigen Gründen ablehnen. Tatsächlich winken sie etliche mit fadenscheinigen Gründen durch – ihre eigenen!

 **Betr.: Wie aus meiner Gehaltserhöhung
eine Gehaltskürzung wurde**

Seit Jahren lag ich meinem Chef in den Ohren: Ich wollte einen Dienstwagen. Als Key-Account-Manager legte ich jedes Jahr 30 000 Kilometer für die Firma zurück. Im Sommer kam mein Chef überraschend auf mich zu: »Also gut, über Ihren Dienstwagen können wir reden. Aber ich bekomme das nur durchgesetzt, wenn Sie in Vorleistung gehen.«

»Was soll ich tun?«, fragte ich.

»Der Wagen hat für Sie einen geldwerten Vorteil von rund 5000 Euro im Jahr. Eine solche Gehaltserhöhung bekomme ich von meinem Chef nicht bewilligt.«

»Aber ich warte ja auch schon ein paar Jahre«, erinnerte ich ihn.

»Doch so denkt unsere Geschäftsführung nicht. Das beste Signal wäre, wenn Sie auf einen kleinen Teil Ihres Monatsgehalts verzichten würden.«

Mir fiel die Kinnlade runter. »Ich soll einer Gehaltskürzung zustimmen?«

»So sollten Sie das nicht nennen, unterm Strich bekommen Sie ja mehr. Aber wenn Sie auf, sagen wir, 200 Euro pro Monat verzichten würden, hätten Sie am Jahresende mit Dienstwagen ja immer noch rund 2500 Euro mehr.«

Diese Rechnung erschien mir windig. Aber ich versprach, die Sache mit meinem Steuerberater zu besprechen. Tatsächlich bestätigte er mir, dass ich unterm Strich mehr Geld am Jahresende hätte, denn ich durfte das Fahrzeug auch für Privatfahrten nutzen. Also signalisierte ich meinem Chef grünes Licht.

»Prima«, sagte er, »ich werde die Angelegenheit schnell vorantreiben.« Das war nicht übertrieben: Schon auf meiner nächsten Lohnabrechnung fehlten 200 Euro. Ich stand sofort bei ihm auf der Matte: »Ich dachte, mein Gehalt wird erst gekürzt, wenn ich den Dienstwagen habe?«

»Es geht doch um die Signalwirkung nach oben. Erst zeigen *Sie* Ihren guten Willen, indem Sie verzichten – und dann die Geschäftsleitung, indem sie Ihren Dienstwagen bewilligt.«

Ein weiterer Monat verging. Und noch einer. Ich wurde nervös. Allmählich kam mir mein Chef vor wie ein Anlagebetrüger, der das ihm anvertraute Kapital längst verjubelt hatte. Mit windigen Ausreden hielt er mich hin. Mal fehlte nur noch eine Unterschrift. Dann konnte das Autohaus gerade nicht liefern. Und dann war noch eine Grundsatzentscheidung im Hintergrund nötig.

Am Jahresende stand ich als der Gelackmeierte da: Ich hatte auf 2000 Euro Gehalt verzichtet. Sogar mein Weihnachtsgehalt war um 200 Euro gekürzt worden.

Jetzt platzte mir der Kragen: »Also gut, wenn das mit dem Dienstwagen nicht klappt, möchte ich wieder mein altes Gehalt. Natürlich rückwirkend.«

Doch er machte plötzlich auf begriffsstutzig. »Aber Sie haben der Gehaltskürzung doch zugestimmt. Ich habe das so an die Personalabteilung weitergegeben.«

»Zugestimmt unter einer Bedingung«, korrigierte ich, »nämlich der, dass ich einen Dienstwagen bekomme.«

»Da habe ich keine unmittelbare Verbindung gesehen«, log er.

Anstelle der Gehaltserhöhung, die ich über einen Dienstwagen hätte bekommen sollen, hatte man mir eine Gehaltskürzung untergejubelt. Natürlich war ich stinksauer auf die Firma. Aber genauso auf mich: Mit Gaunern macht man keine mündlichen Geschäfte!

Holger Neuner, Key-Account-Manager

 **Betr.: Wie der Chef sich bei meinem Gehalt gründlich verschätzte**

Lange hatte ich, Kauffrau im Einzelhandel, stillgehalten und mir eine Gehaltsforderung verkniffen. Doch nach über fünf Jahren war es mal wieder an der Zeit. Ich wollte ein Gespräch mit meinem Chef vereinbaren. Als ich ihm das Thema nannte, winkte er mich gleich in sein Büro: »Kommen Sie doch rein, dann besprechen wir die Sache sofort.«

Überrascht ließ ich mich darauf ein und trug meine Argumente vor. Ich hatte zusätzliche Aufgaben übernommen, Rabatte bei Lieferanten herausgeschlagen, Urlaubsvertretungen erledigt und die Filialleiterin entlastet. Der Wert meiner Arbeit war eindeutig gestiegen.

Er hörte sich alles an und meinte dann: »Ihre Leistung ist einwandfrei, absolut! Sie sind fleißig, zuverlässig und haben eine positive Ausstrahlung.« Ich wusste schon, welches Wort als nächstes folgen würde: A b e r.

Und tatsächlich: »Aber Sie verdienen deutlich besser als die jungen Kollegen. Da muss ich auf die Gehaltsstruktur achten. Was bekommen Sie noch mal im Moment? 2300 Euro?«

Ich saß da, als hätte mich der Blitz getroffen. Wie kam er auf

2300? Ich hatte gerade mal schlappe 2000! Und wenn 2300 ein Gehalt war, das gut in die Struktur passte, dann waren 2000 doch ein unangemessener Hungerlohn!

In beleidigtem Ton sagte ich: »Nein, ich bekomme nur 2000 Euro, das ist es ja gerade!«

Seine Antwort: »Klar, 2000, das wollte ich sagen!«

Er tat so, als hätte er sich versprochen – was natürlich nicht der Fall war. Aber was sollte ich tun? Mit ihm darüber streiten, ob er tatsächlich 2300 und damit 15 Prozent mehr für mich gemeint hatte?

Ergebnis der Verhandlung: Ich blieb bei 2000 Euro kleben, mit der vagen Aussicht, beim nächsten Mal »einen Sprung zu machen«. Selten bin ich so geknickt aus einer Verhandlung gegangen. Ich fühlte mich nicht nur um eine Gehaltserhöhung, sondern zusätzlich um 300 Euro im Monat geprellt.

Dass mein Chef nicht wusste, was ich verdient hätte, war mir vorher klar. Dass er nicht wusste, was ich tatsächlich verdiene, hat mich dann doch überrascht.

Helga Riedel, Einzelhandelskauffrau

 **Betr.: Wie ich Mindestlohn bekomme, ohne ihn wirklich zu bekommen**

Offiziell verdiene ich als Reinigungskraft über acht Euro in der Stunde – so hoch liegt der gesetzliche Mindestlohn. Wenn ein Kontrolleur auf meinen Lohnstreifen schaute, würde er sagen: Alles in bester Ordnung. In Wahrheit verdiene ich aber nicht mal die Hälfte. Das ist möglich durch einen fiesen Trick.

Ich bin Mutter und arbeite in Teilzeit für ein Reinigungsunternehmen, das mich für eine große Hotelkette einsetzt. Meine offizielle Arbeitszeit liegt bei zwei Stunden pro Tag. Doch man hat meine Arbeitsmenge so bemessen, dass sie in dieser Zeit nicht zu schaffen ist. Ich soll 15 Zimmer putzen. Für jeden Raum brauche ich mindestens 15 Minuten. Das bedeutet: Anstelle der zwei Stunden, für die ich bezahlt werde, bin ich jeden Tag rund vier Stunden im Einsatz.

Natürlich habe ich anfangs bei meinem Chef protestiert, aber der sagte nur: »Es liegt an Ihnen, in welcher Geschwindigkeit Sie arbeiten.« Als würde ich bei der Arbeit dauernd Pausen einlegen oder wäre übertrieben gründlich. Das ist nicht der Fall. Zumal unsere Arbeitsqualität von der Hoteldirektorin geprüft wird. An einem meiner ersten Arbeitstage hat sie mich zurück in ein Zimmer gerufen. Sie trug einen weißen Stoffhandschuh, fuhr damit durch die Ecken im Badezimmer und schrieb die Tatsache, dass der Handschuh danach nicht mehr blütenweiß war, meiner mangelnden Gründlichkeit zu. Sie sagte: »Ihr Unternehmen wird gut bezahlt – ich erwarte von Ihnen, dass hier wirklich alles sauber ist.«

Als ich auf die Zahl der Zimmer hinwies, die ich zu säubern hatte, sagte sie: »Das sind interne Vorgänge zwischen Ihnen und Ihrem Arbeitgeber. Darüber kann ich nicht urteilen.«

Ich würde gerne wissen, was das Hotel meinem Chef pro Zimmer zahlt? Bei mir jedenfalls kommt die »gute Bezahlung« nicht an!

Caroline Anders, Reinigungskraft

 **Betr.: Wie mich mein Chef in der Gehaltsverhandlung reinlegte**

»Ich habe lange für Ihre Gehaltserhöhung gekämpft«, sagte mein Chef, »denn ich schätze Ihre Leistung. Aber mein eigener Vorgesetzter ist wirklich eine harte Nuss. Er sagt, die Etats seien im Moment leergefegt. Dieses Jahr herrscht Etatsperre, nichts zu machen.«

Stattdessen brachte er mir einen Trostpreis mit: »Sobald die Etatlage sich bessert, sind Sie der Erste, der eine Gehaltserhöhung bekommt.« Dieses Versprechen klang gut, nur hatte ich es in den letzten Jahren schon zweimal gehört, ohne dass es sich je erfüllt hätte.

Mir blieb nur ein Weg: Ich musste direkt mit demjenigen sprechen, der mein finanzielles Vorankommen blockierte, dem Chef meines Chefs. Zwei Tage später ergab sich die Gelegenheit: »Darf ich mit Ihnen noch mal unter vier Augen über Ihre Entscheidung sprechen?«

Er sah mich fragend an. »Welche Entscheidung?«

»Die Sache mit meinem Gehalt.«

Er glotzte noch verständnisloser. »Ich kann Ihnen nicht folgen.«

»Aber mein Chef wollte Sie doch ansprechen wegen meiner Gehaltserhöhung …«

»Wollte er das? Bis jetzt gab es noch kein Gespräch.«

Unglaublich! Das ganze Gerede vom Kampf mit dem Vorgesetzten, vom Abwehrfeuer und von der Etatsperre: Es war nur eine billige Schwindelei gewesen. Mein Chef hatte das Nein, seine ureigene Entscheidung, aus Feigheit mit einem anderen Absender versehen. Und dieser wusste gar nichts von seinem

Glück beziehungsweise meinem Unglück. Ich sollte denken: Mein Chef kämpft für mich – also muss ich bei der Arbeit auch für ihn kämpfen. Und darf nicht frustriert über die Nullrunde sein.

Als ich ihn zur Rede stellte, ging er sofort zum Angriff über: »Wie kommen Sie dazu, den Dienstweg zu verletzen?« Darüber, dass *er* die Wahrheit verletzt hatte, verlor er kein Wort.

Jupp Goppel, Speditionskaufmann

9.
Mobben als Betriebssport:
Und raus bist du!

Eine ganz üble Geschichte: Mit Burn-out-Syndrom angereist und jetzt auch noch Sonnenbrand!

Es gibt fünf Millionen Mobbing-Opfer in Deutschland. Aber die (über) fünf Millionen Mobber gelten als verschollen. Kein Irrenhaus hat je einen gesehen. Dieses Kapitel verrät Ihnen …

- mit welchen Tricks die Firmen mobben, ohne später gemobbt zu haben,
- welchen Umgang mit »Motzbrüdern« die Post in einem Mobbing-Leitfaden empfahl,
- warum ein Supermarkt-Chef mit seinem Auto auf zwei Mitarbeiterinnen zuraste
- und wie ein Betriebswirt zu seinem dreißigjährigen Firmenjubiläum eine besondere Überraschung erhielt: seine Entlassung.

Ein Ufo namens Mobbing

Die Physikerin Dora Berg (57) war verzweifelt: Kaum ging sie über den Flur, steckten die Kollegen ihre Köpfe zusammen und tuschelten. Kaum öffnete sie beim Team-Meeting den Mund, fielen Kollegen ihr ins Wort. Ihre Vorschläge, so gut sie auch waren, ernteten Kopfschütteln. Und wenn es eine Idiotenaufgabe zu verteilen gab, durfte sie sicher sein: Ihr Vorgesetzter bedachte sie damit! Dabei hatte sie bis vor kurzem noch als Frau für schwierige Aufgaben gegolten.

Was sollte sie tun? Dem Mobbing tatenlos zusehen? Nein, nach einem halben Jahr wollte sie den Stier bei den Hörnern packen und ging ins Büro ihres Chefs:

»Ich werde gemobbt.«

Er schaute sie ungläubig an: »Gemobbt? Bei uns? Ich bitte Sie!«

»Die Kollegen meiden mich wie die Pest. Sie tuscheln und lästern. Sie fallen mir ins Wort und arbeiten nur noch gegen mich.«

»Seien Sie vorsichtig mit Unterstellungen! Das ist kein Mobbing – das hat einfach mit Sympathie und Antipathie zu tun.«

»Wollen Sie damit sagen, dass ich allen unsympathisch bin?«

»Da müssen Sie Ihre Kollegen fragen, nicht mich.«

»Aber von Ihnen bekomme ich seit einiger Zeit doch auch nur noch läppische Aufgaben – alles Interessante geht an die Kollegen!«

Der Chef plusterte sich auf. »Moment mal, Frau Berg! Sie wollen mir doch nicht etwa nachsagen, dass ich Sie mobbe?!«

»Die Aufgaben liegen unter meiner Qualifikation. Etwas hat sich verändert.«

»Wissen Sie, was sich verändert hat?« Jetzt fixierte er sie mit kühlem Blick. »Sie selbst! Sie kommen mit den Kollegen nicht aus. Sie beschweren sich über mich als Chef. Sie mögen Ihre Aufgaben nicht mehr. Schuld sind immer die anderen – merken Sie das, Frau Berg?«

»Aber es stimmt doch, was ich sage!«

Er schwenkte auf den Ton eines Sozialarbeiters um: »Ich habe das Gefühl, dass Sie in letzter Zeit sehr labil sind, vielleicht sogar krank. Wenn Sie sich so unwohl bei uns fühlen, sollten Sie mal überlegen: ›Bin ich den Anforderungen noch gewachsen?‹«

Mit diesen Worten schob er Dora Berg sanft aus seinem Büro.

So läuft das immer! Die Irrenhaus-Direktoren tun so, als verhielte es sich mit Mobbing wie mit Ufos: Nur Spinner behaupten, sie hätten eines gesehen. Das Mobbing im Irrenhaus ist nie Mobbing, sondern immer ein harmloser Vorgang: Da haben sich Kollegen geneckt. Da hat ein Vorgesetzter getan, was sein Beruf ist, nämlich Kritik geübt. Oder da hat die Firma, natürlich ohne Ansehen der Person, eine notwendige Entscheidung gefällt – zum Beispiel einen Mitarbeiter degradiert.

Wer immer wieder Ufos sieht, landet in der Klapsmühle. Und wer sich als Mitarbeiter immer wieder gemobbt fühlt, landet vor der Tür. Das Irrenhaus tut, als litte *er* unter Verfolgungswahn, als sei *er* psychisch labil – und sorgt dafür, dass er sich mehr um seine Gesundheit kümmern kann. Zum Beispiel als Hartz-IV-Empfänger.

Wo es keine Mobbing-Opfer gibt, kann es keine Mobbing-Täter geben. Daher durfte Dora Berg nicht unter gezielten Angriffen leiden, sondern nur unter ihrer Einbildung. Ein individuelles Problem – keines der Firma!

Jeder achte Mitarbeiter in Deutschland wird Opfer eines Mobbings.[76] Aber nachweisen können es die wenigsten. Wer einen Fausthieb kassiert, kann zum Beispiel ein blaues Auge vorzeigen. Aber was hat das Mobbing-Opfer in der Hand?

Wie soll Dora Berg beweisen, dass eine langweilige Aufgabe, die ihr der Chef zuweist, Teil einer Zermürbungstaktik ist? Dass die Kollegen ihr nicht aus Ungeduld, sondern aus Bösartigkeit ins Wort fallen? Dass sie eine wichtige Information nicht übersehen, sondern nicht erhalten hat? Und dass die Späßchen, die Kollegen auf ihre Kosten machen, keine harmlose Neckerei sind, sondern Ausläufer eines Kesseltreibens?

Mobbing ist Psychoterror, es lässt sich kaum dokumentieren. Die Irrenhäuser sorgen für einen perfiden Rollenwechsel: Die Opfer werden als Denunzianten angeprangert, die ihre Kollegen als böse Mobber verpfeifen, während diese angeblich den ganzen Tag die Friedenspfeife rauchen.

Der Philosoph Friedrich Nietzsche schrieb: »Ein Beruf ist das Rückgrat des Lebens.« Man kann einen Menschen entwürdigen, indem man ihm das Rückgrat bricht – aber auch, indem man abstreitet, es ihm gebrochen zu haben.

Nur der Zufall spült manchmal das Beweismaterial an die Oberfläche. So tauchte im Februar 2012 ein Mobbing-Leitfaden auf, den Führungskräfte der Deutschen Post entwickelt hatten.[77] Die Überschrift hätte von der Stasi stammen können: »Umgang mit auffälligen Kräften in der Ist-Zeit«. In dem Papier werden die unerwünschten Mitarbeiter in vier »Typen« eingeteilt: Langsame, »Motzbrüder«, »Sozialfälle« und Alte.

Das Post-Irrenhaus liefert Mobbing-Ideen, um die Lahmen auf Trab zu bringen. Zum Beispiel soll diesen »Typen« der Urlaub an Samstagen, Montagen und vor Feiertagen verweigert werden. Und die Chefs sind aufgefordert, ihnen die Überstunden abzuschwatzen. Psychoterror!

»Die Vorschläge wurden nie umgesetzt«, behauptete ein Sprecher der Post. Woher weiß er das so genau? Und bei wem hat er nachgefragt? Bei den Mobbern? Warum sollten sie ihre Schandtaten zugeben?

Richtig ist: Keine Firma kann verhindern, dass ein Mobbing-Funke sprüht, etwa indem ein Kollege den anderen beim Meeting angreift. Aber bei solchen Attacken stellt sich heraus, wie die Kultur in einer Firma ist, menschlich oder irre.

Nehmen wir Dora Berg. Wie kommt es eigentlich, dass sie von ihren Kollegen angefeindet wird? Ihre Firma hat in den letzten Jahren reihenweise Mitarbeiter von über 55 Jahren vor die Tür gesetzt. Die Geschäftsleitung sendete damit das Signal: »Ältere sind bei uns unerwünscht!« Und diese Botschaft ist mit feinen Antennen von den jüngeren Mitarbeitern empfangen worden – wie in so vielen Betrieben; von den über 50-Jährigen fühlen sich doppelt so viele gemobbt wie von den unter 30-Jährigen.[78]

Wenn bei einem Team-Meeting ein Kollege Dora Berg ins Wort fällt, hat der Chef drei Möglichkeiten: Zum einen kann er sofort dazwischengehen: »Bitte lassen Sie Frau Berg ausreden! Das ist eine verdiente Mitarbeiterin, ich möchte hören, was sie zu diesem Punkt meint!« Eine solche Reaktion tritt den Mobbing-Funken aus, ehe ein Feuer daraus entstehen kann. Der Chef stellt sich hinter die Angegriffene, nicht hinter die Angreifer. Die Verhältnisse sind klar. Die Gefahr eines Mobbings ist gebannt.

Die zweite Möglichkeit – typisch für Irrenhaus-Vorgesetzte – besteht darin, dass der Chef den blinden Mann spielt. Er schaut zu, während seine Mitarbeiterin angefeindet wird. Das ist so, als würde ein Fußball-Schiedsrichter nicht pfeifen, während eine Mannschaft die andere pausenlos foult. Wollen wir wetten, dass die foulenden Spieler immer härter einsteigen, eben weil ihr Verhalten nicht sanktioniert wird?

Der Schiedsrichter kann zwar behaupten: »Ich selbst habe niemanden getreten.« Und doch hat sein tatenloses Zuschauen dieses Gemetzel ermöglicht. Wie sagte der weise Kaiser Marcus Aurelius so treffend: »Oft tut auch der Unrecht, der nichts tut. Wer das Unrecht nicht verbietet, wenn er kann, der befiehlt es.«

Die dritte Möglichkeit: Der Chef duldet das Mobbing nicht nur, sondern macht es vor. Indem er Dora Berg selbst unterbricht, zeigt er: Sie darf unterbrochen werden! Indem er ihr minderwertige Aufgaben zuweist, sendet er das Signal: Sie ist minderwertig! Indem er sie vor der Gruppe giftig kritisiert, lädt er die anderen ein, ebenfalls Giftpfeile abzuschießen.

Der Frankfurter Psychologe Prof. Dieter Zapf hat rund 400 Mobbing-Fälle analysiert und fand heraus: In sieben von zehn Fällen mischte ein Vorgesetzter mit.[79] Ein Mobbing ist kein Ufo, das aus heiterem Himmel kommt – sondern ein Ifo (Irrenhaus-Flugobjekt). Landen kann es nur dort, wo ihm verantwortungslose Vorgesetzte und eine unmenschliche Firmenkultur die Bahn freimachen.

§ 33 Irrenhaus-Ordnung: Es gibt drei Gründe, warum sich ein Mitarbeiter gemobbt fühlen kann: weil er es sich einbildet, weil er es sich einbildet, weil er es sich einbildet.

Die Jagd ist eröffnet!

»Wie sieht das typische Mobbing-Opfer aus?«, wollte eine Interviewerin von mir wissen. Am liebsten hätte ich ihr einen Spiegel vor die Nase gehalten: »Zum Beispiel so!« Jeden kann es treffen. Gäbe es ein typisches Opfer, würde das bedeuten: Dieser Mensch macht etwas falsch. Als schriebe er sich selbst das Wort »Opfer« auf die Stirn. Aber ich habe das schon hundertfach verfolgt: Man kann alles richtig machen und doch gemobbt werden. Mit dem Mobbing ist es wie mit Schimmel an einer Kellerwand: Will man ihn loswerden, sollte man nicht nur den Schimmel beseitigen, sondern vor allem das Klima, in dem er wächst.

Und unmenschliche Firmenkulturen, wie sie Irrenhäuser kennzeichnen, neigen zu Mobbing.

Etliche Firmen führen sich an den Märkten wie Kriegsparteien auf: Ein Wettbewerber, der nicht fusionieren will, wird durch »feindliche Übernahme« erobert. Einem Konkurrenten werden per Gerücht »Liquiditätsprobleme« unterstellt. Man zieht in die »Anzeigen-Schlacht«, jagt sich per Kopfjäger (»Headhunter«) – sprich Personalvermittler – die besten Mitarbeiter ab und fällt in ausländische Märkte ein, als wäre die Wehrmacht wieder auferstanden. Jedes Mittel ist recht, um die Schlacht am Markt zu gewinnen.[80]

Dieser dauerhafte Krieg, der unter der Flagge des Kapitalismus tobt, pflanzt sich bis unter die Firmendächer fort. Die Beförderungssysteme sind oft so angelegt, dass Aspiranten wie Sklaven in einer Arena gegeneinander kämpfen. Vor allem die knallharten

Typen arbeiten sich in Führungspositionen hoch. In ihren plutokratischen Irrenhäusern haben sie gelernt, dass der Gewinn alles und die Moral nichts ist.

Und bringt es nicht auch Geld, wenn man ältere Mitarbeiter (die viel verdienen) vor die Tür schubst und jüngere (die wenig verdienen) dafür einstellt? Oder wenn man die junge Mutter, die oft durch ihr krankes Kind verhindert ist, so lange schikaniert, bis sie kündigt und durch eine kinderlose Mitarbeiterin ersetzt werden kann?[81]

Vorgesetzte werden in Irrenhäusern nach dem Prinzip des Profit-Centers bezahlt: Ihre Prämie hängt davon ab, was ihre Abteilung erwirtschaftet. Wer es schafft, die Zahl seiner Mitarbeiter bei gleichbleibender Produktivität zu senken, verdient mehr.

Doch bei Entlassungen gelten die Regeln der Sozialauswahl: Der ältere, langjährige Mitarbeiter ist bessergestellt als der jüngere. Wer Alte entlässt, muss oft hohe Abfindungen zahlen. Der Ausweg: Statt den Mitarbeiter selbst zu liquidieren, sorgt der Vorgesetzte dafür, dass dieser einen Arbeitsvertrag-Suizid begeht und selbst kündigt.

Und wie bringt man einen Mitarbeiter dazu, seine Rechte aufzugeben? Man macht ihm die Hölle so lange heiß, bis er nur noch einen Gedanken kennt: Er will raus aus diesem Irrenhaus!

Das zuverlässigste Mittel ist ein anhaltendes Mobbing. Der Chef hetzt seine Mitarbeiter wie Jagdhunde auf ein Opfer. Welche Tricks kommen bei einer solchen Treibjagd zum Einsatz? Und in welchen Schritten kann ein Mobbing ablaufen? Hier ein Fall aus der Praxis:

Schritt 1: Die Jagd wird eröffnet

Peter Zeisel (53) war vier Wochen krankgeschrieben, weil ihn eine chronische Bronchitis plagte. Nun ist er wieder zurück in der Firma und nimmt an der Arbeitsbesprechung teil. Sein Chef sagt: »Herr Zeisel, die Kollegen haben in den letzten Wochen Ihre Arbeit mitgemacht. Das war wirklich kein Zuckerschlecken. Jetzt möchte ich endlich mal sehen, dass Sie so richtig ranklotzen. Das sind Sie Ihren Kollegen schuldig.«

Damit wird Peter Zeisel zum Freiwild erklärt. Die Kollegen hören den Vorwurf des Chefs heraus: »Warum hast du deine Kollegen hängen lassen?« Und zugleich schwingt die Drohung mit: »Noch einmal eine solche Verfehlung, und du bist dran!« Jedem ist klar: Wer sich hinter den Kollegen stellt, stellt sich gegen den Chef.

Das kann gefährlich sein, sogar für Helfer von außen. Diese Erfahrung musste ein Rechtsanwalt machen, der einen gemobbten Finanzbeamten vertrat.[82] Das Finanzamt schlug nach Art des Hauses zurück – mit einer Steuerprüfung. Nicht nur dem Anwalt, sondern auch zwei Abgeordneten, die mit dem Fall befasst waren, hetzte das Behörden-Irrenhaus seine Steuerprüfer auf den Hals. Echte Profis in Sachen Mobbing! Erst der Bundesfinanzhof (BFH) gebot diesem Treiben Einhalt, weil er einen Verstoß gegen das Willkür- und Schikaneverbot sah (Az: VIII R 8/09).

Doch auf solche Hilfe kann Peter Zeisel nicht hoffen – er ist der internen Schikane schutzlos ausgeliefert; niemand will im Abseits, niemand mehr an seiner Seite stehen.

Zeisel, das Freiwild!

Schritt 2: Herr Zeisel kann nur noch Fehler machen

Der Chef lädt Peter Zeisel Projekte auf, die ihn überfordern. Doch jedes Mal, wenn Zeisel eine Rückfrage stellt, schimpft er: »Das ist jetzt nicht Ihr Ernst! Das müssen Sie doch wissen! Fragen Sie Ihre Kollegen!« Die Kollegen, bei denen er anklopft, reagieren genervt. Er bekommt keine Auskünfte.

Weil er unter Druck steht, führt er seine Arbeit dennoch zu Ende. Doch ohne Hilfe passieren ihm Fehler. Diese Fehler wiederum werden ihm in großer Runde aufs Brot geschmiert.

Zeisel, der Unfähige!

Schritt 3: Die Kontaktsperre

Wenn Peter Zeisel sich erklären will, sagen die anderen: »Erzähl uns nichts!« Man verbietet ihm das Wort, unterbricht ihn, ignoriert seine Sätze. Er redet gegen Wände. Sein Chef gibt ihm keine Termine mehr. Mails bleiben ohne Antwort. Kollegen, die ein gutes Verhältnis zu ihm hatten, ziehen sich auf Druck der Gruppe zurück. Peter Zeisel sitzt in der Kantine allein an seinem Tisch. Er ist zwar offiziell noch Teil der Gruppe, aber gehört nicht mehr dazu.

Zeisel, der Außenseiter!

Schritt 4: Die bösen Gerüchte

Schon bald verbreitet sich das Gerücht: »Peter Zeisel hat gedroht, dass er zur Zeitung geht und uns alle mit negativen Schlagzeilen fertigmacht!« Diese Behauptung wird nachgeplappert und gilt schnell als Wahrheit. Das Gerücht wird ihm nie ins Gesicht gesagt, er kann sich nicht dagegen wehren. Auch nicht gegen das sonstige Verhalten der Kollegen: Wenn er sich bei seinem Chef beklagt, gibt der brühwarm an die Kollegen weiter: »Herr Zeisel beschwert sich über Ihr Verhalten – regeln Sie das bitte direkt mit ihm.« Es wird geregelt – und wie!

Zeisel, das Kollegenschwein!

Schritt 5: Das Leben zur Hölle machen

Eines Morgens fährt Zeisel seinen Computer hoch. Die Festplatte ist leer, alle Daten sind weg. Seine ganze Arbeit der letzten Wochen: umsonst. Jemand hat seinen Computer manipuliert. Er kann es nicht beweisen. Für Projekttermine, die er deshalb verpasst, bekommt er seine erste Abmahnung. Ein paar Tage später wundert er sich, warum bis zum Nachmittag kein einziges Kundentelefonat bei ihm aufläuft. Irgendwann stürmt sein Chef wutentbrannt ins Büro und haut ihm die zweite Abmahnung auf den

Tisch – er habe mehrere Telefonate nicht angenommen. Es stellt sich heraus: Sein Telefonstecker war gezogen.

Zeisel, der Abschusskandidat!

Schritt 6: Der Angeschossene fällt um

Peter Zeisel wird in eine Abstellkammer am Ende des Flurs gesteckt, wo er weit von seinen Kollegen entfernt ist. Sein Internet-Anschluss ist gekappt. Neue Aufgaben bekommt er nicht. Er soll sich zu Tode langweilen. Man stößt ihn aus, nicht nur räumlich. Er ist der Aussätzige. Tatsächlich wird er wieder krank. Als er zurückkommt, werden die Vorwürfe und Angriffe noch brutaler. Weshalb er wieder krank wird. Ein Teufelskreis. Am Ende bricht er zusammen. Er ist dauerhaft krankgeschrieben, verliert die Nerven und kündigt sein Arbeitsverhältnis von allein. Damit hat das Irrenhaus erreicht, was erreicht werden sollte.

Zeisel, der Rausgemobbte!

> **§ 34   Irrenhaus-Ordnung:** Der Jäger beißt dem Reh nicht selbst ins Bein – dafür hat er seinen Jagdhund. Der Chef macht sich beim Mobbing die Hände nicht selbst schmutzig – dafür hat er seine Mitarbeiter.

Irrenhaus-Sprechstunde 17

 **Betr.: Wie mich meine Firma kostengünstig entsorgte**

Ich ging durch die Hölle. Fünfmal die Woche. Mein Chef drückte mir Termine aufs Auge, die einfach nicht zu halten waren. Und jedes Mal, wenn ich zu spät lieferte, machte er mich vor den Kollegen nieder. Mittlerweile gingen die anderen auf Abstand. In der Kantine passierte es, dass sie den letzten freien Stuhl am Tisch für »besetzt« erklärten, auch wenn niemand mehr kam. Offenbar wollte mich die Firma nach 15 Jahren dazu bringen, meinen Job zu kündigen.

Wie eine Fügung schien es mir, als eines Tages mein Telefon läutete. Der Bereichsleiter eines Wettbewerbers kam nach ein paar Takten Smalltalk zur Sache: Bei ihm sei eine Planstelle frei. Genau mein Profil. Das war mein Ticket aus der Hölle! Ich unterschrieb einen Vertrag, der mich mit einem Gehaltsplus von 20 Prozent lockte. Voller Genugtuung pfefferte ich meinem Chef die Kündigung auf den Tisch.

Mein erster Arbeitstag in der neuen Firma: Man setzte mich an einen Ecktisch. Ja, ja, einen ordentlichen Arbeitsplatz bekäme ich noch. Aber ich sollte mich erst mal einarbeiten. Derselbe Vorgesetzte, der im Vorstellungsgespräch noch um meine Gunst gebuhlt hatte, fasste mich nur noch mit der Kneifzange an. Meist ließ er mir von seiner Assistentin läppische Praktikantenarbeiten zuschustern. Mir schwante Übles: Zog da schon wieder ein Mobbing auf?

So weit kam es nicht: Nach drei Wochen wurde ich entlassen. »Es passt einfach nicht zwischen uns«, behauptete er. Ich war noch in der Probezeit, konnte nichts dagegen unternehmen. Warum hatte mich die Firma erst für viel Geld abgeworben – und dann blitzschnell abserviert?

Ich googelte den Namen meines neuen Chefs. Dabei stieß ich auf ein bemerkenswertes Foto. Es zeigt ihn Schulter an Schulter mit meinem letzten Chef. In der Bildunterschrift hieß es, die beiden seien alte Studienfreunde.

Nun durchschaute ich das Spiel! Meine alte Firma hatte mich preisgünstig entsorgen wollen. Statt mich mit Abfindungsrisiko zu kündigen, ließ sie mich einfach von der Konkurrenzfirma abwerben. So gab ich sämtliche Rechte auf, die ich mir in 15 Arbeitsjahren erworben hatte. Für die Kündigung des neuen Arbeitsverhältnisses in der Probezeit brauchte es nicht mal einen Grund. Von einer Abfindung ganz zu schweigen.

Schade, dass ich kein Hacker bin, sonst hätte ich das Bild der beiden Chefs mit einer neuen Bildunterschrift versehen: »Zwei alte Gauner, die das Arbeitsrecht mit Füßen treten!«

Henry Wolters, Reprofotograf

 **Betr.: Wie ich einen Mitarbeiter gegen Kopfgeld loswerden sollte**

Als feststand, dass ich zum Abteilungsleiter befördert werde, dachte ich: Jetzt startet mein Gehalt durch! Doch die Personalchefin kam mir beim Grundgehalt kaum entgegen. Dafür machte sie mir »persönliche Leistungsziele« als Grundlage einer Prämie schmackhaft – ein bis zwei zusätzliche Gehälter sollte ich so bekommen können.

»Was muss ich dafür tun?«, fragte ich.

Nun ratterte die Personalleiterin einen Katalog mit Zielen runter. Ein wichtiger Maßstab waren die Krankheitstage meiner Mitarbeiter: Ich sollte dafür sorgen, dass sie um mindestens fünf Prozent pro Jahr sanken.

»Aber ich habe einen Mitarbeiter mit Asthma in meiner Abteilung«, sagte ich. »Seine Krankheit wird von Jahr zu Jahr schlimmer. Wie soll ich das aufhalten?«

»Dann müssen Sie halt andere Mitarbeiter mehr motivieren.«

»Aber die kommen doch jetzt schon mit Husten und Schnupfen in die Firma.«

»Auch in Ihrer Abteilung sind die häufigsten Fehltage Montag und Freitag. Das ist gewiss kein Zufall!«

Ich musste mich auf diese »Vereinbarung« einlassen, obwohl sie in Wirklichkeit ein Diktat der Firma war. Am Ende des Jahres bekam ich die Quittung: Zwar hatte ich den größten Teil meiner Ziele erreicht, doch die Krankheitsquote war nahezu unverändert geblieben. Das kostete mich die Hälfte meiner Prämie.

Ich verwies erneut auf meinen asthmakranken Mitarbeiter, dessen Krankheitstage sich weiter erhöht hatten: »Aber es kann doch nicht sein, dass Sie mir einen chronisch Kranken zum Nachteil auslegen!«

Die Personalleiterin meinte: »Vielleicht muss er nicht ewig bei uns in der Firma beschäftigt sein – wo sich seine Gesundheit doch so verschlechtert.«

Aha, daher wehte der Wind! Man erwartete, dass ich den Kranken eiskalt aus meiner Abteilung mobbte. Das Prämiensystem wedelte mit einem Kopfgeld. Seit diesem Tag schreibe ich die Hälfte meiner Prämie freiwillig ab – und sehe die Mobbing-Fälle in meinen Nachbarabteilungen mit neuen Augen.

Christian Bredow, Abteilungsleiter (Finanzdienstleister)

 **Betr.: Wie ein unsichtbarer Testkäufer mir eine Abmahnung zuschusterte**

Ich arbeite in einer Kleinstadt-Filiale eines großen Discounters, bin gewerkschaftlich organisiert und deshalb bei meiner Firma unbeliebt. Einiges an Hinterhältigkeit war mir schon begegnet. Doch was mir letztes Frühjahr passierte, übertrifft alles. Mein Verkaufsleiter ließ mich in seinem Büro antanzen. In süffisantem Ton sagte er: »Frau Wiesler, was haben Sie zu tun, wenn ein Kunde mit Einkaufstasche im Wagen die Kasse passiert?«

»Ich hebe die Tasche an. Immer!« Ich vergaß das niemals, diese Handbewegung war für mich so selbstverständlich wie das Anschnallen vorm Autofahren.

»So, so«, höhnte der Verkaufsleiter. »Aber gestern ist ein Testkunde bei Ihnen mit zwei Aufschnitt-Packungen unter einer solchen Tasche durch die Kasse spaziert.«

»Unmöglich!«

»Und ob. Und deshalb gibt's jetzt Post von mir.«

Mit diesen Worten drücke er mir meine Abmahnung in die Hand.

Wer war dieser Testkäufer gewesen? Wie sah er aus, hatten ihn die Kolleginnen auch gesehen? Und was hätte ihn daran hindern sollen, mich direkt nach dem Durchschreiten der Kasse anzusprechen und mit dem Beweisstück zu überführen?

Noch am gleichen Tag telefonierte ich mit anderen Filialen und fand heraus: Mit derselben Masche waren schon mehrere Kolleginnen in Nachbarfilialen abgemahnt worden. Interessanterweise traf es immer solche, die in der Gewerkschaft organisiert und kritisch gegenüber der Firma waren.

Verdi organisierte mir einen Anwalt. Der forderte meinen Arbeitgeber auf, die Identität des Testkäufers preiszugeben und ihn mir und meinen Kolleginnen gegenüberzustellen.

Ein paar Tage später schrieb mir die Zentrale: Man habe meine Abmahnung »aus der Personalakte gelöscht, um eine langwierige juristische Auseinandersetzung zu vermeiden«. Die Wahrheit hätte lauten müssen: »Wir haben versucht, dich zu linken, aber sind dabei aufgeflogen. Doch sei dir sicher: Wir versuchen es wieder!«

Kerstin Wiesler, Supermarkt-Kassiererin

 **Betr.: Wie sich die Firma bei mir für 30 Jahre Treue bedankte**

Als mich mein Chef Mitte September 2009 zur Seite nahm, ahnte ich das Thema schon: Am 1. Oktober stand mein dreißigjähriges Firmenjubiläum an. Eigentlich spendierte die Firma zu diesem Anlass einen Geschenkkorb, ein Abendessen mit Kollegen und ein zusätzliches Monatsgehalt. Doch mein Chef druckste herum: »Also, mit Ihrem Dreißigjährigen – wie fixiert sind Sie auf den Termin?«

»Ich habe im Oktober keinen Urlaub geplant. Wir können das ansetzen, wann immer es passt.«

Er kniff die Lippen zusammen. »Nein, ich meine: Würde es

Ihnen auch noch später passen? Die Geschäftsleitung schlägt eine Sammelveranstaltung vor.«

Das Wort »Sammelveranstaltung« klang für mich nach Altkleidersammlung: viel billiges Zeug auf einem Haufen.

Er erklärte: »Nächstes Jahr feiern noch zwei Kollegen ihr Dreißigjähriges. Wir würden dann eine ganz große Sache machen, eine Dreier-Veranstaltung.«

»Und wann?«

Nervös trat er von einem Fuß auf den anderen. »Nun, der letzte Kollege hat sein Jubiläum im Oktober. Ihr Dreißigjähriges wäre dann in einem Jahr.«

Eine peinliche Pause entstand, und mit gezwungenem Humor fügte er hinzu: »Dann können Sie sich bis dahin noch ein wenig jünger fühlen!«

Mir erschien dieser Vorgang absurd – als hätte mir jemand angeboten, mir zu meinem 60. Geburtstag mit einem Jahr Verspätung zu gratulieren. Es ging nur ums Sparen. Wenn wir drei in einem Abwasch abgefeiert wurden, musste nur ein Abendessen organisiert, nur eine Rede gehalten, nur eine Störung der heiligen Arbeitsruhe geduldet werden.

Das wurmte mich gewaltig; immerhin hatte ich mich 30 Jahre lang für diesen Laden in Stücke gerissen. Aber an wen sollte ich eine Protestnote schreiben? Die Chefs, die mich eingestellt hatten, waren alle längst nicht mehr im Haus. Mittlerweile schwang eine Riege junger Manager das Zepter. Sie sahen nur noch die Zahlen. Eine Jubiläumsfeier war nicht einklagbar. Außerdem hatte ich meinen Stolz! Also ließ ich meinen Chef gewähren.

Kurz vor Weihnachten bat mich die Geschäftsführung zu einem Gespräch. »Wir wissen ja, dass Sie schon viel für unsere

Firma geleistet haben«, sagte der Prokurist. »Und wir wissen auch, dass Sie Ihren Ruhestand mehr als verdient hätten. Und da wir unsere Belegschaft ohnehin verjüngen wollen, schlagen wir Ihnen vor ...« Verpackt in diesen Zuckerguss, schob er mir eine bittere Pille rüber: Ich sollte einem Auflösungsvertrag zur Jahresmitte zustimmen. Eine Abfindung in Höhe von 15 Monatsgehältern wurde mir angeboten.

Ich taumelte aus diesem Gespräch wie aus einem Boxring. Damit hatte ich nicht gerechnet! Noch am selben Abend saß ich in der Kanzlei eines Arbeitsrechtlers. Er sagte mir: »Natürlich können Sie sich gegen dieses Vorgehen wehren. Aber meine Erfahrung mit älteren Arbeitnehmern ist: Wenn die Firma sie nicht mehr haben will, kann der Job zur Hölle werden. Das sollten Sie bedenken.«

Ich nahm das Angebot an. Zur Jahresmitte schied ich aus. Mein Dreißigjähriges war nicht nur aufgeschoben, sondern aufgehoben worden. Das zusätzliche Monatsgehalt ging flöten. Und die Jubiläumsfeier fand ohne mich statt. Wenn überhaupt – vielleicht wurden die beiden anderen Kollegen auch noch rechtzeitig mit einer Abfindung entsorgt.

Otto Ludwig, Textil-Betriebswirt

Eine Frau stört den Frieden

Der Krieg endete mit drei Sätzen auf einem A4-Blatt. Der Wirtschafts-Ressortleiter Udo Keim (43) ging mit diesem Papier von Schreibtisch zu Schreibtisch, um es von seinen Redakteuren unterschreiben zu lassen. Diese »Resolution der Mitarbeiter« war ganz offensichtlich vom Verlagsjuristen formuliert worden:

Aufforderung an die Verlagsleitung
Hiermit bekräftigen wir, die Mitglieder der Wirtschaftsredaktion, dass uns eine weitere Zusammenarbeit mit Frau Lukas nicht möglich ist. Wir empfinden den Arbeitsfrieden durch die Kollegin als empfindlich gestört und fordern die Geschäftsleitung auf, daraus arbeitsrechtliche Konsequenzen zu ziehen. Ansonsten können wir für die Qualität und den reibungslosen Ablauf unserer Arbeit nicht mehr garantieren.

Diese »Aufforderung« sollte die wasserdichte Kündigung der Redakteurin Julia Lukas (47) anstoßen. Zwei Abmahnungen hatte sie sich schon eingehandelt. Ihr Name war für die Kollegen zum Reizwort geworden. Wie hatte es so weit kommen können?

Zwei Jahre zuvor hatte die Verlagsleitung mitgeteilt: »Wir wollen die drei Wirtschaftsredaktionen unserer Tageszeitungen zu einer schlagkräftigen Zentralredaktion zusammenlegen.« In Wirklichkeit ging es nicht um die Schlagkraft, sondern ums Sparen: Warum drei Redakteure aus demselben Verlag zu einer Aktionärsversammlung schicken, wenn doch einer für alle drei Blätter über dasselbe Ereignis schreiben konnte?

Das klang logisch, ohne es zu sein: Jedes der Blätter hatte eine eigene Ausrichtung, von neoliberal bis links. Ein Jubelbericht über hohe Dividenden hätte in das neoliberale, nicht aber in das linke Blatt gepasst. Und dass derselbe Redakteur drei Meinungen vertrat, je nach Zeitung, wäre der Glaubwürdigkeit schlecht bekommen.

Julia Lukas war geübt darin, für ihre Meinung zu kämpfen. 1989 war sie bei jeder Montagsdemo gegen das SED-Regime dabei gewesen. Erst nach der Wende hatte sie Germanistik studieren können. Ihre Eltern, ein Pfarrer und eine Bildhauerin, hatten in der DDR als Regimegegner gegolten.

Nun kämpfte sie wieder für die Vielfalt der Meinung, diesmal in ihrem Verlag: »Wem dient diese Zusammenlegung eigentlich?«, fragte sie bei einer Redaktionssitzung. »Dient sie den Lesern? Nein, die wollen keinen Meinungs-Eintopf! Dient sie den Redakteuren? Nein, wir wollen unsere Überzeugungen nicht verkaufen. Sie dient nur dem Verlag, denn bald schon werden Stellen gestrichen!«

Der Ressortleiter konterte: »Die Zentralredaktion dient uns allen. Der Verlag will Synergien schaffen, um Arbeitsplätze zu erhalten. Auch Ihren, Frau Lukas!«

»Da kann ich Ihnen mit Brecht antworten: Nur die dümmsten Kälber wählen ihren Schlächter selber!«

»Die Entscheidung ist bereits ins Rollen gebracht. Ich rate Ihnen dringend davon ab, sich ihr in den Weg zu stellen. Das könnte schlecht für Sie enden.«

Der Verlag hatte bereits etliche Lokalredaktionen zentralisiert. Jetzt ging es mit anderen Ressorts weiter. Die Wirtschaftsredaktion sollte den Auftakt bilden. Den meisten Redakteuren gefiel das nicht. Sie schimpften hinter vorgehaltener Hand. Doch in den Sitzungen waren sie auffallend still. Sie fürchteten um ihre Arbeitsplätze.

Julia Lukas aber ritt offen gegen die Entscheidung an: Sie aktivierte den Betriebsrat, schrieb kritische Rundmails und sprach bei jeder Sitzung Klartext. Sie bot den Verlagsoberen die Stirn.

Der Ressortleiter revanchierte sich auf seine Weise: Er lehnte immer öfter Artikelvorschläge von ihr ab. Ein Kommentar zum veränderten Leitzins? »Nein, da schreibt schon die Kollegin dran.« Eine Verbrauchergeschichte über die gestiegenen Strompreise? »Nein, das hatten wir schon letztes Jahr.« Lediglich auf große Hintergrund-Geschichten wurde sie angesetzt, zum Beispiel eine Recherche über nationale Zentralbanken in Europa. Doch als sie ihm den Artikel vorlegte, meinte er: »Das kann ich so nicht drucken, das ist viel zu abseitig.«

»Aber Sie haben mich doch auf das Thema angesetzt!«

»Ja, aber ich habe mir den Artikel spannender vorgestellt. Das ist handwerklich einfach zu schlecht. Sie haben in letzter Zeit schreiberisch nachgelassen. Sie stecken zu viel Energie in den Protest gegen die Zentralredaktion!«

Immer mehr Artikel wurden abgelehnt. Julia Lukas bekam Selbstzweifel: Waren ihre Artikel wirklich misslungen? Ließ man sie nicht mehr an die großen Themen ran, weil sie nachgelassen hatte? Oder handelte es sich nur um eine plumpe Retourkutsche?

Bei einer Redaktionskonferenz schimpfte der Ressortleiter: »Frau Lukas, ich stelle fest, dass Sie kaum mehr bei uns im Blatt präsent sind. Ich habe das Gefühl, da machen einige Kollegen Ihre Arbeit mit.«

Ein Kollege, der als treuer Vasall des Ressortleiters galt, nahm die Vorlage auf: »Man könnte gerade meinen, du denkst nicht mehr an deine Arbeit, nur noch an den Protest gegen die Zentralredaktion. Dafür werden wir aber nicht bezahlt!«

Die Redaktionskollegen sahen betreten zu Boden; sie spürten, dass jeder, der sich als ihr Freund zu erkennen gab, zugleich als Feind des Ressortleiters gelten würde.

Wenig später wollte Julia Lukas kurzfristig einen Tag freinehmen. Sie ging ins Büro ihres Ressortleiters, der sagte: »Kein Problem. Ich lasse gleich Ihren Urlaubsantrag schreiben.«

Doch am nächsten Tag tobte er vor der versammelten Mannschaft: »Das gibt es doch nicht! Frau Lukas bleibt einfach der Arbeit fern. Ohne Krankschreibung, ohne Entschuldigung. Und wir bleiben auf dem Arbeitsberg sitzen!«

Die Kollegen sahen sich fragend an: Hatte ihre Kollegin im Kampf gegen die Verlagsspitze denn jedes Augenmaß verloren? Einfach der Arbeit fernzubleiben, das ging wirklich nicht! Allmählich kippte die Stimmung gegen sie. Am nächsten Tag bekam Julia Lukas eine Abmahnung auf den Tisch geknallt. Ihr Verweis auf die Absprache wurde als »Ausrede« zurückgewiesen.

Lügen, Andeutungen und Halbwahrheiten sind typische Kampfmittel der Mobbing-Kriegsführung, wie auch die französische Therapeutin Marie-France Hirigoyen in ihrem ausgezeichneten Buch »Die Masken der Niedertracht« beschreibt; dort zitiert sie den Chinesen Sunzi, der in seinem Werk »Die Kriegskunst« schon 500 vor Christus schrieb: »Jede Kriegsführung gründet auf Täuschung (…); wenn wir unsere Streitkräfte einsetzen, müssen wir inaktiv scheinen.«[83]

Was hatte der Ressortleiter im Fall von Julia Lukas getan? Scheinbar nichts! In besorgtem Ton raunte er den anderen Mitarbeitern nun zu: »Wenn die Lukas so weitermacht, dann entlassen die am Ende unsere ganze Redaktion. Auch die zwei anderen Zeitungen könnten eine Zentralredaktion bilden!« Damit war die Lunte der Existenzangst gezündet. Die Wut der Kollegen richtete sich immer weniger gegen die Verlagsspitze – und immer mehr gegen die Kollegin.

Eines Vormittags nahm der Ressortleiter Julia Lukas zur Seite und sagte: »Ich wünsche mir, dass Sie sich mit Ihrem Talent zum kritischen Denken einmal nützlich machen: Schauen Sie sich die heutige Ausgabe doch mal für eine Blattkritik durch. Und reklamieren Sie alles, wirklich alles, was man besser machen könnte.«

Julia Lukas wunderte sich: Warum vertraute der Chef gerade

ihr diese verantwortungsvolle Aufgabe an? Doch sie sah darin die Chance, sich fachlich wieder zu etablieren. Sie nahm kein Blatt vor den Mund: Hier bemängelte sie die Themenauswahl, dort den Schreibstil. Hier war ihr eine Überschrift zu langweilig, dort eine Bildunterschrift zu redundant. Die Gesichter jener Kollegen, über deren Arbeit sie sprach, verfinsterten sich. Jetzt wollte sie sich wohl auf ihre Kosten profilieren!

Der Ressortleiter gab den Unschuldsengel, als er zum Ende der Sitzung sagte: »Ich hatte gedacht, wir haben ein gutes Blatt gemacht. Aber Sie, Frau Lukas, haben alles schlechtgeredet. Darin sind Sie gut!«

Nach diesem Tag hatte sie keine Kollegen mehr: Niemand gab ihr mehr einen Artikel zum Korrekturlesen. Morgens wurde sie nicht mehr gegrüßt. Ihre Beiträge erschienen nicht mehr. Und immer wieder kreiste das Gerücht: »Mit der Lukas im Team laufen wir Gefahr, alle vor der Tür zu landen.«

Jedes Mal, wenn Julia Lukas noch etwas gegen die Zusammenlegung sagte, wurden sie von Kollegen angefahren: »Hör endlich auf mit dem Quatsch! Du reißt uns alle noch in den Abgrund.«

Die zweite Abmahnung fing sie sich ein, als ihr Chef sie in eine der beiden anderen Wirtschaftsredaktionen »auf Probe« abkommandieren wollte, was Julia Lukas aber verweigerte. Am nächsten Tag war sie krank.

Diese Gelegenheit nutzte ihr Chef, um den Krieg zu beenden. Mit drei Sätzen auf einem A4-Blatt. Alle Insassen des Irrenhaus-Ressorts, bis auf eine Ausnahme, haben unterschrieben.

> **§ 35 Irrenhaus-Ordnung:** Ein Mitarbeiter, der seine ehrliche Meinung vertritt, verdoppelt seine Chancen in der Firma – darauf, dass er gemobbt wird.

Lidl – Irrsinn mit quietschenden Reifen

Der Angreifer lauerte den beiden Frauen in der Dunkelheit auf. Der Tatort: ein Parkplatz des Discounters Lidl. Gerade hatten die Filialleiterin Ulrike Schramm-de Robertis und ihre Kollegin Nadja die Ladentür abgeschlossen. Gerade hatte Verkaufsleiter Dettmann sie wieder einmal gedemütigt.

Kurz vor Feierabend war er in die Filiale gestürmt. Er durchschnüffelte die Taschen der beiden Frauen (doch fand kein Diebesgut!). Er steckte seine Nase in die Abrechnung (doch fand keinen Fehler!). Und er inspizierte die Obsttheke (doch stieß nicht mal auf eine Fruchtfliege!). Dass er der Filialleiterin nichts Schlechtes nachsagen konnte, ärgerte ihn, deshalb ging er mit ihr in den Dienstraum und ließ sich den Arbeitsplan der letzten Tage zeigen.

Er bellte: »Warum haben Sie hier 20.17 Uhr aufgeschrieben? Als Sie abgeschlossen haben, war es genau 20.15 Uhr – das habe ich kontrolliert. Sie haben das Unternehmen betrogen, Frau Schramm!«

Die Filialleiterin wies darauf hin, dass ihr Eintrag völlig korrekt sei – genau um 20.17 Uhr habe sie die Firma verlassen.

Doch Dettmann brüllte: »Sie haben die Firma beschissen! Wer weiß, wie oft Sie das schon gemacht haben.«

»Ich habe es bestimmt nicht nötig, das Unternehmen um zwei Minuten zu betrügen. Wie oft passiert es, dass ich 20.15 Uhr aufschreibe, aber erst um 20.20 oder 20.30 rauskomme?«

»Tja, das ist dann Ihr Problem.«

»Hätte ich 20.15 Uhr eingetragen und Sie hätten gesagt, ich sei um 20.17 Uhr rausgegangen, hätten Sie mir das auch als Fehler angekreidet.«

»Geben Sie doch endlich zu, dass Sie die Firma schon immer beschissen haben. Und überhaupt, wenn es Ihnen in diesem Unternehmen nicht passt, dann hören Sie doch auf. Dann hat das Elend hier endlich ein Ende.«

Er brüllte so laut, dass die Regale wackelten. Es klopfte an der Tür, Nadja steckte ihren Kopf herein: »Chefin, alles in Ordnung?«

»Ist schon gut, wir sind gleich fertig«, sagte Schramm-de Robertis und bemerkte, wie ihr eine Träne über die Wange kullerte.

Der Verkaufsleiter setzte zu einem Tiefschlag an: »Ich frage mich, wie Sie überhaupt an so eine Stelle gekommen sind. Zum Putzen reicht es vielleicht gerade noch, aber für eine leitende Position wie diese sind Sie völlig ungeeignet.«

Die Filialleiterin sprang auf und ließ Dettmann sitzen. Der stürmte wütend aus der Filiale.

Ein paar Minuten später verlassen die beiden Frauen das Geschäft und laufen über den Parkplatz. Ein Motor heult auf in der Dunkelheit, Reifen quietschen. Zwei Scheinwerfer bohren Löcher in die Nacht. Die beiden Frauen sind geblendet. Ein Auto rast auf sie zu. Der Motor brüllt. Im letzten Moment springen sie zur Seite. Ein blauer Audi braust ins Dunkel. Ein Auto, wie es der Verkaufsleiter Dettmann fuhr. Versuchter Mord? Vielleicht. Versuchte Einschüchterung? Ganz sicher!

Was sich wie ein Kriminalroman liest, ist ein spektakulärer Tatsachenbericht: »Ihr kriegt mich nicht klein« heißt das Buch von Ulrike Schramm-de Robertis, in dem sie dieses Erlebnis beschreibt und Lidl als waschechtes Irrenhaus enttarnt.[84]

Ich durfte diese mutige Frau in der Talkshow von Markus Lanz kennenlernen. Dort erzählte sie, wie ihr Leben durch die Schikanen ihres Arbeitgebers so lange vergiftet wurde, bis sie – mehrfache und liebende Mutter – eines Tages auf der Heimfahrt von der Arbeit ernsthaft darüber nachdachte, ihr Auto gegen einen Baum zu steuern.

Wer dieses Buch liest, diese Innenansicht eines Irrenhauses, der stellt sich beim Werbeslogan »Lidl lohnt sich« die Frage: für wen? Für Mitarbeiter, die ihre gesetzlichen Rechte wahrnehmen wollen, ganz sicher nicht! Das Sündenregister von Ulrike Schramm-de Robertis umfasst nur zwei Schandtaten: Sie hat ihr Recht auf Meinungsfreiheit wahrgenommen, auch gegenüber Journalisten. Und sie hat sich – Todsünde! – dazu erdreistet, den bundesweit (zeitweise) einzigen gewerkschaftlich engagieren Betriebsrat bei Lidl auf den Weg zu bringen.

Die Insassin resümiert: »Es ist, als hätte ich eine ansteckende Krankheit und müsste in Quarantäne gehalten werden – eine Krankheit namens Betriebsrat.« Das Irrenhaus mit über 30 Milliarden Jahresumsatz zitterte vor einer kleinen Mitarbeiterin.[85] Dabei tat diese nur das, was in Deutschland ihr gutes Recht ist: Sie engagierte sich als Betriebsrätin.

In Firmen mit mindestens fünf wahlberechtigten Arbeitnehmern dürfen Betriebsräte gegründet und alle vier Jahre neu gewählt werden. Diese Räte vertreten die Interessen der Beschäftigten und sind laut Gesetz zu einer »vertrauensvollen Zusammenarbeit« mit dem Arbeitgeber verpflichtet. Bei wirtschaftlichen Entscheidungen, etwa Sortiments-Beschlüssen, haben sie nichts zu melden. Dafür werden sie vor Kündigungen gehört, bestimmen bei Überstunden oder Kurzarbeit mit und können Betriebsvereinbarungen treffen.

Warum, wenn alles mit rechten Dingen zugeht, fürchtet Lidl den Betriebsrat? Gibt es in diesem Irrenhaus nicht nur billige Lebensmittel, sondern auch billige Tricks gegenüber der Belegschaft – wie vor einigen Jahren, als man Mitarbeiter heimlich mit Miniaturkameras ausspähte, ihre Toilettengänge festhielt und über ihre Liebesverhältnisse mutmaßte?[86]

Mit aller Macht kämpft der Discounter gegen Arbeitnehmer-Vertretungen.[87] Zwei Filialen mit Betriebsräten – die einzigen weit und breit – liquidierte man auf heimtückische Weise: Die eine Niederlassung wurde von der Irrenhaus-Zentrale ausgegliedert, zum Restpostenmarkt erklärt und der »Schnapp's Discount GmbH«

zugeordnet. Durch diesen Taschenspieler-Trick war man den lästigen Betriebsrat los.

In der anderen Filiale, in Calw, in der es ebenfalls einen Betriebsrat gab, radierten die Irrenhaus-Direktoren gleich die ganze Niederlassung aus. Damit war auch dieser Betriebsrat erledigt, wohl um einen Gesamtbetriebsrat zu verhindern. Als hätte es sich dabei um ein gefährliches Raubtier gehandelt! Ich dachte an George Bernard Shaw: »Wenn ein Mensch einen Tiger tötet, spricht man von Sport. Wenn ein Tiger einen Menschen tötet, ist das Grausamkeit.«

Doch einen Risikofaktor gab es bei Lidl noch immer: Ulrike Schramm-de Robertis, die Frau mit der ansteckenden Betriebsrats-Krankheit. Immer wieder traf sie auf Filialleiterkollegen, zum Beispiel bei Fortbildungen. Bestand da nicht höchste Ansteckungsgefahr? Offenbar sah die Konzernleitung darin tatsächlich ein Risiko. Denn bald ereignete sich Folgendes:

Als die Abrechnung umgestellt wurde, fand wieder eine Schulung für Filialleiter statt – in der Konzernzentrale. Um 10.00 Uhr sollte es losgehen. Ulrike Schramm-de Robertis betrat den Schulungsraum. Alles sah aus wie immer: Tische in U-Form, Flaschen, Gläser, Projektoren, Flipchart. Und doch vermisste die Filialleiterin etwas: die anderen Teilnehmer. Einsam wie Robinson auf seiner Insel saß sie in dem großen Schulungsraum. Hatte sie sich mit der Zimmernummer vertan?

Schließlich trat eine Schulungsleiterin in den Raum herein. Schramm-de Robertis fragte entsetzt: »Soll ich hier etwa ganz allein geschult werden?« Die Trainerin versprach, die Sache zu klären. Dann kam sie zurück: »Das hat alles seine Richtigkeit.«

Die ansteckende Filialleiterin erhielt, vielleicht als einzige Mitarbeiterin des Konzerns, eine Einzelschulung, offenbar damit ihre Betriebsratsviren nicht auf andere Filialen überspringen konnten. Quarantäne.

Wie eine Hexe auf dem Weg zum Scheiterhaufen, so wird eine rechtschaffene Arbeitnehmerin im 21. Jahrhundert behandelt, nur weil ihre Firma den Betriebsrat offenbar für ein Werk des Teufels hält. Gemobbt, schikaniert, fast in den Selbstmord getrieben.

Betriebsräte leben gefährlich, auch in anderen Firmen. Zum Beispiel schickte das Möbelhaus IKEA eine junge Personalerin zu der Schulung: »Wie kündige ich Schwangeren, Behinderten und Betriebsratsmitgliedern?«[88] Und der eiswürfeläugige Entlassungsanwalt Helmut Naujoks warb für ein Firmenseminar mit der Ankündigung: »In aller Ausführlichkeit erläutere ich Ihnen einen Fall aus meiner Praxis, in dem letztendlich ein 15-köpfiger Betriebsrat zum Rücktritt gebracht werden konnte.«[89]

Eine Kostprobe, wie Psychoterror funktioniert, gab Naujoks bei Kabel BW: Er ließ den Betriebsräten ihre Drohbriefe und Abmahnungen nicht im Betrieb aushändigen, sondern am Wochenende per Bote an den Frühstückstisch senden. Ganze Familien zitterten, wenn es samstags an der Haustür klingelte. Am Ende brach der Betriebsrat auseinander.

Die Würde des Mitarbeiters kommt beim Mobbing schnell unter die Räder. Ganz egal, ob dieser Irrsinn ihn am Arbeitsplatz überrollt oder ob er nachts auf einem Parkplatz mit quietschenden Reifen heranrast.

§ 36   **Irrenhaus-Ordnung:** Die Behauptung, dass Betriebsräte in der Mobbing-Statistik als Opfer ganz vorne liegen, lässt sich glasklar widerlegen: Viele Firmen lassen erst gar keinen Betriebsrat zu!

 **Betr.: Warum mich meine Firma von einem Spion verfolgen ließ**

Ich war Nacht-Busfahrer in einem Verkehrsbetrieb, als wir einen neuen Geschäftsführer bekamen. Er war ein toller Vorgesetzter und machte uns Busfahrern immer wieder bewusst, dass unsere Hauptaufgabe nicht darin bestand, den Bus nach Fahrplan von einer Haltestelle zur anderen zu bewegen, sondern dass es um die Zufriedenheit der Fahrgäste ging. Er erwarb selbst den Bus-Führerschein, fuhr immer wieder Schichten und verstand unsere Arbeit wie kein Chef zuvor. Dauernd lud er uns ein, eigene Ideen einzubringen.

Mir fiel gleich etwas ein. Nacht für Nacht sah ich, wie sich leichte Verspätungen auswirkten: Die Anschlussbusse fuhren den Fahrgästen vor der Nase weg. Das war nachts besonders ärgerlich, weil es Anschlüsse oft nur im Stundentakt gab. Und so schlug ich vor: »Wir könnten hinter jedem Busfahrer ein Schild aufstellen: ›Sprechen Sie mich gerne an, wenn es knapp mit Ihrem Anschluss-Bus wird. Ich werde für Sie tun, was ich kann.‹« Der Chef fand die Idee großartig. Vor versammelter Mannschaft lobte er mich und setzte die Idee in allen Nachtbussen um. So klein der Aufwand für uns war, so groß war der Service für die Kunden: Tatsächlich sprachen uns viele Fahrgäste an, meist sehr erfreut über das Schild, und tatsächlich reichte meist ein Funkruf, damit der Kollege noch einen Augenblick wartete. Die winzige Verspätung konnte er auf den leeren nächtlichen Straßen schnell wieder aufholen.

Leider blieb der neue Chef nur vier Jahre, dann warb ihn ein größerer Wettbewerber ab. Als Nachfolger wurde ein Hardliner eingesetzt, der die Kunden offenbar nur als Transportmasse sah. Meine Schilder ließ er mit der Begründung abmontieren: »Fahrpläne sind nicht verhandelbar!«

»Aber Ihrem Vorgänger war es ganz wichtig, auf Kundenwünsche einzugehen!«, protestierte ich.

»Sie leiten kein Nachtasyl, sondern fahren einen Nachtbus!«

»Aber die Fahrgäste …«

»Sie haben zur Abfahrtszeit die Tür zu schließen, selbst wenn die Nase des Kunden dazwischen steckt. Die Leute müssen lernen, dass unsere Fahrpläne verbindlich sind.«

»Soll ich eine behinderte Frau, die zum Einsteigen länger braucht, wirklich an der Haltestelle stehen lassen?«

»Halten Sie sich an Ihre Fahrpläne!«

Auseinandersetzungen dieser Art hatte ich mehrfach mit ihm, bis er sagte: »Jetzt reicht es mir mit Ihnen. Das Maß ist voll!«

Am nächsten Tag entdeckte ich in meinem Rückspiegel das Unfall-Betreuungs-Fahrzeug, das unseren Bussen eigentlich nur bei Pannen zur Hilfe kommt. Es parkte hinter meiner Haltestelle und verfolgte mich durch die ganze Stadt. Ich wurde kontrolliert, das machte mich verrückt. Bald schaute ich mehr in den Rückspiegel als auf die Straße.

In den nächsten Wochen wich das Fahrzeug nicht mehr von meiner Stoßstange. Und jedes Mal, wenn ich die Bushaltestelle mehr als eine Minute nach der im Fahrplan vorgesehenen Zeit verließ, meist weil ich noch verspätete Fahrgäste in den Bus gelassen hatte, drückte mir mein Schichtleiter am nächsten Tag eine Abmahnung in die Hand. Es dauerte vier Monate, dann war ich nach der dritten Abmahnung entlassen.

Ein Gericht hob diese Kündigung wieder auf. Doch die Firma nahm zwei neue, ebenso fadenscheinige Anläufe. Beim letzten Versuch klappte es: Das Arbeitsgericht segnete die Entlassung ab. Nach 26 Jahren landete ich auf der Straße.

Heute bin ich angestellter Taxifahrer in Hamburg – und darf für jeden Gast so lange warten, wie ich es für richtig halte. Das genieße ich. Auch wenn ich für mein altes Gehalt heute 70 Stunden pro Woche arbeiten muss. Aber das wäre eine andere Geschichte.

Costa Galanis, Taxifahrer

 **Betr.: Warum Sprinter eine höhere Abfindung bekommen**

Unser Konzern tat wieder einmal, was er am besten kann: Er baute Mitarbeiter ab. Ende des Jahres kündigte das Management an, im Zuge einer Fusion hätten 500 Mitarbeiter die »Chance«, mit einer »großzügigen Abfindung« auszuscheiden. Jeder Abteilungsleiter war aufgefordert, in seinem Bereich eine vorgegebene Quote absprungwilliger Kandidaten zu ermitteln.

Doch die Lage in unserer Branche war angespannt, es fanden sich zu wenig Ausstiegswillige. Das Management half nach: Man erfand die »Sprinter-Prämie«. Vielleicht stammte die Idee von einer Werbeagentur, die ausnahmsweise nicht Schokopralinen, sondern den Verlust des eigenen Arbeitsplatzes schmackhaft machen wollte. Wer bis zum Quartalsende seinem Ausscheiden zustimmte, sollte auf seine Abfindung einen Zuschlag von 20 Prozent bekommen – die Sprinter-Prämie.

Ich war skeptisch und hielt an meinem Arbeitsplatz fest.

Doch bei vielen Kollegen wirkte der Zeitdruck: Sie gingen davon aus, über kurz oder lang ohnehin abgestoßen zu werden. Je näher das Quartalsende rückte, desto mehr »Sprinter« flitzten in die Chefbüros, um zu verhandeln.

Maßstab für die Abfindungen war: ein halbes Monatsgehalt pro Jahr der Betriebszugehörigkeit. Wer 3500 Euro verdient und seit 20 Jahren für die Firma arbeitete, kam folglich auf 35 000 Euro. Und 20 Prozent, also 7000 Euro, legte die Firma als »Sprinter-Prämie« obendrauf. Viele Kollegen gaben freiwillig ihren Arbeitsplatz auf und rieben sich auch noch die Hände, als hätten sie das Geschäft ihres Lebens gemacht.

Die Entlassungs-Quote wurde dennoch nicht erfüllt. Deshalb begann die Firma ein halbes Jahr später, gezielt Mitarbeiter zu mobben und mit fadenscheinigen Begründungen zu entlassen. Die meisten klagten auf Wiedereinstellung. Die Erfolgsaussichten waren gut.

Was konnte die Firma tun, um ihre Mitarbeiter dazu zu bringen, ihre gerichtlichen Ansprüche aufzugeben? Sie winkte mit fetten Abfindungen. Die Beträge schaukelten sich in den Anwaltsgesprächen nach oben. Von einem Kollegen weiß ich, dass er pro Dienstjahr ein *ganzes* Monatsgehalt rausholte, also ein Plus von 100 Prozent – das Fünffache von dem, womit sich die Sprinter hatten abspeisen lassen.

Die Sprinter-Prämie war nur ein Köder gewesen, um Mitarbeiter aus der Firma zu locken – ein billiger Trick, der die Kollegen am Ende teuer zu stehen kam.

Jürgen Kamp, EDV-Organisator

Betr.: Wie Saulus, der mein Chef war, zu Paulus wurde

»Quetscher«, so nennen wir unseren Abteilungsleiter, weil er der brutalste Vorgesetzte der ganzen Firma ist. Er presst seine Mitarbeiter aus wie Orangen. Mit seinem Lieblingsbefehl »Aber heute noch!« verteilt er Arbeiten, die ohne Nachtschicht nicht zu bewältigen sind. Und wehe, ein Vorgang wird nicht fertig! Dann tobt er wie eine Furie. Sogar am Wochenende oder im Urlaub ruft er wegen Nichtigkeiten an und pfeift Mitarbeiter in die Firma zurück. Unsere ganze Abteilung ist ein einziger Hochdruckbehälter.

Nicht jeder hält diesen Druck aus. Bei den Burn-out-Fällen ist unser Team unangefochtener Rekordhalter. Offenbar war das auch der Geschäftsleitung aufgefallen, denn eines Tages wurde unser Chef zu einer Fortbildung kommandiert: Er sollte sich eine Woche lang in »Burn-out-Prävention« schulen lassen.

Wir rieben uns die Hände: Wenn das keine gerechte Strafe war! Er, der Quetscher, sollte lernen, dass auch die Arbeit ihre Grenzen haben musste. Doch er kam zurück, wie er gegangen war: als Schinder. Der Arbeitsdruck raubte uns die Luft. Sogar Kranke schleppten sich ins Büro. Es war nur eine Frage der Zeit, bis das nächste Burn-out-Opfer aus den Latschen kippte.

Dennoch war die Schulung nicht ohne Folgen geblieben: Unser Chef, hauptberuflich Saulus, hatte einen Nebenjob angenommen – als Paulus. Wir konnten es kaum glauben: Wie ein Wanderprediger zog er – ausgerechnet er! – durch die Firma und dozierte über sein neues Spezialthema: die Burn-out-Prävention. Das kam gut an bei seinen Chefkollegen. Und offenbar auch bei der Geschäftsleitung, zumal unsere Firma einen miserablen Ruf hatte, was den Umgang mit Mitarbeitern anging.

Eines Tages erreichte alle 300 Mitarbeiter eine Rundmail: »Burn-out-Beauftragter ernannt«. Der Quetscher flog als rettender Engel aller Burn-out-Gefährdeten ein! Es hieß, er beschäftige sich »schon jahrelang mit diesem Thema« (so kann man es auch nennen, wenn einer seine Mitarbeiter in die Krankheit peitscht!) und habe sich »fundiert in diesem komplexen Feld fortgebildet« (was kann an einem Wochen-Seminar ›fundiert‹ sein?). Mir kam das vor, als hätte man Al Capone zum Polizeichef gewählt.

Unsere Firma trommelte eine Pressekonferenz zusammen und stellte den neuen Burn-out-Beauftragten vor. In den Artikeln wurde die »vorbildliche Burn-out-Prävention« unseres Unternehmens gelobt. Die Wahrheit war in der Zeitung nicht zu lesen – nur in den geschundenen Gesichtern meiner Kollegen!

Sandra Horn, Referentin

 **Betr.: Wie sich mein Kollege den Mund
an einem Mikrofon verbrannte**

Unsere Fabrik hatte einen schlechten Ruf in der Region: Mehrfach waren giftige Abwässer in den angrenzenden Fluss geschäumt. Jeder wusste, woran das lag: an der völlig überalterten Kläranlage. Tote Fische auf der Titelseite der Lokalzeitung waren keine gute Werbung für uns. Doch die Kläranlage wurde immer nur geflickt, nie von Grund auf erneuert.

So war ich kaum überrascht, als eines Morgens wieder die Hausmitteilung kam: »Aufgrund einer technischen Panne sind wieder Abwässer in den Fluss geraten.« Erneut trieben Fische kieloben durch die Landschaft. Und die Vögel, die von diesen Fischen fraßen, würden demnächst von den Bäumen fallen.

Mit drei Kollegen machte ich mich auf den Weg zur Kantine, die auf einem Nebengrundstück lag. Da kam ein Mann mit Mikrofon auf uns zu: »Haben Sie schon von der Gifteinleitung gehört?«

»Ja«, sagte mein Kollege Jörg im Weitergehen, »wir wissen davon.«

Der Reporter folgte uns wie Fußballstars auf dem Weg zur Kabine: »Wie erklären Sie sich das?«

»Die Kläranlage ist halt nicht mehr die jüngste«, sagte Jörg.

Wir hatten die Kantine erreicht. Der Reporter bedankte sich.

Am Abend hörte ich auf dem Heimweg im Auto den Lokalsender. Dort war der Chemieunfall das Spitzenthema. Der Moderator sagte: »Umweltschützer kritisieren, dass die Technik der Anlage veraltet sei. Diesen Standpunkt teilen auch Mitarbeiter.« Und nun hörte ich Jörgs Stimme mit einem vertrauten Satz: »Die Kläranlage ist halt nicht mehr die jüngste.«

Am nächsten Tag wurde Jörg zum Direktor zitiert. Der war noch giftiger als die Chemiebrühe im Fluss: »Sind Sie noch zu retten, Sie Einfaltspinsel! Sie können doch keine Radiointerviews geben, als wären Sie unser Unternehmenssprecher!«

»Aber ich habe doch nur auf dem Weg zur Kantine …«

»Sie haben Ihrem Arbeitgeber eine Mitschuld an dem Unglück unterstellt! Das ist eine Katastrophe für unser Image. Das kann auch versicherungsrechtliche Folgen haben!«

Der Direktor schnappte vor lauter Aufregung nach Luft wie ein verendender Fisch im Fluss und fügte hinzu: »Sie können Ihre Papiere in der Personalabteilung abholen!«

Für seinen banalen Satz sollte Jörg entlassen werden – nach acht Jahren in der Fabrik. Nur dem Widerspruch des Betriebsrates ist es zu verdanken, dass er mit einer Abmahnung davonkam. Seither wird er mit Sonderschichten und Schmutzarbeiten schikaniert. Die Firma will ihn loswerden.

Der eigentliche Skandal war für den Direktor nicht die wiederholte Umweltvergiftung, sondern der Satz meines Kollegen. Er hatte ausgesprochen, was in unserem Unternehmen höchst unerwünscht ist: die Wahrheit.

Michael Beckmann, Fabrikarbeiter

Nachwort: Die Rettung des Arbeitslandes

Viele Bücher klingen mit einem Happy End aus: Feinde versöhnen sich, verlorene Söhne kehren heim, und das Abendland wird doch noch gerettet. Die Rettung des *Arbeits*landes aus den Klauen des Irrsinns, etwa durch ein Anti-Idiotikum, das die Firmen zweimal am Tag einnehmen müssen: Gerne würde ich Ihnen diesen Triumph verkünden.

Allein: Die Firmen siechen noch. Und doch gibt es Anzeichen, dass eine Instanz, die noch höher als das Top-Management angesiedelt ist (doch, so was gibt es!), die Märkte bereinigt: eine Evolution der Vernunft. Denn Firmen, in denen der Irrsinn regiert, schaden nicht nur ihren Mitarbeitern – sie schaden vor allem sich selbst.

Ein Journalist hat mich nach dem ersten Irrenhaus-Buch spitzfindig gefragt: »Wenn deutsche Firmen tatsächlich so verrückt sind – wie können sie dann so erfolgreich sein?« Genauso gut könnte man fragen: Warum fällt ein Flugzeug, dessen Triebwerke aussetzen, nicht sofort vom Himmel? Nehmen Sie Schlecker: Die Schubkräfte der Vergangenheit und die faulen Tricks des Inhabers, der die Gehälter seiner Mitarbeiter unsittlich drückte, trugen den Konzern noch ein paar Jahre, als er längst (an den Irrsinn) verloren war.[90]

Aber schließlich ließ das Wahnsinns-Management die Firma doch zerschellen. Am Markt lag das nicht: Zur selben Zeit, da Schlecker abstürzte, erlebte die Drogeriekette dm einen Höhenflug und erzielte pro Filiale den sechsfachen Umsatz von Schlecker.[91] Ausgerechnet dm – eine menschenfreundliche Firma, bei der die Mitarbeiter ihre Vorgesetzten und ihre Gehälter selbst bestimmen dürfen.[92] Die vernünftige Drogerie wächst, die irrsinnige zerschellt: Dieser Vorgang hat symbolischen Charakter.

Aber was hilft das den Schlecker-Frauen, die jetzt auf der Straße stehen? Eine Hoffnung bleibt: dass der leere Raum am Markt, den die Irrenhäuser hinterlassen, von vernünftigen Firmen eingenommen wird. Und dass diese Firmen, eben weil sie vernünftig sind, mit dem wachsenden Umsatz auch ihr Personal aufstocken. Eine Schlecker-Mitarbeiterin, die auf diesem Umweg bei dm in einer Kultur der Menschlichkeit ankommt, wird beim Rückblick auf ihr Arbeitsleben vielleicht sagen: Gut so!

Klüger jedoch, als auf den Absturz eines Irrenhauses zu warten, ist es, *rechtzeitig* mit dem Fallschirm abzuspringen. Eine Anleitung dazu habe ich Ihnen im ersten Band von »Ich arbeite in einem Irrenhaus« geliefert: wie Sie Ihre Firma als Irrenhaus enttarnen (mit einem großen Irrenhaus-Test), wie Sie Ihren Absprung unauffällig vorbereiten (mit einem Fluchtplan) und wie Sie als Bewerber Irrenhäuser meiden (mit einem Frühwarnsystem) und eine vernünftige Firma finden.

Etliche Leser haben diesen Sprung gewagt, und aus ihren Zuschriften weiß ich: Als Befreiung, als tiefes Glücksgefühl haben sie es empfunden, den Irrsinn hinter sich zu lassen und in einer Firmenkultur anzukommen, die sich mit ihren eigenen Werten deckt. Die Irrenhäuser aus freien Stücken zu verlassen, ihre Personaldecke zu durchlöchern und die Evolution auf diese Weise zu unterstützen: Das ist der Königsweg.

Und doch gibt es Menschen, deren Schicksal aus diversen Gründen mit ihren Firmen verwoben ist. Sie fragen sich: Wie kann ich diesen Irrsinn überleben, ohne selbst wahnsinnig zu werden? Eine Methode haben viele Mitarbeiter in diesem Buch vorgemacht – indem sie mit Augenzwinkern über die Schwächen ihrer Firmen berichtet haben. Solcher Humor setzt emotionale Distanz voraus. Und diese Distanz wirkt schützend – im Gegensatz zu allzu großer Nähe, zu einem Stockholm-Syndrom, zwischen Mitarbeiter und Firma.

Wie man Irrenhäuser aushalten, schwierige Chefs zähmen und

sich Oasen der Vernunft schaffen kann: Dieses Thema scheint mir so wichtig, dass ich in meinen nächsten Büchern sicher darauf zurückkomme.

Ich danke Ihnen, dass Sie mein »Irrenhaus« – vielleicht sogar beide? – gelesen haben. Und bis zu unserer nächsten Begegnung wünsche ich Ihnen ein Arbeitsleben, wie es *nicht* im Buche steht – wenigstens nicht in diesem …

Herzlichst

Ihr
Martin Wehrle

Epilog

Wann halten wir andere Menschen für »irre«? Im Wesentlichen dann, wenn ihr Verhalten ganz erheblich und in negativer Richtung von der Norm abweicht. Damit ist klar, dass Irre in der Minderheit sind, denn wären sie in der Mehrheit, würden sie nicht mehr als Normabweichler auffallen. Irre sind also nur wenige. Nach der Lektüre dieses Buches stellt sich die Frage, ob das unter Vorgesetzten vielleicht anders sein könnte. Viele der in diesem Buch beschriebenen Vorfälle erwecken den Anschein, als sei der Begriff »Vorgesetzter« nichts anderes als ein Euphemismus für »Irrer« und eine Vorstandsetage das natürliche Biotop für rücksichtslose Egozentriker. Bestseller-Status, 20 Auflagen des ersten Bandes innerhalb von einem Jahr und Tausende von Leserzuschriften deuten jedenfalls darauf hin, dass viele Arbeitnehmer diesen Eindruck haben; genauso wie die Ergebnisse einer Befragung der Ruhr-Universität Bochum, die Chefs als »Unzufriedenheitsfaktor Nummer 1« für ihre Mitarbeiter identifizierten. Mehr als die Hälfte (56 %) von rund 3500 Arbeitnehmern äußerten sich darin unzufrieden über ihre Vorgesetzte (http://www.testentwicklung.de/studie_bif.htm). Damit stellt sich die Frage nach dem Warum. Wie lässt sich erklären, dass über Organisationen und Branchen hinweg Arbeitnehmer von ähnlich absurden bis diffamierenden Erlebnissen am Arbeitsplatz berichten? Eine Möglichkeit wäre, dass sogenannte Irre mit höherer Wahrscheinlichkeit in Führungspositionen aufsteigen. Das würde bedeuten, dass sich Vorgesetzte durch bestimmte Persönlichkeitsmerkmale auszeichneten. In der Tat gibt es Eigenschaften, die bei Führungskräften stärker ausgeprägt sind: Extraversion, das heißt Enthusiasmus, Geselligkeit, Energie und Tatendrang; des weiteren Gewissenhaftigkeit, Offenheit für neue Erfahrungen, emotionale Stabilität (Judge, Bono, Ilies & Gerhardt, 2002). Die Zusammenhänge sind jedoch nicht sehr stark und liefern vor allem keine Hinweise darauf, dass sich das Persönlichkeitsprofil von Führungskräften in besonders negativer Weise von demjenigen ihrer Mitarbeiter unterscheidet.

Wenn es aber nicht Persönlichkeitsmerkmale sind, die das Verhalten von Vorgesetzten erklären, ist es naheliegend, nach Einflüssen der Situation zu suchen. Ein offensichtliches Merkmal von Führungspositionen ist Macht. Tatsächlich zeigen Führungskräfte ein stärkeres Bedürfnis danach (Yukl & Van Fleet, 1992). Wie aber beeinflusst Macht Wahrnehmung und Verhalten in sozialen Interaktionen? Zum Beispiel fällen Personen in Machtpositionen weniger ausgewogene Urteile über andere (Woike, 1994) und bewerten deren Verhalten eher kritisch (Lammers & Stapel, 2009). Mehr Nachsicht üben sie, wenn sie ihr eigenes Fehlverhalten beurteilen: In einem Experiment (Lammers, Stapel & Galinsky, 2010) wurden die Teilnehmer gefragt, wie sehr sie Betrug verurteilten. Bevor sie ihre Stellungnahme abgaben, wurde ihr persönliches Machterleben beeinflusst: Die eine Hälfte der Versuchspersonen sollte sich an eine Situation erinnern, in der sie einer anderen Person gegenüber Macht ausgeübt hatten; die andere Hälfte sollte sich an eine Situation erinnern, in der sie jemandem ausgeliefert gewesen war. Das Ergebnis: Die Teilnehmer, die sich an eine Situation erinnerten, in der sie Macht ausgeübt hatten, verurteilten Betrug signifikant stärker als die »ohnmächtigen« Teilnehmer. Interessant war, was geschah, als man diese Erinnerungsübung mit anderen Versuchsteilnehmern wiederholte, sie jedoch nicht nach ihrem moralischen Urteil fragte, sondern ihnen die Gelegenheit gab, selbst zu betrügen, um ihren persönlichen Gewinn zu erhöhen. Das Ergebnis: Diejenigen, die sich zuvor an eine Situation erinnert hatten, in der sie Macht über jemanden ausgeübt hatten, betrogen signifikant häufiger als diejenigen, die sich an eine Situation erinnert hatten, in der sie sich ausgeliefert gefühlt hatten. Das heißt das Erleben von Macht führte zu moralischer Scheinheiligkeit: Die Maßstäbe, die an das Verhalten anderer angelegt wurden, galten nicht für das eigene Verhalten. Ein ähnliches Bild zeigte sich, wenn die Teilnehmer zu verschiedenen Vergehen Stellung nehmen sollten, wie Geschwindigkeitsüberschreitungen im Straßenverkehr (siehe die Geschichte über den Vorgesetzten, der seine Flensburger Punkte seinem Mitarbeiter übertrug, Seite 179), Steuerhinterziehung und Diebstahl: Personen mit Machtgefühl verurteilten diese Vergehen bei anderen deutlich stärker, als wenn sie sich vorstellten, dass sie selbst sich diese Verfehlungen zuschulden kommen lassen könnten. Umgekehrt waren Personen, die sich als ohnmächtig erlebten, nachsichtiger mit anderen als mit sich selbst.

Macht macht also strenger, wenn es darum geht, das Verhalten anderer zu beurteilen. Heißt das, sie macht auch weniger empathisch und mitfühlend? Ja. In einem weiteren Experiment (Van Kleef et al., 2008) wurden jeweils zwei fremde Personen gebeten, einander von einer Situation zu berichten, die sie in den letzten Jahren persönlich stark belastet hatte. Bevor sie dies taten, wurden sie gefragt, wie mächtig sie sich im Allgemeinen in sozialen Interaktionen erlebten: wie leicht es ihnen beispielsweise gelänge, andere dazu zu bringen, sich nach ihren Wünschen zu richten und ihre Vorstellungen durchzusetzen. Während sich die Teilnehmer anschließend in Zweiergruppen von Todesfällen, gescheiterten Beziehungen und anderen sozialen Konflikten berichteten, wurde ihre physiologische Stressreaktion gemessen. Erfasst wurde hierbei ihre respiratorische Sinusarrhythmie. Dabei handelt es sich um die atemsynchrone Schwankung der Herzfrequenz. Je höher die Herzfrequenz, umso höher das Stresserleben. Zudem wurden die Zuhörer in jeder Zweiergruppe anschließend befragt, wie belastend sie die Schilderungen der Erzähler empfunden und wie stark sie mitgefühlt hatten. Außerdem sollten sie angeben, wie sehr sie an einem freundschaftlichen Kontakt mit den Erzählern interessiert waren. Die Ergebnisse: Die Zuhörer empfanden die Schilderungen als belastend und reagierten währenddessen auch körperlich mit höherem Stress – aber nur, wenn sie sich zuvor als eher ohnmächtig in sozialen Interaktionen eingeschätzt hatten. Diejenigen Zuhörer, die sich im Umgang mit anderen als mächtig beschrieben hatten, zeigten keinerlei Stress-Reaktionen, weder im subjektiven Erleben noch physiologisch. Sie empfanden weniger Mitgefühl und zeigten weniger Interesse an einem weiteren Kontakt mit den Erzählern. Dabei gab es keine Hinweise darauf, dass sie die Emotionen der Erzähler weniger akkurat wahrgenommen hatten. Sie hatten die emotionale Verfassung der Erzähler richtig eingeschätzt, sich nur weniger davon berühren lassen. Diese Ungerührtheit blieb auch den Erzählern nicht verborgen: Mächtigen Zuhörern fühlten sich die Erzähler weniger nahe, und sie waren mit dem Gespräch insgesamt unzufriedener. Diese Ergebnisse sind insofern bemerkenswert, als es sich nur um kurze Interaktionen von wenigen Minuten zwischen fremden Personen handelte, die formal vollkommen gleichberechtigt waren.

Auch wenn sich solche Experimente nicht unmittelbar auf die Verhältnisse in Organisationen übertragen lassen, geben sie dennoch eine Reihe von Hinweisen: Mächtige Personen fühlen sich offensichtlich berechtigt, Grenzen zu überschreiten, die sie anderen auferlegen, und sie nehmen emotional weniger Anteil, wenn andere unter Druck geraten, weil sie weniger motiviert sind, sich mit den Schwierigkeiten anderer auseinander zu setzen. Wenn sich Vorgesetzte ihren Mitarbeitern gegenüber wenig empathisch und rücksichtslos verhalten, dann mit hoher Wahrscheinlichkeit einfach deshalb, weil sie glauben, es sich leisten zu können. Das mag in der jeweiligen Situation zutreffend sein, langfristig definitiv nicht, denn Organisationen und Vorgesetzte sind letztlich auf zufriedene Mitarbeiter angewiesen: Arbeitsunzufriedenheit fördert kontraproduktive Verhaltensweisen wie Dienst nach Vorschrift, Absentismus und Diebstahl (Robbins &Judge, 2013). Zufriedene Mitarbeiter dagegen machen ihre Unternehmen erfolgreich: In einer Längsschnittstudie mit über 2000 Teams aus zehn Organisationen sagte höhere Arbeitszufriedenheit der Mitarbeiter höheren Profit der Organisationen sechs Monate später vorher (Harter, Schmidt, Asplund, Killham & Agrawal, 2010). Gründe dafür waren eine niedrigere Fluktuation unter zufriedenen Mitarbeitern und eine höhere Kundenbindung. Anders formuliert: Zufriedene Mitarbeiter sind ihren Unternehmen treu, und Kunden den zufriedenen Mitarbeitern. Daraus folgt, dass Organisationen ihre Energie nicht darauf verwenden sollten, mögliches Fehlverhalten ihrer Mitarbeiter durch stärkere Kontrolle zu unterbinden, sondern dass sie herausfinden sollten, was ihre Mitarbeiter unzufrieden macht. Regelmäßige 360-Grad-Feedbacks wären eine Methode, um das zu bewerkstelligen, genauso wie Leistungsevaluationen für Vorgesetzte, in die auch die Arbeitszufriedenheit ihrer Mitarbeiter einfließt.

Die Forschung zeigt, dass es offensichtlich nicht schwer ist, sich von der eigenen Macht verführen zu lassen. Dem zu widerstehen, verlangt Selbstreflektion und Selbstdisziplin – Kompetenzen, die nicht in einem einmaligen Führungskräftetraining erworben werden, sondern die durch solche strukturelle Maßnahmen im Arbeitsalltag immer wieder eingefordert und gestärkt werden müssen. Das Fördern von Mitarbeiterzufriedenheit hat nichts mit Gefühlsduselei, sondern mit unternehmerischem Erfolg zu tun. Vorgesetzte, die das erkennen und sich zum Ziel machen, die Arbeitszufriedenheit ihrer Mitarbeiter zu erhöhen, würden womöglich immer noch als irre bezeichnet – aber als irre gut.

Prof. Dr. Myriam Bechtoldt
Frankfurt School of Finance and Management

Weiterführende Literatur

Adams, Scott, *Das Dilbert-Prinzip*. Heyne, 2000

Arnold, Frank, *Management – Von den Besten lernen*. Hanser, 2012

Bartlett, Christopher; Ghoshal, Sumantra, *Internationale Unternehmensführung*. Campus, 1990

Bennis, Warren; Nanus, Burt, *Führungskräfte*. Heyne, 1996

Bernstein, Albert J., *Bin ich denn der einzige Normale hier?* Redline, 2010

Blüm, Norbert, *Ehrliche Arbeit*. Gütersloher Verlagshaus, 2011

Borbonus, René, *Respekt*. Econ, 2011

Covey, Stephen R., *Die 7 Wege zur Effektivität*. Gabal, 2012

Cowden, Patrick D., *Mein Boss, die Memme*. Econ, 2012

Crainer, Stuart, *Die 75 besten Managemententscheidungen aller Zeiten*. Moderne Industrie, 2002

De Geus, Arie, *Jenseits der Ökonomie*. Klett-Cotta, 1998

Drucker, Peter F., *Was ist Management?* Econ, 2010

Esser, Christian; Schröder, Alena, *Die Vollstrecker*. C. Bertelsmann, 2012

Esser, Michael; Schmitt, Tom, *Statusspiele*. Fischer, 2012

Glass, Neil, *Die große Abzocke*. Campus, 2006

Goldfuß, Jürgen W., *Endlich Chef – was nun?* Campus, 2012

Goleman, Daniel; Boyatzis, Richard; McKee, Annie, *Emotionale Führung*. Econ, 2002

Haben, Gabriele; Harms-Böttcher, Anette, *Das Hamsterrad*. Orlanda, 2000

Hamann, Andreas; Giese, Gudrun, *Schwarz-Buch Lidl*. verdi, 2004

Hirigoyen, Marie-France, *Die Masken der Niedertracht*. dtv, 2002

K., Emanuel, *Die Sklavenhändler*. Books on Demand, 2008

Kanning, Uwe Peter, *Von Schädeldeutern und anderen Scharlatanen*. Pabst, 2010

Kleinschmidt, Carola; Unger, Hans-Peter, *Bevor der Job krank macht*. Kösel, 2006

Kühnhanss, Christoph, *Bewerben ist Werben*. Econ, 2008

Leif, Thomas, *Beraten und verkauft*. C. Bertelsmann, 2006

Maier, Corinne, *Die Entdeckung der Faulheit*. Goldmann, 2006

Nelting, Manfred, *Burn-out*. Mosaik, 2010

Peter, Laurence J.; Hull, Raymond, *Das Peter-Prinzip*. Rowohlt, 2001

Rothlin, Philippe; Werder, Peter R., *Diagnose Boreout*. Redline, 2007

Schneemann, Dirk, *Wer bin ich? Wer bist du?* Heel, 2002

Schramm-de Robertis, Ulrike, *Ihr kriegt mich nicht klein!* Kiepenheuer & Witsch, 2010

Schultz, Stefan, *Wer lacht, hat noch Reserven*. Kiepenheuer & Witsch, 2012

Schuster, Klaus, *11 Managementsünden, die Sie vermeiden sollten*. Redline, 2009

Simon, Hermann, *Die heimlichen Gewinner*. Campus, 1996

Sprang, Christian; Nöllke, Matthias, *Aus die Maus*. Kiepenheuer & Witsch, 2009

Sprang, Christian; Nöllke, Matthias, *Wir sind unfassbar*. Kiepenheuer & Witsch, 2010

Sprenger, Reinhard K., *Gut aufgestellt*. Campus, 2010

Stromberg, Bernd, *Chef – Deutsch/Deutsch – Chef*. Langenscheidt, 2007

Sutton, Robert I., *Der Arschloch-Faktor*. Heyne, 2008

Wagner, Bruno, *Business ist wie Krieg führen*. Eichborn, 2004

Wagner, Susanne; Weick, Günter, *Management by E-Mail*. Stark, 2011

Wallraff, Günter, *Aus der schönen neuen Welt*. Kiepenheuer & Witsch, 2009

Wardetzki, Bärbel, *Kränkung am Arbeitsplatz*. dtv, 2012

Wehrle, Martin, *Geheime Tricks für mehr Gehalt*. Econ, 2003

Wehrle, Martin, *Der Feind in meinem Büro*. Econ, 2005

Wehrle, Martin, *Das Chefhasser-Buch*. Knaur, 2009

Wehrle, Martin, *Lexikon der Karriere-Irrtümer*. Econ, 2010

Wehrle, Martin, *Die 100 besten Coaching-Übungen*. managerSeminare, 2010

Wehrle, Martin, *Ich arbeite in einem Irrenhaus*. Econ, 2011

Wehrle, Martin, *Die Geheimnisse der Chefs*. Orell Fuessli, 2012

Wyrwa, Holger, *Mobbt die Mobber!* Goldmann, 2006

Weiterführende Literatur zum Epilog

Galinsky, A. D., Gruenfeld, D. H. & Magee, J. C. (2003).From power to action. *Journal of Personality and Social Psychology, 85,* 453–466.

Harter, J. K., Schmidt, F.L, Asplund, J. W., Killham, E. A. & Agrawal, S. (2010). Causal impact of employee work perceptions on the bottom line of organizations, *Perspectives on Psychological Science, 5,* 378–389.

Judge, T. A., Bono, J. E., Ilies, R. & Gerhardt, M. (2002).Personality and leadership: aqualitative and quantitative review. *Journal of Applied Psychology, 87,* 765–778.

Lammers, J. & Stapel, D. A. (2009). How power influences moral thinking. *Journal of Personality and Social Psychology, 97,* 279–289.

Lammers, J., Stapel, D. A. & Galinsky, A. (2010).Power increases hypocrisy: moralizing in reasoning, immorality in behavior. *Psychological Science, 21,* 737–744.

Robbins, S. P. & Judge, T. A. (2013).*Organizational Behavior.* Boston: Pearson.

Van Kleef, G. A., Oveis, C., Van der Löwe, I., LuoKogan, A., Goetz, J. & Keltner, D. (2008). Power, distress, and compassion – turning a blind eye to the suffering of others. *Psychological Science, 19,* 1315–1322.

Woike, B. A. (1994). The use of differentiation and integration processes. Empirical studies of separate and connected ways of thinking. *Journal of Personality and Social Psychology, 67,* 142–150.

Yukl, G. & Van Fleet, D. D. (1992).Theory and research on leadership in organizations. In M. D. Dunnette &L. M. Hough (eds.), *Handbook of Industrial and Organizational Psychology,* (Vol. 3) (pp. 147–197). Palo Alto: Consulting Psychologists Press.

Quellenverzeichnis

1 Der Spiegel, 4/2012

2 Süddeutsche Zeitung, 02. 03. 2012

3 zeit.de, Bad Bank verrechnet sich um 55,5 Milliarden Euro, 28. 10. 2011

4 sueddeutsche.de, Handy aufgeladen – wegen »Stromklaus« entlassen, 04. 08. 2009

5 morgenpost.de, Warum jeder Vierte keine Lust auf seinen Job hat, 21. 03. 2012

6 Alle Arbeitnehmer-Namen wurden zum Schutz der Informanten geändert, bis auf Fälle mit Quellverweis.

7 Süddeutsche Zeitung, 26. 01. 2012

8 Sprang, Christian; Nöllke, Matthias, *Aus die Maus,* 2009; *Wir sind unfassbar.* 2010, beide: Kiepenheuer & Witsch

9 zeit.de, Der letzte Abschied vom Kollegen, 02. 02. 2012

10 Die Weltwoche, 17. 06. 2004

11 stern.de, Sex-Party kostet 83 000 Euro, 22. 05. 2011

12 stern.de, Sex-Skandal bei der Hamburg-Mannheimer, 19. 05. 2011

13 welt.de, Sex auf Firmenkosten ist Alltag – in allen Branchen, 29. 5. 2011

14 stern.de, Skandalreise der Hamburg-Mannheimer, 20. 05. 2011

15 Spiegel-Online, Prozess der Peinlichkeiten, 20. 12. 2007

16 Spiegel-Online, Volkerts brasilianische Ex-Geliebte muss vor Gericht, 15. 03. 2012

17 Spiegel-Online, Wüstenrot tappt in die Sex-Falle, 12. 12. 2011

18 Spiegel-Online, Ergo-Vertreter sollen Wucher-Riester verkauft haben, 09. 06. 2011

19 Süddeutsche Zeitung, 25. 03. 2008

20 Spiegel-Online, Phrasendrescher: Die schlimmsten Chef-Sprüche (3), 07. 03. 2011

21 welt.de, 29. 05. 2011

22 Spiegel-Online, Firmensausen mit Anfassen, 24. 05. 2011

23 Leif, Thomas, *Beraten und verkauft*. C. Bertelsmann, 2006

24 igmetall.de, Liebe zu Chinesin kein Kündigungsgrund, 29. 06. 2011

25 Kanning, Uwe Peter, *Von Schädeldeutern und anderen Scharlatanen*. Pabst, 2010

26 Spiegel-Online, Gescheitert am Schädeldeuter, 04. 05. 2010

27 Schneemann, Dirk, *Wer bin ich? Wer bist du?* Heel, 2002

28 Spiegel-Online, Daimler verlangt Blutproben von Bewerbern, 28. 10. 2009

29 ebenda

30 Spiegel-Online, Daimler verstößt mit Bluttests gegen Datenschutz, 29. 03. 2010

31 Spiegel-Online, Beiersdorf und Merck lassen Bewerber bluten, 29. 10. 2009

32 Spiegel-Online, Tobias wirft Serkan aus dem Rennen, 09. 02. 2012

33 manager-magazin.de, Arbeitgeber durchleuchten Bewerber bis zum Rand des Legalen, 07. 10. 2011

34 welt.de, Angestellte zum Schwangerschaftstest genötigt?, 10. 09. 2008

35 focus.de, Zehntausende Bewerbungen veröffentlicht, 28. 04. 2011

36 Glass, Neil, *Die große Abzocke*. Campus, 2006

37 s. Leif, 2006

38 Adams, Scott, *Das Dilbert-Prinzip*. Heyne, 2000

39 sueddeutsche.de, Pofalla entschuldigt sich bei Bosbach, 04. 10. 2011

40 zeit.de, Sein erstes Nein, 10. 09. 2011

41 Wehrle, Martin, *Das Chefhasser-Buch*. Knaur, 2009

42 Spiegel-Online, Lästerminister Schäuble verkündet sein Steuerplus, 04. 11. 2010

43 stern.de, Vorgeführt und entlassen – die Akte Michael Offer, 09. 11. 2010

44 Goleman, Daniel; Boyatzis, Richard; McKee, Annie, *Emotionale Führung*. Econ, 2002

45 faz.de, Die Karriere eines Bildes, 27. 10. 2006

46 focus.de, Hilmar Kopper – der Mr. Peanuts, 05. 09. 2009

47 Die Zeit, 02. 12. 2010

48 s. Wehrle 2009

49 Bennis, Warren; Nanus, Burt, *Führungskräfte*. Heyne, 1996

50 Spiegel-Online, Schnüffler, Schwätzer und Spione, 11. 10. 2011

51 welt.de, Wie peinliche Firmenlieder die Angestellten nerven, 13. 09. 2009

52 De Geus, Arie, *Jenseits der Ökonomie*. Klett-Cotta, 1998

53 Blüm, Norbert, *Ehrliche Arbeit*. Gütersloher Verlagshaus, 2011

54 Simon, Hermann, *Die heimlichen Gewinner*. Campus, 1996

55 Bartlett, Christopher; Ghoshal, Sumantra, *Internationale Unternehmensführung*. Campus, 1990

56 Crainer, Stuart, *Die 75 besten Managemententscheidungen aller Zeiten*. Moderne Industrie, 2002

57 Drucker, Peter F., *Was ist Management?* Econ, 2010

58 zeit.de, Helfer zweiter Klasse, 02. 09. 2010

59 zeit.de, Gleicher Lohn!, 04. 04. 2011

60 freitag.de, Mehr Zeitarbeit wagen, 27. 10. 2006

61 swr.de, Wie Arbeitnehmer erpresst werden, 25. 06. 2007

62 zeit.de, 04. 04. 2011

63 K., Emanuel, *Die Sklavenhändler*. Books on Demand, 2008

64 daserste.ndr.de, Ausbeutung: Undercover als Paketzusteller, 08. 12. 2011

65 ndr.de, Überrascht von der Härte des Jobs, 2011

66 Süddeutsche Zeitung, 06. 06. 2011

67 fr-online.de, Wer verdient wie viel beim SV Wehen?, 30. 03. 2009

68 meedia.de, Spiegel TV: Anonymus postet Chefgehälter, 03. 07. 2011

69 Süddeutsche Zeitung, 16. 08. 2010

70 zeit.de, Manager werden nicht nach Leistung bezahlt, 29. 02. 2012

71 fr-online.de, Dax-Vorstandschefs verdienen prächtig, 24. 03. 2011

72 sueddeutsche.de, Löhne stagnieren seit einem Jahrzehnt, 19. 07. 2011

73 zeit.de, 29. 02. 2012

74 ebenda

75 Wehrle, Martin, *Geheime Tricks für mehr Gehalt*. Econ, 2003

76 focus.de, Jeder Achte ist Mobbing-Opfer, 06. 01. 2008

77 stern.de, Mobbing-Leitfaden« bringt Post in Erklärungsnot, 29. 02. 2012

78 focus.de, 06. 01. 2008

79 Wehrle, Martin, *Lexikon der Karriere-Irrtümer*. Econ, 2009

80 Wagner, Bruno, *Business ist wie Krieg führen*. Eichborn, 2004

81 Haben, Gabriele; Harms-Böttcher, Anette, *Das Hamsterrad*. Orlanda, 2000

82 Süddeutsche Zeitung, 15. 03. 2012

83 Hirigoyen, Marie-France, *Die Masken der Niedertracht*. dtv, 2002

84 Schramm-de Robertis, Ulrike, *Ihr kriegt mich nicht klein!* Kiepenheuer & Witsch, 2010

85 welt.de, Lidl veröffentlicht bislang geheime Geschäftszahlen, 11. 05. 2010

86 stern.de, Der Skandal, der die Republik erschütterte, 15. 12. 2008

87 Hamann, Andreas; Giese, Gudrun, *Schwarz-Buch Lidl*. verdi, 2004

88 Esser, Christian; Schröder, Alena, *Die Vollstrecker*. C. Bertelsmann, 2012

89 Wallraff, Günter, *Aus der schönen neuen Welt*. Kiepenheuer & Witsch, 2009

90 Wehrle, Martin, *Ich arbeite in einem Irrenhaus*. Econ, 2011

91 Der Spiegel, 4/2012

92 Wehrle, Martin, *Der Feind in meinem Büro*. Econ, 2005

Traumberuf Karrierecoach: So starten Sie durch

Die erste Ausbildung in Deutschland.
8 Module von uns – 1000 Chancen für Sie.

PERSPEKTIVE:

»Die Nachfrage nach professionellen Karriereberatern nimmt stetig zu«, schreibt das »Manager Magazin«. Bauen Sie sich ein lukratives Geschäft auf.

TRAINER:

Martin Wehrle, Autor von »Karriereberatung« *(Beltz 2007)*.
»Sein Erfahrungsreservoir ist eine Fundgrube ...« *(FAZ)*

IHRE FÜNF AUSBILDUNGS-VORTEILE:

1. Große Praxisnähe: Wir organisieren Ihnen reale Klienten.
2. Alle Business-Top-Themen: Bewerbung, Gehalt, Konflikt usw.
3. Persönliche Betreuung: maximal zehn Teilnehmer.
4. Fernstudien-Elemente: zahlreiche Übungen für zu Hause.
5. Buchung ohne Risiko – erstes Wochenende auf Probe möglich.

Wir wollen Sie nicht nur zufriedenstellen, sondern begeistern.
Testen Sie uns! Und lesen Sie, was Ex-Teilnehmer über die Ausbildung sagen:

www.karriereberater-akademie.de (mit Gratis-Newsletter)

Ebenso können Sie Martin Wehrle als Redner und Podiumsteilnehmer buchen: www.gehaltscoach.de

Karriereberater-Akademie
21279 Appel bei Hamburg

Der Wahnsinn hat nicht nur Methode – er sitzt auch im Chefsessel

Martin Wehrle · Ich arbeite in einem Irrenhaus
Vom ganz normalen Büroalltag
284 Seiten · Klappenbroschur
€ [D] 14,99 · € [A] 15,50
ISBN 978-3-430-20097-4

Die deutschen Unternehmen haben sich von Tretmühlen in Klapsmühlen verwandelt. Ungelernte Führungskräfte dilettieren auf den Chefsesseln. Meetings mutieren zu Machtkämpfen. Immer mehr Arbeitsabläufe enden in einem Irrgarten der Sinnlosigkeit. Und die Mitarbeiter gebrauchen ihren Kopf vor allem zu einem Zweck: zum Kopfschütteln über die haarsträubenden Zustände. Martin Wehrle zeichnet ein schonungsloses und witziges Panorama des Irrsinns im deutschen Büroalltag – Wiedererkennungswert garantiert. Wie verrückt ist Ihre Firma? Finden Sie es heraus im großen Irrenhaus-Test.

Econ

Mein Chef ist ein Feigling –
Ihrer auch?

Patrick D. Cowden · **Mein Boss, die Memme**
Was läuft schief in deutschen Chefetagen?
304 Seiten / Klappenbroschur
€ [D] 18,00 · € [A] 18,50
ISBN 978-3-430-20131-5

Sie verbarrikadieren sich hinter ihren Schreibtischen, sie haben Angst vor
klaren Worten, sie winseln unter dem Druck der Verantwortung:
Jammerlappen in Führungspositionen sind eine Zumutung für ihre Mitarbeiter.
Der Amerikaner Patrick D. Cowden beobachtet seit 25 Jahren die Memmen in
deutschen Führungsetagen – und scheut bei seiner Diagnose keine klaren Worte.

»Cowden beweist Sinn für Pointen, direkte Leseransprache und knackige Vergleiche.«
MANAGER MAGAZIN, Klaus Werle

»Einer, der es wissen muss.«
BILD

Stolperfallen der Karriere – und wie Sie sie vermeiden

Nandine Meyden

KARRIERE KILLER!

Versteckte Fallen auf dem Weg nach oben

Econ

Nandine Meyden · **Karrierekiller!**
Versteckte Fallen auf dem Weg nach oben
320 Seiten (mit Abbildungen) / Klappenbroschur
€ [D] 14,99 · € [A] 15,50
ISBN 978-3-430-20118-6

Weshalb liegt meine letzte Beförderung so lange zurück? Warum habe ich den Job nicht bekommen? Wenn im Job etwas schief geht, sind wir oft ratlos. Was wir meist nicht ahnen: Selbst scheinbar nebensächliche Verfehlungen wiegen bei Vorgesetzten, Kollegen und Geschäftspartnern schwerer, als man denkt. Nandine Meyden deckt auf, welche »Kleinigkeiten« das berufliche Fortkommen gefährden, und nennt die geheimen Codes, die man in der Arbeitswelt beachten muss.

Econ